面向“十二五”高职高专规划教材

高等职业教育骨干校课程改革项目研究成果

无机及分析化学实验

主　编　吕述萍　陶柏秋

副主编　李继萍　张　瑄　李晓燕

主　审　李纯毅

北京理工大学出版社

BEIJING INSTITUTE OF TECHNOLOGY PRESS

内 容 简 介

本书是根据高职高专院校“无机化学”“分析化学”“无机及分析化学”课程教学大纲的基本要求编写的《无机及分析化学》配套教材。

本书主要内容包括无机及分析化学实验基础知识、无机及分析化学实验操作和技能的训练、化学基本理论的验证、元素性质、无机物的提纯和制备、无机综合实验以及分析化学实验及少量的称量分析、电化分析和仪器分析实验，力求突出教材的科学性和系统性，注重加强学生化学实验基本技能的培养和基本操作的训练。

本书可作为高职高专院校化工、制药、煤炭、环境、精细化工、石油、煤质分析、食品等专业的教材。

图书在版编目（CIP）数据

无机及分析化学实验/吕述萍，陶柏秋主编．—北京：北京理工大学出版社，2013.7（2015.8 重印）

ISBN 978-7-5640-7859-1

Ⅰ．①无… Ⅱ．①吕… ②陶… Ⅲ．①无机化学-化学实验-高等学校-教材 ②分析化学-化学实验-高等学校-教材 Ⅳ．①O61-33 ②O65-33

中国版本图书馆 CIP 数据核字（2013）第 144857 号

出版发行/北京理工大学出版社

社　　址/北京市海淀区中关村南大街 5 号

邮　　编/100081

电　　话/(010)68914775(总编室)

82562903(教材售后服务热线)

68948351(其他图书服务热线)

网　　址/http：//www.bitpress.com.cn

经　　销/全国各地新华书店

印　　刷/北京九州迅驰传媒文化有限公司

开　　本/710 毫米×1000 毫米　1/16

印　　张/16

字　　数/305 千字

版　　次/2013 年 7 月第 1 版　2015 年 8 月第 3 次印刷

定　　价/35.00 元

责任编辑/陈莉华

文案编辑/陈莉华

责任校对/周瑞红

责任印制/王美丽

前　言

本书是根据高职高专院校“无机化学”“分析化学”“无机及分析化学”课程教学大纲的基本要求编写的《无机及分析化学》配套教材。本书的编写适应高等教育的特点，突出实践性，有利于学生综合实践能力的培养和科学思维的形成。可作为高等职业院校的化学、应用化学、化学工程、石油化工类、材料类、冶金、生物化工、制药、食品、药学、卫生、环境安全类、煤炭、精细化工、石油、煤质分析、轻化工程等专业的无机化学与分析化学实验的教材。

本书的编写力求体现高等专科学校的培养目标，实验内容与理论课教学紧密联系，做到以应用为目的，加强动手能力的培养，大力加强实践性教学，所选实验内容一般院校基本都具备条件做到。本书注重培养学生的学习和独立工作的能力，在无机性质实验、综合实验和分析综合设计型实验中只提出指导性要求，需要学生自行设计方案，以培养学生的观察分析能力；在实验内容中，一般只要求学生观察实验现象，自己做出解释或结论，不对实验现象或结论做具体描述。

本书主要内容包括：化学实验的基本知识与基本技能、元素和化合物的性质实验、化学基本理论的验证、无机物的提纯和制备、滴定分析与重量分析基础实验、无机化合物制备与检测综合实验、定量分析实际应用综合实验、电化分析和仪器分析实验、综合设计型实验和附录；选编内容广泛，既考虑了广度，也考虑了深度，各学校及专业可根据需要选做。其中，实验基础知识、实验操作和技能的训练、元素性质、无机综合实验以及分析化学实验及少量的称量分析，力求突出教材的科学性和系统性，注重加强学生化学实验基本技能的培养和基本操作的训练。实验内容反映科学新进展，紧密联系实际生活，使教材具有趣味性、实用性，以激发学生的专业学习兴趣。在选材上安排不同的方向和难易程度不同的实验内容，使用先进的仪器，引导学生综合应用所学知识与实验技能，提高学生分析和处理问题的能力。

全书共选编了包括基本实验技能训练、较复杂体系的分析和由学生自行设计的实验。考虑到各专业内容要求有所不同、各实验室条件不同，所以将内容相近的实验安排几个以供选择。

本书由吕述萍、陶柏秋担任主编，李继萍、张瑄、李晓燕担任副主编，李纯毅老师主审。第1章、第2章由李晓燕、李继萍、吕述萍编写，第3章由陶柏秋、张瑄、吕述萍编写。

由于编者水平有限，恳请使用本书的同仁、学生对疏漏之处给予指正。

编　者

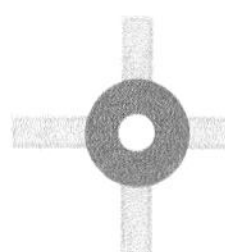

目 录

第 1 章

无机及分析化学实验基础知识

§1.1　化学实验的任务和要求

一、实验目的

“无机及分析化学实验”是一门以实验为主的基础课程。在无机及分析化学的学习中，实验占有极其重要的地位。本课程是培养学生独立操作、观察记录、分析归纳、撰写报告等多方面能力的重要环节，其主要学习目的和任务如下。

（1）使学生通过实验获得感性知识，巩固和加深对无机化学基本理论、基础知识的理解，进一步掌握常见元素及其化合物的重要性质和反应规律，了解无机化合物的一般提纯和制备方法。加深学习分析化学的基本原理，较好地掌握分析化学的重要方法。

（2）对学生进行严格的化学实验基本操作和基本技能的训练，学会使用一些常用仪器，了解、熟悉无机及分析化学常用仪器，训练并掌握基本操作，同时适度加强综合实验，提高分析问题、解决问题的综合能力。

（3）培养学生独立进行实验、组织与设计能力。例如，细致观察与记录实验现象、正确测定与处理实验数据的能力，正确阐述实验结果的能力等。

“分析化学实验”是继无机化学实验后开设的一门基础实验课。教学目的在于使学生加深学习分析化学的基本原理，较好地掌握分析化学的重要方法，了解、熟悉常用无机与分析化学仪器，训练并掌握基本操作，同时适度加强综合实验，提高分析问题、解决问题的综合能力，培养严谨、实事求是的科学态度，良好的实验作风和环境保护意识，为后继课程的学习和将来从事企业相关岗位工作奠定良好基础。

二、实验要求

根据实验教材上所规定的方法、步骤、试剂用量和实验操作规程来进行操作，实验中应该做到以下几点。

（1）认真操作，细心观察。对每一步操作的目的及作用，以及可能出现的问题进行认真的探究，并把观察到的现象，如实地详细记录下来，并注明实验日期和时间。实验数据应及时真实地记录在实验记录本上，不得转移，不得涂改，也不得记录在纸片上。

（2）深入思考。如果观察到的实验现象与理论不符合，先要尊重实验事实，然后加以分析，认真检查其原因，并细心地重做（验证）实验。必要时可做对照实验、空白实验或自行设计的实验来核对，直到从中得出正确的结论。

（3）实验中遇到疑难问题和异常现象而自己难以解释时，可请实验指导老师解答。

（4）实验过程中要勤于思考，注意培养自己严谨的科学态度和实事求是的科学作风，绝不能弄虚作假，随意修改数据。若定量实验失败或产生较大误差，应努力寻找原因，并经实验指导老师同意，重做实验。

（5）在实验过程中应该保持严谨的态度，严格遵守实验室规则。实验后做好结束工作，包括清洗、整理好仪器、药品，清理实验台面，清扫实验室，检查电源、水源开关，关好门窗。

三、成绩评定

实验考核要始终贯穿于实验教学的全过程，注重平时每个实验环节计分，有利于实验教学的质量，每个实验按 100 分考核，分为以下 6 项。

1. 实验预习（10 分）

为了使实验能够获得良好的效果，实验前必须充分进行预习。预习的内容包括：

（1）认真阅读实验教材和教科书中的有关内容，必要时参阅有关资料。

（2）明确实验的目的和要求，透彻理解实验的基本原理。

（3）熟悉实验的内容及步骤、操作过程和实验时应当注意的事项。

（4）认真思考实验前应准备的问题，并从理论上能加以解决。

（5）查阅有关教材、参考书、手册，获得该实验所需的有关化学反应方

程式、常数等。

(6) 通过自己对本实验的理解，在记录本上简要地写好实验预习报告。实验步骤部分尽可能用方框图、箭头等符号简明表示。

若有疑难问题应在教师讲解时必须弄明白，做到心中有数，有计划地进行实验操作，在预习报告上做好实验现象和数据的记录。

实验前未进行预习者不准进行实验。

2. 实验操作（35 分）

实验操作是实验的核心环节，要考核实验态度是否严肃认真、操作是否规范、实验过程是否有序、实验结果的结论是否准确。

根据实验教材所规定的方法、步骤、试剂用量和实验操作规程来进行操作，实验中应该做到下列几点。

(1) 认真操作，细心观察。对每一步操作的目的及作用，以及可能出现的问题进行认真的探究，并把观察到的现象，如实地详细记录下来，并注明实验日期和时间。实验数据应及时真实地记录在实验记录本上，不得转移，不得涂改，也不得记录在纸片上。

(2) 深入思考。如果发现观察到的实验现象与理论不符合，先要尊重实验事实，然后加以分析，认真检查其原因，并细心地重做实验。必要时可做对照实验、空白实验来核对，直到从中得出正确的结论。

(3) 实验中遇到疑难问题和异常现象而自己难以解释时，可请实验指导老师解答。

(4) 实验过程中要勤于思考，注意培养自己严谨的科学态度和实事求是的科学作风，绝不能弄虚作假，随意修改数据。若定量实验失败或产生的误差较大，应努力寻找原因，并经实验指导老师同意，重做实验。

3. 实验结果（15 分）

教师要检查每个学生的实验现象或数据记录和处理，保证实验结果的真实性，对于涂改实验数据、编造实验结果的行为，必须记本次实验为不及格，这样以培养学生实事求是的精神，用科学道德规范自己的行为。

4. 实验讨论（10 分）

通过对实验现象进行分析、解释，对实验结果进行评价，分析产生误差的原因，培养学生善于观察问题，提出问题、解决问题的能力。

5. 实验纪律与卫生（10 分）

实验课与理论课一样，不能迟到早退，在实验过程中应该保持严谨的态度，严格遵守实验室规则，要礼貌守纪，安静有序，爱护仪器设备。若无故缺课，则记本次实验成绩为零。实验后做好结束工作，包括清洗、整理好仪器、药品，清理实验台面，清扫实验室，检查电源开关，关好门窗，经教师许可，方可离开实验室。

6. 实验报告（20 分）

做完实验后，应解释实验现象并做出结论，或根据实验数据进行计算，完成实验报告并及时交指导老师审阅。实验报告是实验的总结，应该写得简明扼要，结论明确，字迹端正，整齐洁净。实验报告一般应包括下列几个部分。

（1）实验名称、实验日期。若有的实验是几人合作完成，应注明合作者。

（2）实验目的。

（3）实验原理。

（4）实验步骤。尽量用简图、表格、化学式、符号等表示。

（5）实验现象或数据记录和处理。根据实验的现象进行分析、解释，得出正确的结论，写出反应方程式；或根据记录的数据进行计算，并将计算结果与理论值比较，分析产生误差的原因。

（6）实验讨论。对自己在本次实验中出现的问题进行认真的讨论，从中得出有益的结论，以指导自己今后更好地完成实验。

四、实验数据的记录、实验报告的书写及实验结果的表达

例 1　性质实验报告示例

实验（　　）__________

专业__________　班级__________　姓名__________　日期__________

一、实验目的

二、实验内容

实验序号	实验内容	实验现象	反应方程式	结论解释
1				
2				

例 2　制备实验报告示例

实验（　　）__________

专业__________　班级__________　姓名__________　日期__________

一、实验目的

二、实验原理

三、主要装置图

四、操作步骤

五、产率计算

六、讨论（写出实验心得体会及意见和建议）

例 3　定量分析实验报告示例

实验（　）__________

专业__________　班级__________　姓名__________　日期__________

一、实验目的

二、实验原理

三、实验步骤

四、实验数据及结果处理

五、讨论（分析误差产生的原因，实验中应注意的问题及某些改进措施）

§1.2　化学实验室的规则、安全及“三废”处理

一、实验室规则

（1）认真预习，明确实验目的和要求。实验前必须认真预习实验讲义，掌握实验的原理、方法和步骤；了解相关仪器的性能及操作方法；了解实验操作规程和安全注意事项。综合和设计性实验项目，需在实验教师指导下拟订正确实验方案。

（2）严格遵守操作规程，科学进行实验。实验过程中要正确操作、仔细观察、积极思考、及时且真实地记录实验现象和数据，确保实验结果真实可靠。

（3）药品试剂应整齐摆放在一定的位置上，公用仪器和试剂用完后应立

即放回原处，发现试剂或仪器有问题时应及时向指导教师报告，以便及时处理，保证实验顺利进行。使用大型或精密仪器时应记录使用情况，并由指导教师签字。

（4）实验时应按照教师的指导，在规定的课时内认真完成规定的实验内容，如打算做规定内容以外的实验，须事先报告指导教师。

（5）遵守纪律，上课不迟到，保持实验室安静，禁止在实验室内聊天、打闹、吃东西、听音乐等。

（6）严格遵守实验室安全守则及易燃、易爆、具有腐蚀性及有毒药品的管理和使用规则。爱护公共财产，节约水、电和试剂。

（7）实验时要保持实验台面和地面清洁整齐。火柴梗、废纸、碎玻璃片及实验废液等应放在指定的地方或容器内，不准随处乱扔。

（8）实验结束后，根据原始记录，认真处理数据，对实验中的问题认真分析，写出实验报告，按时交给指导教师审阅。

（9）离开实验室前，将药品摆放整齐，仪器洗刷干净放回原位。值日生负责实验室清洁和安全，关好水、电及门窗。

二、实验室安全知识

进行化学实验，经常要使用水、电、煤气、各种仪器和易燃、易爆、腐蚀性以及有毒的药品等，实验室安全极为重要。如不遵守安全规则而发生事故，不仅会导致实验失败，而且会伤害人体健康，并给国家财产造成损失。所以，进入实验室前，学生必须了解实验室安全知识。

（1）实验开始前应检查仪器是否完整无损，装置是否正确稳妥。了解实验室安全用具（如灭火器、喷淋室、洗眼器、急救箱、电闸等）放置的位置，熟悉使用各种安全用具的方法。

（2）实验进行时，不得离开岗位，要经常注意反应情况是否正常，装置有无漏气、破裂等现象。

（3）做危险性较大的实验时，要根据情况采取必要的安全措施，如戴防护眼镜、面罩、橡皮手套等。

（4）使用易燃、易爆物品时要远离火源。不要用湿手、湿物接触电源。水、电、燃气用完立即关闭。点燃的火柴用后立即熄灭，不得乱扔。

（5）取用有毒药品如重铬酸钾、汞盐、砷化物、氰化物应特别小心。剩余的有毒废弃物不得倾入水槽，应倒入指定接受容器内，最后集中处理。剩余的有毒药品应交还教师。

（6）倾注试剂或加热液体时，不要俯视容器，以防溅出致伤。尤其是腐蚀性很强的浓酸、浓碱、强氧化剂等试剂，使用时切勿溅在衣服和皮肤上。稀释这些药品时（尤其是浓硫酸），应将它们慢慢倒入水中，而不能反向进行，以避免迸溅。加热试管时，切记不要使试管口对着自己或他人。

（7）绝不准许随意混合各种药品，以免发生意外事故。

（8）实验室内严禁饮食、吸烟或把餐具带入。实验完毕后必须洗净双手方可离开实验室。

（9）实验室所有药品不得带出室外。

三、实验室事故的处理

1. 火灾

实验室中使用的许多药品是易燃的，着火是实验室最易发生的事故之一。一旦发生火灾，应保持沉着镇静。一方面防止火势蔓延：立即熄灭所有火源，关闭室内总电源，搬开易燃物品；另一方面立即灭火。无论使用哪种灭火器材，都应从火的四周开始向中心扑灭，把灭火器的喷出口对准火焰的底部。

如果小器皿内着火（如烧杯或烧瓶），可盖上石棉网或瓷片等，使之隔绝空气而灭火，绝不能用嘴吹。

如果油类着火，要用沙或灭火器灭火。

如果电器着火，应切断电源，然后才能用二氧化碳或四氯化碳火火器火火。不能用泡沫灭火器，以免触电。

如果衣服着火，切勿奔跑而应立即在地上打滚，用防火毯包住起火部位，使之隔绝空气而灭火。

总之，失火时，应根据起火的原因和火场周围的情况采取不同的方法扑灭火焰。

2. 中毒

化学药品大多数具有不同程度的毒性，主要通过皮肤接触或呼吸道吸入引起中毒。一旦发生中毒现象可视情况不同采取各种急救措施。

溅入口中而未咽下的毒物应立即吐出来，用大量水冲洗口腔；如果已中毒，应根据毒物的性质采取不同的解毒方法。

腐蚀性中毒，强酸、强碱中毒都要先饮大量的水，对于强酸中毒可服用氢氧化铝膏。不论酸碱中毒都需服牛奶，但不要吃呕吐剂。

刺激性及神经性中毒，要先服牛奶或蛋白缓和，再服硫酸镁溶液催吐。

吸入有毒气体时，将中毒者搬到室外空气新鲜处，解开衣领纽扣。吸入少量氯气和溴气者，可用碳酸氢钠溶液漱口。

总之，实验室中若出现中毒症状时，应立即采取急救措施，严重者应及时送往医院。

3. 玻璃割伤

玻璃割伤也是常见事故，一旦被玻璃割伤，首先仔细检查伤口处有无玻璃碎片，若有先取出。如果伤口不大，可先用双氧水洗净伤口，涂上红汞，用纱布包扎好；若伤口较大，流血不止时，可在伤口上 10 cm 处用带子扎紧，减缓流血，并立即送往医院就诊。

4. 灼伤、烫伤

（1）酸灼伤：皮肤被酸灼伤应立即用大量水冲洗，再用饱和 Na_2CO_3溶液或稀氨水溶液清洗，最后再用水冲洗。

衣服溅上酸后应先用水冲洗，再用稀氨水洗，最后用水冲洗净；地上有酸应先撒石灰粉，然后用水冲刷。

（2）碱灼伤：皮肤被碱灼伤时应用大量水冲洗，再用饱和硼酸溶液或1%醋酸溶液清洗，涂上油膏，包扎伤口。若眼睛受伤时首先抹去眼外部的碱，然后用水冲洗，再用饱和硼酸溶液洗涤后，滴入蓖麻油。

衣服溅上碱液后先用水洗，然后用 10% 醋酸溶液洗涤，再用氨水中和多余的醋酸，最后用水洗净。

（3）溴灼伤：皮肤被溴灼伤应立即用水冲洗，也可用酒精洗涤或用 2% 硫代硫酸钠溶液洗至伤口呈白色，然后涂甘油加以按摩。如果眼睛被溴蒸气刺激后受伤，暂时不能睁开时，可以对着盛有卤仿或乙醇的瓶内注视片刻加以缓和。

（4）烫伤：皮肤接触高温（火焰、蒸气）会造成烫伤，轻伤者涂甘油、玉树油等，重伤者涂以烫伤油膏后速送医院治疗。

四、“三废”处理

化学实验中，常有废水、废物和废气（三废）的排放。三废中往往含有大量的有毒物质。为了保证实验人员的健康，防止环境污染，需处理后排放。

1. 汞蒸气或其他废气

为减少汞的蒸发，可在汞液面上覆盖化学液体，如甘油、5%的硫化钠溶液或水等。不慎溅落的少量汞，可以撒上多硫化钙、硫黄或漂白粉，干后扫除。产生大量有毒气体如H_2S、HCN和SO_2等的实验应在通风橱内进行，同时应采用适当的吸收装置进行吸收。

2. 废渣处理

碎玻璃及锐角的废物不要丢入废纸篓中，应放入专用废物箱。实验室中少量有毒废渣应集中深埋于指定地点。有回收价值的废渣应回收利用。

3. 废液处理

不同的废液不能混装，应按不同性质分别倒入专门的废液缸，再集中处理，常采用燃烧法和深埋法。

含酸废液或含碱废液应用$Ca(OH)_2$或H_2SO_4中和至pH=6~8后排放。

含汞、砷、锑和铋的废液可控制酸度在$[H^+]=0.3$ mol/L，使其生成硫化物沉淀而除去。

少量含氰化物废液可用NaOH调节溶液至pH>10时，加适量$KMnO_4$将CN^-氧化。较大量的含氰化物废液可用次氯酸盐处理。

含铬废液一般可在调节溶液呈酸性后加入$FeSO_4$，将Cr^{6+}还原为Cr^{3+}，再加入NaOH调节溶液至pH=6~8。加热至80℃左右，通入适量空气，使Cr^{3+}以$Cr(OH)_3$的形式与$Fe(OH)_3$一起沉淀除去。

§1.3　无机化学实验基本操作

一、无机化学实验室常用仪器简介

无机化学实验室常用仪器的主要用途及使用方法和注意事项见表1-1。

表 1-1 常用仪器的主要用途及使用方法和注意事项

仪 器	主要用途	使用方法和注意事项
试管	（1）盛少量试剂。 （2）作少量试剂反应的容器。 （3）制取和收集少量气体。 （4）检验气体产物，也可接到装置中用	（1）反应液体不超过试管容积的1/2，加热时不要超过1/3。 （2）加热前试管外面要擦干，加热时要用试管夹。 （3）加热后的试管不能骤冷，否则容易破裂。 （4）离心试管只能用水浴加热。 （5）加热固体时，管口应略向下倾斜。避免管口冷凝水回流
烧杯	（1）常温或加热条件下作大量物质反应的容器。 （2）配制溶液用。 （3）接受滤液或代替水槽用	（1）反应液体不超过容量的2/3，以免搅动时液体溅出或沸腾时溢出。 （2）加热前要将烧杯外壁擦干，加热时烧杯底要垫石棉网，以免受热不均匀而破裂
烧瓶	（1）圆底烧瓶可供试剂量较大的物质在常温或加热条件下反应，优点是受热面积大而且耐压。 （2）平底烧瓶可配制溶液或加热用，因平底放置平稳	（1）盛放液体的量不超过烧瓶容量的2/3，也不能太少，避免加热时喷溅或破裂。 （2）固定在铁架台上，下垫石棉网后再加热，不能直接加热，加热前外壁要擦干，避免受热不均而破裂。 （3）放在桌面上，下面要垫木环或石棉环，防止滚动
滴瓶	盛放少量液体试剂或溶液，便于取用	（1）棕色瓶盛放见光易分解或不太稳定的物质，防止分解变质。 （2）滴管不能吸得太满，也不能倒置，防止试剂侵蚀橡皮胶头。 （3）滴管专用，不得弄乱、弄脏，以免污染试剂

续表

仪　器	主 要 用 途	使用方法和注意事项
试剂瓶	（1）细口试剂瓶用于储存溶液和液体药品。 （2）广口试剂瓶用于存放固体试剂。 （3）可兼用于收集气体。（但要用毛玻璃片盖住瓶口）	（1）不能直接加热，防止破裂。 （2）瓶塞不能弄脏、弄乱，防止沾污试剂。 （3）盛放碱液应使用橡皮塞。 （4）不能作反应容器。 （5）不用时应洗净并在磨口塞与瓶颈间垫上纸条
移液管　吸量管	用于精确移取一定体积的液体时用	（1）取洁净的吸量管，用少量移取液淋洗 1 ~ 2 次。确保所取液浓度或纯度不变。 （2）将液体吸入，液面超过刻度，再用食指按住管口，轻轻转动放气，使液面降至刻度后，用食指按住管口，移至指定容器中，放开食指，使液体沿容器壁自动流下，确保量取准确。 （3）未标明“吹”字的吸管，残留的最后一滴液体，不用吹出
量筒　量杯	用于粗略地量取一定体积的液体时用	（1）不可加热，不可作实验容器（如溶解、稀释等），防止破裂。 （2）不可量取热溶液或热液体（在标明的温度范围内使用）。否则容积不准确。 （3）应竖直放在桌面上，读数时，视线应和液面水平，读取与弯月面底相切的刻度，理由是读数准确

续表

仪　器	主要用途	使用方法和注意事项
20℃ 100 mL 容量瓶	用于配制准确浓度的溶液时用	（1）溶质先在烧杯内全部溶解，然后移入容量瓶。 （2）不能加热，不能代替试剂瓶用来存放溶液，避免影响容量瓶容积的精确度。 （3）磨口瓶塞是配套的，不能互换
滴定管	滴定时用，或用以量取较准确测量溶液的体积时	（1）酸的滴定用酸式滴定管，碱的滴定用碱式滴定管，不可对调混用。因为酸液腐蚀橡皮；碱液腐蚀玻璃。 （2）使用前应检查旋塞是否漏液，转动是否灵活，酸管旋塞应擦凡士林油，碱管下端橡皮管不能用洗液洗，因为洗液腐蚀橡皮。 （3）酸式管滴定时，用左手开启旋塞，防止拉出或喷漏。碱式滴定管滴定时，用左手捏橡皮管内玻璃珠，溶液即可放出，在碱管使用时，要注意赶尽气泡，这样读数才准确
漏斗	（1）过滤液体。 （2）倾注液体。 （3）长颈漏斗常用于装配气体发生器时加液用	（1）不可直接加热，防止破裂。 （2）过滤时，滤纸角对漏斗角；滤纸边缘低于漏斗边缘，液体液面低于滤纸边缘；杯靠棒，棒靠滤纸，漏斗颈尖端必须紧靠承接滤液的容器内壁（即一角、二低、三紧靠）。防止滤液溅失（出）。 （3）长颈漏斗作加液时斗颈应插入液面内，防止气体自漏斗泄出

续表

仪　器	主 要 用 途	使用方法和注意事项
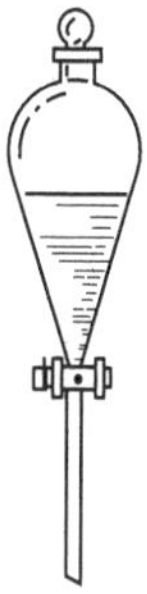 分液漏斗	（1）用于互不相溶的液 - 液分离。 （2）气体发生装置中加液时用	（1）不能加热，防止玻璃破裂。 （2）在塞上涂一层凡士林油，旋塞处不能漏液，且旋转灵活。 （3）分液时，下层液体从漏斗管流出，上层液从上口倒出，防止分离不清。 （4）作气体发生器时漏斗颈应插入液面内，防止气体自漏斗管喷出
 蒸发皿	（1）用于溶液的蒸发、浓缩。 （2）焙干物质	（1）盛液量不得超过容积的 2/3。 （2）直接加热，耐高温但不宜骤冷。 （3）加热过程中应不断搅拌以促使溶剂蒸发。其口大底浅也易于蒸发。 （4）临近蒸干时，降低温度或停止加热，利用余热蒸干
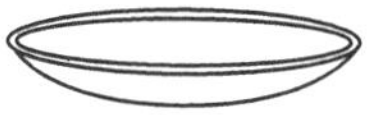 表面皿	（1）盖在烧杯或蒸发皿上。 （2）作点滴反应器皿或气室用。 （3）盛放干净物品	（1）不能直接用火加热，防止破裂。 （2）不能当蒸发皿用
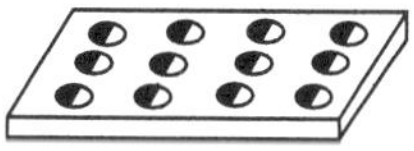 点滴板	用于产生颜色或生成有色沉淀的点滴反应	（1）常用白色点滴板。 （2）有白色沉淀的用黑色点滴板。 （3）试剂常用量为 1 ~ 2 滴
 研钵	（1）研碎固体物质。 （2）混匀固体物质。 （3）按固体的性质和硬度选用不同的研钵	（1）不能加热或作反应容器用。 （2）不能将易爆物质混合研磨，防止爆炸。 （3）盛固体物质的量不宜超过研钵容积的 1/3，避免物质甩出。 （4）只能研磨、挤压，勿敲击，大块物质只能压碎，不能舂碎。防止击碎研钵和杵或物体飞溅

续表

仪　器	主要用途	使用方法和注意事项
酒精灯	（1）常用热源之一。 （2）进行焰色反应	（1）使用前应检查灯芯和酒精量（不少于容积的1/5，不超过容积的2/3）。 （2）用火柴点火，禁止用燃着的酒精灯去点另一盏酒精灯。 （3）不用时应立即用灯帽盖灭，轻提后再盖紧，防止下次打不开及酒精挥发
铁架台	（1）固定或放置反应容器。 （2）铁圈可代替漏斗架用于过滤	（1）先调节好铁圈、铁夹的距离和高度，注意重心，防止站立不稳。 （2）用铁夹夹持仪器时，应以仪器不能转动为宜，不能过紧过松，过紧易夹破，过松易脱落。 （3）加热后的铁圈不能撞击或摔落在地，避免断裂
试管夹	加热试管时夹试管用	（1）加热时，夹住距离管口约1/3处（上端），避免烧焦夹子和锈蚀，也便于摇动试管。 （2）不要把拇指按在夹的活动部位，避免试管脱落。 （3）一定要从试管底部套上或取下试管夹，要求操作规范化
石棉网	（1）使受热物体均匀受热。 （2）石棉是一种不良导体，它能使受热物体均匀受热，不致造成局部高温	（1）应先检查，石棉脱落的不能用，否则起不到作用。 （2）不能与水接触，以免石棉脱落和铁丝锈蚀。 （3）不可卷折，因为石棉松脆，易损坏

续表

仪　器	主 要 用 途	使用方法和注意事项
药匙	(1) 拿取少量固体试剂时用。 (2) 有的药匙两端各有一个勺，一大一小。根据用药量大小分别选用	(1) 保持干燥、清洁。 (2) 取完一种试剂后，必须洗净，并用滤纸擦干或干燥后再取用另一种药品。避免沾污试剂，发生事故
试管刷	洗涤试管等玻璃仪器	(1) 小心试管刷顶部的铁丝撞破试管底。 (2) 洗涤时手持刷子的部位要合适，要注意毛刷顶部竖毛的完整程度，避免洗不到仪器顶端或因刷顶撞破仪器。 (3) 不同的玻璃仪器要选择对应的试管刷

二、化学试剂的取用规则

1. 固体试剂的取用规则

(1) 要用干净的药勺取用。用过的药勺必须洗净和擦干后才能再使用，以免污染试剂。

(2) 取用试剂后立即盖紧瓶盖。

(3) 称量固体试剂时，必须注意不要取多。取多的药品，不能倒回原瓶。

(4) 一般的固体试剂可以放在干净的纸或表面皿上称量。具有腐蚀性、强氧化性或易潮解的固体试剂不能在纸上称量，应放在玻璃容器内称量。

(5) 有毒的药品要在教师的指导下处理。

2. 液体试剂的取用规则

(1) 从滴瓶中取液体试剂时，要用滴瓶中的滴管，滴管绝不能伸入所用的容器中，以免接触器壁而沾污药品。从试剂瓶中取少量液体试剂时，则需要专用滴管。装有药品的滴管不得横置或滴管口向上斜放，以免液体滴入滴管的胶皮帽中。向试管中滴加液体的正误方法比较见图 1-1。

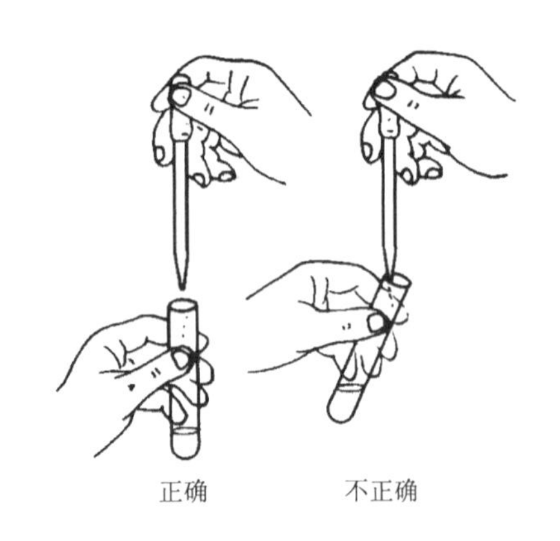

图 1-1　向试管中滴加液体

（2）从细口瓶中取出液体试剂时，用倾注法。先将瓶塞取下，反放在桌面上，手握住试剂瓶上贴标签的一面，逐渐倾斜瓶子，让试剂沿着洁净的试管壁流入试管或沿着洁净的玻璃棒注入烧杯中。取出所需量后，将试剂瓶扣在容器上靠一下，再逐渐竖起瓶子，以免遗留在瓶口的液体滴流到瓶的外壁。试剂瓶的正确使用方法如图 1-2 所示。

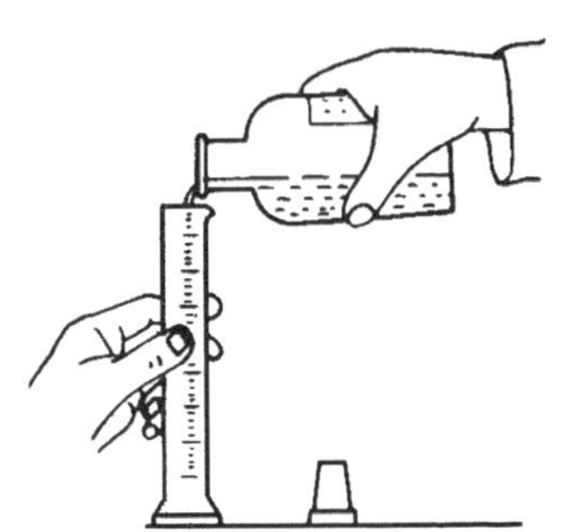

图 1-2　试剂瓶的正确使用方法

（3）在试管里进行某些不需要准确体积的实验时，可以估计取出液体的量。例如，用滴管取用液体时，1 cm 相当于多少滴，5 cm 液体占一个试管容器的几分之几等。倒入试管里的溶液的量，一般不超过其容积的 1/3。

（4）定量取用液体时，用量筒或移液管取。量筒用于量度一定体积的液体，可根据需要选用不同量度的量筒。

3. 台称的使用

化学实验要经常进行称量，重要的称量仪器是天平，常用的有托盘天平（又称为台称，用于精确度要求不高的称量，可以称准至 0.1 g）、扭力天平（可称准至 0.01 g）和分析天平（可以准确至 0.000 1 g 甚至更精确）等。在称量时，应根据实验对于称量准确度的不同要求，选取不同类型的天平。

台称又称为托盘，具体构造如图 1-3 所示。

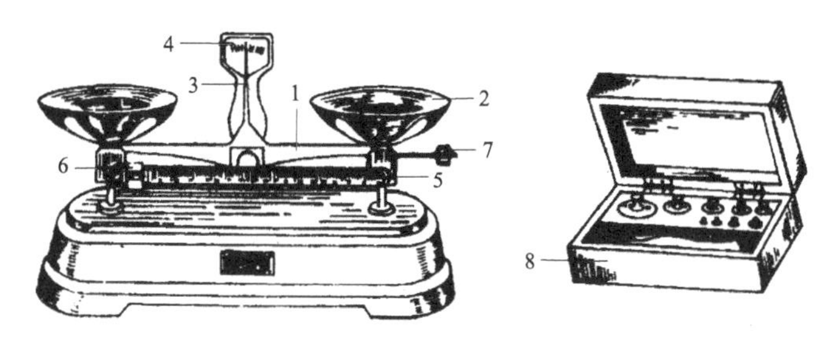

图 1-3　托盘天平具体构造

1—横梁；2—秤盘；3—指针；4—刻度盘；

5—游码标尺；6—游码；7—调零螺母；8—砝码盒

使用托盘天平称量时，可按下列步骤进行。

1）零点调整

在称量前，将砝码游标拨到游码尺的“0”位处，检查台秤指针是否停在刻度盘上中间的位置。如果不在中间位置，可通过调节托盘下的螺丝，使指针正好停在刻度盘的中间位置。

2）物品称量

（1）若是带游码标尺的托盘天平，称量物品应放在左盘，砝码放在右盘。

（2）先加大砝码，再加小砝码，最后由游码（或更小的砝码）调节至台秤指针正好指向中间位置（或指针在刻度尺左右摇摆的距离几乎相等）为止。

（3）记下砝码或游码的数值，至台秤最小称量的位数（如最小称量为 0.1 g，则记准至小数点后 1 位），即为所称物品重量。

（4）称量后应将砝码放回砝码盒，游码退回刻度为“0”处，取出盘中物品。

（5）注意：不能用手拿取砝码，应用镊子摄取。不能将药品直接放在称量盘中，应放在称量纸或干净的玻璃容器中。不能称量热的物品。

（6）应保持托盘天平的整洁，药品撒在托盘天平上后应立即清除。

4. 量筒、移液管、容量瓶的使用

1）量筒的使用

量筒是用于量取液体体积的玻璃仪器，外壁上有刻度。常用量筒的规格有 5 mL、10 mL、20 mL、25 mL、50 mL、100 mL、200 mL 等。

使用量筒量液时，应把量筒放在水平的桌面上，使眼的视线和液体凹液面的最低点在同一水平面上，读取和凹面相切的刻度即可。不可用手举起量筒看刻度。

量取指定体积的液体时，应先倒入接近所需体积的液体，然后改用胶头滴管滴加。

2）移液管的使用

移液管是一根细长而中间膨大的玻璃管，在管的上端有一环形标线，膨大部分标有它的容积和标定时的温度。用于准确移取一定体积溶液的量出式玻璃量器。

常用的移液管有 10 mL、25 mL 和 50 mL 等规格。

第一次用洗净的移液管吸取溶液时，应先用滤纸将尖端内外的水吸净，否则会因水滴引入而改变溶液的浓度。然后用所要移取的溶液将移液管洗涤 2 ~3次，以保证移取的溶液浓度不变。方法是：吸入溶液至刚入膨大部分时，立即用右手食指按住管口（不要使溶液回流，以免稀释），将移液管横过来，用两手的拇指及食指分别拿住移液管的两端，转动移液管并使溶液布满全管内壁，当溶液流至距上管口 2 ~ 3 cm 时，将管直立，使溶液由尖嘴放出，弃去。

移液管的使用方法如图 1-4 所示。

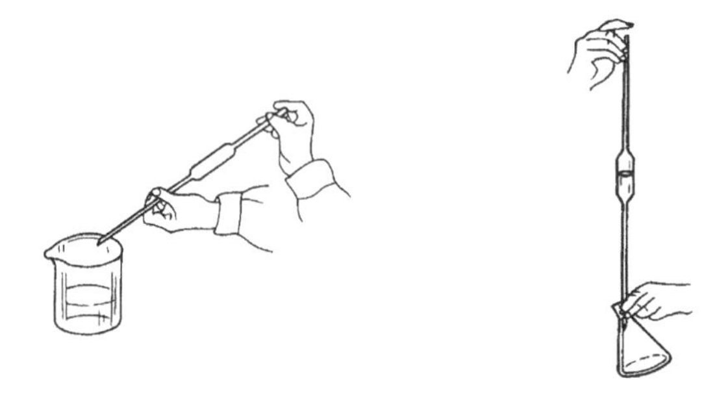

图 1-4　移液管的使用方法

用移液管自容量瓶中移取溶液时，一般用右手的拇指和中指拿住颈标线上方，将移液管插入溶液中。左手拿洗耳球，排除空气后紧按在移液管口上，慢慢松开手指使溶液吸入管内。

当管口液面上升到刻线以上时，立即用右手食指堵住管口，将移液管提离液面，然后使管尖端靠着盛放溶液容器的内壁。略微放松食指，使液面平

稳下降，直到溶液的弯月面与标线相切时，按紧食指。

将移液管移入容器中，使管垂直，管尖靠着容器内壁，松开食指，使溶液自由地沿器壁流下，待下降的液面静止后，再等待 15 s，取出移液管。

管上未刻有“吹”字的，切勿把残留在管尖内的溶液吹出，因为在校正移液管时，已经考虑了末端所保留溶液的体积。

吸量管是具有分刻度的玻璃管，一般只用于量取小体积的溶液。常用的吸量管有 1 mL、2 mL、5 mL、10 mL 等规格。吸量管的操作方法与移液管相同。

移液管和吸量管使用后，应洗净放在移液管架上。

3）容量瓶的使用

容量瓶是细颈梨形平底玻璃瓶，由无色或棕色玻璃制成，带有磨口玻璃塞或塑料塞，颈上有一标线。其主要用途是配制准确浓度的溶液或定量地稀释溶液。常用容量瓶有 50 mL、100 mL、250 mL、500 mL 等规格。

容量瓶使用前要检查瓶口是否漏水：加自来水至标线附近，盖好瓶塞后，用左手食指按住塞子，其余手指拿住瓶颈标线以上部分，右手用指尖托住瓶底，将瓶倒立 2 min，看是否漏水。

用容量瓶配制标准溶液时，将准确称取的固体物质置于小烧杯中，加水或其他溶剂即将固体溶解，然后将溶液定量转入容量瓶中。

定量转移溶液时，右手拿玻璃棒，左手拿烧杯，使烧杯嘴紧靠玻璃棒，而玻璃棒则悬空伸入容量瓶口中，棒的下端靠在瓶颈内壁上，使溶液沿玻璃棒和内壁流入容量瓶中。烧杯中溶液流完后，将烧杯沿玻璃棒轻轻上提，同时将烧杯直立，再将玻璃棒放回烧杯中。用洗瓶以少量蒸馏水吹洗玻璃棒和烧杯内壁 3 ~ 4 次，将洗出液定量转入容量瓶中。然后加水至容量瓶的 2/3 容积时，拿起容量瓶，按同一方向摇动，使溶液初步混匀，此时切勿倒转容量瓶。最后继续加水至距离标线 1 cm 处，等待 1 ~ 2 min 使附在瓶颈内壁的溶液流下后，用滴管滴加蒸馏水至弯月面下缘与标线恰好相切。

盖上干的瓶塞，用左手食指按住塞子，其余手指拿住瓶颈标线以上部分，右手用指尖托住瓶底，将瓶倒转并摇动，再倒转过来，使气泡上升到顶，如此反复多次，使溶液充分混合均匀。

容量瓶的使用方法示意如图 1-5 所示。

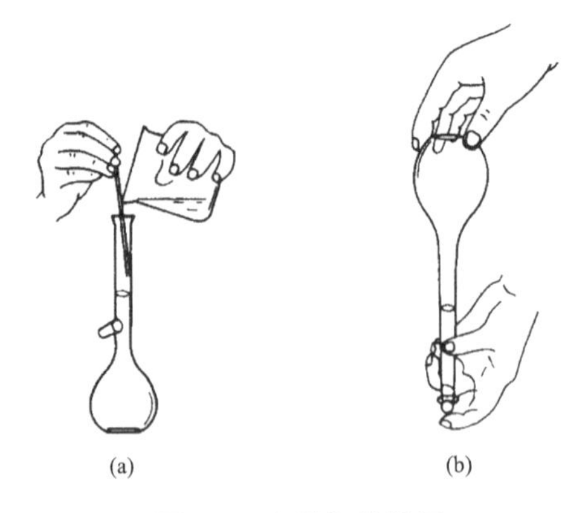

图 1-5　容量瓶的使用

(a) 溶液的转移；(b) 倒置容量瓶摇匀

当用容量瓶稀释溶液时，则用移液管移取一定体积的溶液于容量瓶中，加水至标度刻线。

5. 滴定管的使用

(1) 滴定管是滴定时准确测量标准溶液体积的量器。滴定管一般分为两种：一种是酸式滴定管，用于盛放酸类溶液或氧化性溶液；另一种是碱式滴定管，用于盛放碱类溶液，不能盛放氧化性溶液。

(2) 常量分析的滴定管容积有 50 mL 和 25 mL，最小刻度为 0. 1 mL，读数可估计到 0. 01 mL。

(3) 酸式滴定管在管的下端带有玻璃旋塞，碱式滴定管在管的下端连接一橡皮管，内放一玻璃珠，以控制溶液的流出，橡皮管下端再连接一个尖嘴玻璃管。

(4) 使用前应该洗涤、涂脂、检漏。为了使玻璃活塞转动灵活，必须在塞子与塞槽内壁涂少许凡士林。试漏的方法是先将活塞关闭，在滴定管内充满水，将滴定管夹在滴定管夹上。放置 2 min，观察管口及活塞两端是否有水渗出，如漏水，则重新涂凡士林后再使用。碱式滴定管使用前应检查橡皮管是否老化、变质；玻璃珠是否适当，玻璃珠过大，则不便操作，过小，则会漏水。

(5) 操作溶液的装入：用该溶液润洗滴定管 2 ~ 3 次，每次 10 ~ 15 mL，双手拿住滴定管两端无刻度部位，在转动滴定管的同时，使溶液流遍内壁，再将溶液由流液口放出，弃去。

滴定管充满操作液后，应检查管的出口下部尖嘴部分是否充满溶液，如果留有气泡，需要将气泡排除。

酸式滴定管排除气泡的方法是：右手拿滴定管上部无刻度处，并使滴定管倾斜 30°，左手迅速打开活塞，使溶液冲出管口，反复数次，即可达到排除气泡的目的。

碱式滴定管排除气泡的方法是：将碱式滴定管垂直地夹在滴定管架上，左手拇指和食指捏住玻璃珠部位，使胶管向上弯曲并捏挤胶管，使溶液从管口喷出，即可排除气泡。

（6）滴定管的操作。使用酸式滴定管时，左手握滴定管，无名指和小指向手心弯曲，轻轻贴着出口部分，其他 3 个手指控制活塞，手心内凹，以免触动活塞而造成漏液。其操作示意如图 1-6 所示。

使用碱式滴定管时，左手握滴定管，用拇指和食指捏挤玻璃珠周围一侧的胶管，使胶管与玻璃珠之间形成一个小缝隙，溶液即可流出（见图 1-7）。注意不要捏挤玻璃珠下部胶管，以免空气进入而形成气泡，影响读数。

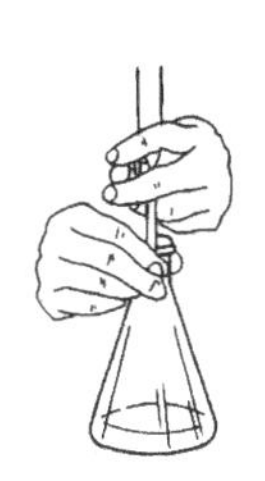

图 1-6　酸式滴定管操作示意

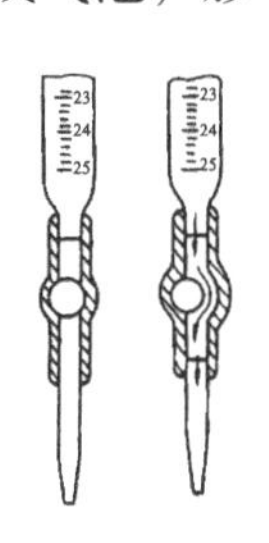

图 1-7　碱式滴定管操作示意

（7）滴定操作通常在锥形瓶内进行。滴定时，用右手拇指、食指和中指拿住锥形瓶，其余两指辅助在下侧，使瓶底离滴定台高 2 ~ 3 cm，滴定管下端伸入瓶口内约 1 cm，左手握滴定管，边滴加溶液，边用右手摇动锥形瓶，使滴下去的溶液尽快混匀。摇瓶时，应微动腕关节，使溶液向同一方向旋转。

6. 注意事项

（1）用量筒量取液体体积是一种粗略的计量法，所以在使用中必须选用合适的规格，不要用大量筒计量小体积，也不要用小量筒多次量取大体积的液体，否则都会引起较大的误差。

（2）量筒是厚壁容器，绝不能用来加热或量取热的液体，也不能在其中溶解物质、稀释和混合液体，更不能用作反应容器。

（3）移液管吸取试液前，用滤纸拭去管外水，并用少量试液润冲。

（4）热溶液应冷却至室温后，才能稀释至标线，否则可造成体积误差。需避光的溶液应以棕色容量瓶配制。

（5）容量瓶不宜长期存放溶液，应转移到磨口试剂瓶中保存。

（6）容量瓶及移液管等有刻度的精确玻璃量器，均不宜放在烘箱中烘烤。

（7）容量瓶如长期不用，磨口处应洗净擦干，并用纸片将磨口隔开。

（8）滴定时最好每次滴定都从 0.00 mL 开始，或接近 0 的任一刻度开始，这样可减少滴定误差。

（9）滴定过程中左手不要离开活塞而任溶液自流。

（10）滴定时，要观察滴落点周围颜色的变化，不要去看滴定管上的刻度变化。

（11）控制适当的滴定速度，一般每分钟 10 mL 左右，接近终点时要一滴一滴加入，即加一滴摇几下，最后还要加一次或几次半滴溶液直至终点。

（12）滴定管内的液面呈弯月形，无色和浅色溶液读数时，视线应与弯月面下缘实线的最低点相切，即读取与弯月面相切的刻度；深色溶液读数时，视线应与液面两侧的最高点相切，即读取视线与液面两侧的最高点呈水平处的刻度。

滴定管的读数方法如图 1-8 所示。

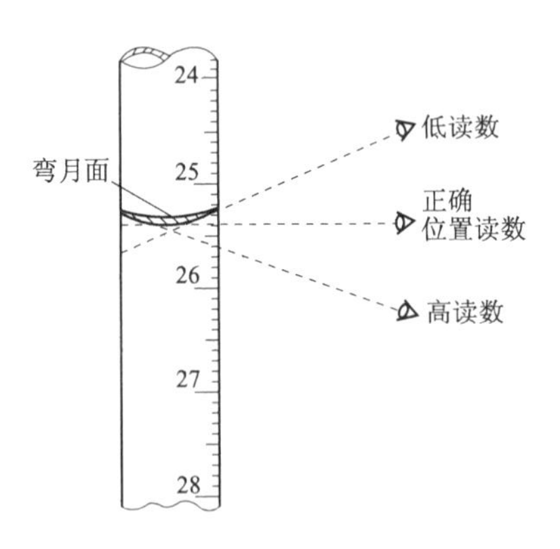

图 1-8　滴定管的读数方法

（13）读数必须读到毫升小数后第二位，即要求估计到 0.01 mL。

三、溶解、蒸发与浓缩、结晶与干燥

1. 固体的溶解

1）固体的溶解

选定某一溶剂溶解固体样品时，还应考虑对大颗粒固体进行粉碎、加热和搅拌等以加速溶解。

2）固体的粉碎

若固体颗粒较大时，在进行溶解前通常用研钵将固体粉碎。在研磨前，应先将研钵洗净擦干，加入不超过研钵总体积 1/3 的固体，缓慢沿一个方向进行研磨，最好不要在研钵中敲击固体样品。研磨过程中，可将已经研细的部分取出，过筛，较大的颗粒继续研磨。

3）溶剂的加入

为避免烧杯内溶液由于溅出而损失，加入溶剂时应通过玻璃棒使溶剂慢慢地流入。如溶解时会产生气体，应先加入少量水使固体样品润湿为糊状，用表面皿将烧杯盖好，再用滴管将溶剂自烧杯嘴加入，以避免产生的气体将试样带出。

4）加热

物质的溶解度受温度的影响，加热的目的主要在于加速溶解，应根据被加热的物质的稳定性的差异选用合适的加热方法。加热时要防止溶液的剧烈沸腾和迸溅，因此容器上方应该用表面皿盖住。溶解完停止加热以后，要用溶剂冲洗表面皿和容器内壁。另外，并不是加热对一切物质的溶解都有利，应该具体情况具体分析。

5）搅拌

搅拌是加速溶解的一种有效方法，搅拌时手持玻璃棒并转动手腕，使玻璃棒在液体中均匀地转圈，注意转速不要太快，不要使玻璃棒碰到容器器壁发出响声。

2. 蒸发与浓缩

用加热的方法从溶液中除去部分溶剂，从而提高溶液的浓度或使溶质析出的操作叫蒸发。蒸发与浓缩一般是在水浴上进行的，若溶液太稀且该物质对热稳定时，可先放在石棉网上直接加热蒸发，再用水浴蒸发。蒸发速度不仅与温度、溶剂的蒸气压有关，还与被蒸发液体的表面积有关。无机实验中常用的蒸发容器是蒸发皿，它能使被蒸发液体具有较大的表面积，有利于蒸发。使用蒸发皿蒸发液体时，蒸发皿内所盛放的液体不得超过总容量的2/3，若待蒸发液体较多时，可随着液体的被蒸发而不断添补。随着蒸发过程的进行，溶液浓度增加，蒸发到一定程度后冷却，就可析出晶体。当物质的溶解度较大且随温度的下降而变小时，只要蒸发到溶液出现晶膜即可停止；若物质溶解度随温度变化不大时，为了获得较多的晶体，需要在结晶膜出现后继续蒸发。但是由于晶膜妨碍继续蒸发，因此应不时地用玻璃棒将晶膜打碎。如果希望得到好的结晶（大晶体）时，则不易过度浓缩（不管哪种情况，都不宜过度浓缩）。

3. 结晶与重结晶

当溶液蒸发到一定程度冷却后就有晶体析出，这个过程叫结晶。析出晶体颗粒的大小与外界环境条件有关，若溶液浓度较高，溶质的溶解度较小，快速冷却并加以搅拌（或用玻璃棒摩擦容器器壁），都有利于析出细小晶体。反之，若让溶液慢慢冷却或静置有利于生成大晶体，特别是加入一小颗晶体（晶种）时更是如此。从纯度来看，快速生成小晶体时由于不易裹入母液及别的杂质而纯度较高，缓慢生长的大晶体纯度较低，但是晶体太小且大小不均匀时，会形成稠厚的糊状物，携带母液过多导致难以洗涤而影响纯度。因此在物及制备中，晶体颗粒的大小要适中、均匀才有利于得到高纯度的晶体。

当第一次得到的晶体纯度不合要求时，重新加入尽可能少的溶剂溶解晶体，然后再蒸发、结晶、分离而得到纯度较高的晶体的操作过程叫重结晶。根据需要有时需要多次结晶。

4. 结晶的干燥与保存

结晶的干燥是指从晶体表面除去水分，具体的方法包括烘干法、吸干法和干燥器干燥法等方法。

1）烘干法

对于比较稳定的晶体可采用此法干燥，即将晶体放置于培养皿（或表面皿）内，在恒温箱中烘干，也可将其放在蒸发皿中，在水浴或石棉网上直接加热，将结晶烤干或置于红外灯下烤干。

2）吸干法

对于含有结晶水的晶体，不宜采用烘干法干燥，可采用滤纸吸干，即将晶体放在两层滤纸之间用手轻轻积压，让晶体表面的水分被滤纸吸收，更换滤纸重复操作直到晶体干燥为止。

3）干燥器干燥法

对于受热易分解或干燥后又易吸水但是又需要保存较长时间的晶体，可将晶体放入装有干燥剂的干燥器中干燥和存放。干燥器口涂有一层凡士林，以便盖严后防止外界水汽进入。打开干燥器时，应该一手夹住干燥器，另一手握住盖子上的手柄，沿水平方向移动盖子。盖上盖子的操作与此相同，但方向相反（打开真空干燥器时，应先盖上活塞打开充气）。温度高的物体应稍微冷却后再放入干燥器，放入后，在短时间内再把盖子打开 1 ~ 2 次，以免以后盖子打不开。

干燥器的搬动和开启操作示意如图 1-9 所示。

图 1-9　干燥器的搬动和开启

（a）搬动方法；（b）开启方法

四、沉淀的分离和洗涤

1. 过滤法

过滤法是最常用的分离方法之一。当溶液和沉淀的混合物通过过滤器（如滤纸）时，沉淀就留在过滤器上，溶液则通过过滤器而漏入接收的容器中。过滤所得的溶液叫作滤液。

溶液的温度、黏度，过滤时的压力，过滤器的孔隙大小和沉淀物的状态，都会影响过滤速度。热的溶液比冷的溶液容易过滤。溶液的黏度愈大，过滤愈慢。减压过滤比常压过滤快。过滤器的孔隙要选择适当，太大会透过沉淀，太小则易被沉淀堵塞，使过滤难以进行。沉淀若呈现胶状时，必须先加热一段时间来破坏它，否则它要透过滤纸。总之，要考虑各方面的因素来选用不同的过滤方法。常用的 3 种过滤方法是常压过滤，减压过滤和热过滤，现分述如下。

1）常压过滤

常压过滤方法最为简便和常用。先把滤纸折叠成四层并剪成扇形（圆形不必再剪）。如果漏斗的规格不标准（非 60°角），滤纸和漏斗将不密和，这时需要重新折叠滤纸，把它折成一个适当的角度，展开后可成大于 60°角的锥形，或成小于 60°角的锥形，根据漏斗的角度来选用，使滤纸与漏斗密合。然后撕去一小角，用食指把滤纸按在漏斗内壁上，用水湿润滤纸，并使它紧贴在壁上，排去纸和壁之间的气泡。这种情况下过滤时，漏斗颈内可充满滤液，滤液以本身的重量曳引漏斗内液体下漏，使过滤大为加速，否则，气泡的存在将延缓液体在漏斗颈内流动而减缓过滤的速度。漏斗中滤纸的边缘应略低于漏斗的边缘。

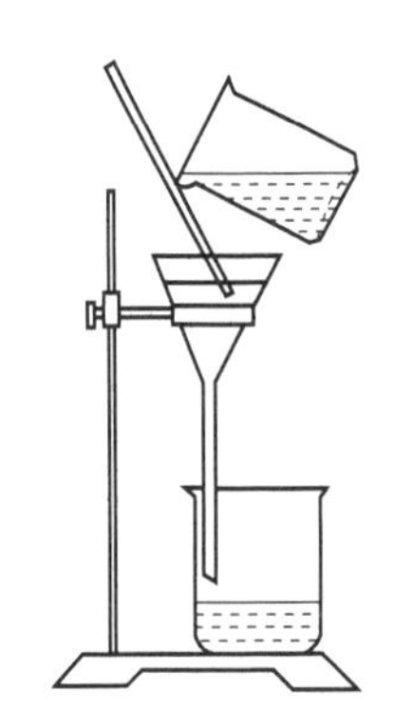

图 1-10　过滤装置

过滤时应注意，漏斗要放在漏斗架上，漏斗颈要靠在接收容器的壁上，如图 1-10 所示，先转移溶液，后转移沉淀；转移溶液时，应把它滴在三层滤纸处并使用搅拌棒引流，每次转移量不能超过滤纸高度的 2/3。

如果需要洗涤沉淀，则等溶液转移完毕后，往盛着沉淀的容器中加入少量洗涤剂，充分搅拌并放置，待沉淀下沉后，把洗涤剂转移入漏斗，如此重复操作两三遍，再把沉淀转移到滤纸上。洗涤时贯彻少量多次的原则，洗涤效率才高。检查滤液中的杂质含量，可以判断沉淀是否已经洗净。

2）减压过滤（简称“抽滤”）

在减压过滤装置图中，水泵中急速的水流不断将空气带走，从而使吸滤瓶内压力减小，布氏漏斗内的液面与吸滤瓶内造成一个压力差，提高了过滤的速度。在连接水泵的橡皮管和吸滤瓶之间安装一个安全瓶，用以防止因关闭水阀或水泵内流速的改变引起自来水倒吸，进入吸滤瓶将滤液沾污并冲稀。也正因为如此，在停止过滤时，应首先从吸滤瓶上拔掉橡皮管，然后才关闭自来水龙头，以防止自来水吸入瓶内。

减压过滤装置如图 1-11 所示。

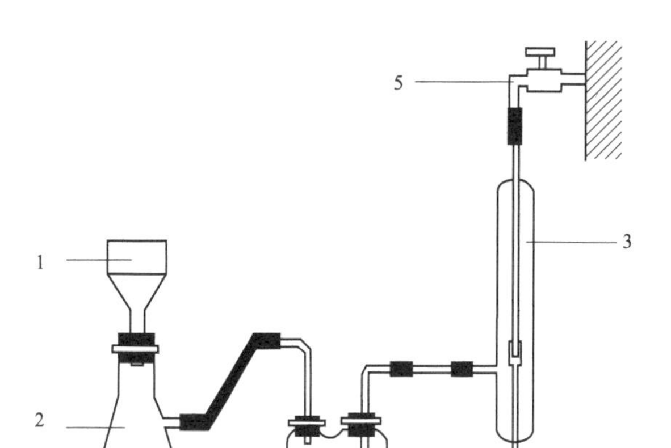

图 1-11　减压过滤装置

1—水泵；2—吸滤瓶；3—布氏漏斗；4—安全瓶；5—自来水龙头

抽滤用的滤纸应比布氏漏斗的内颈略小，但又能把瓷孔全部盖没。将滤纸放入并湿润后，慢慢打开自来水龙头，先抽气使滤纸紧贴，然后才往漏斗内转移溶液。其他操作与常压过滤相似。

有些浓的强酸、强碱或强氧化性的溶液，过滤时不能使用滤纸，因为它们要和滤纸作用而破坏滤纸。这时可用纯的确良布或尼龙布来代替滤纸。另外也可使用烧结玻璃漏斗（也叫玻璃砂漏斗），这种漏斗在化学实验室中常见的规格有 4 种，即 1 号、2 号、3 号、4 号。1 号的孔径最大。可以根据沉淀颗粒不同来选用。但它不适用于强碱性溶液的过滤，因为强碱会腐蚀玻璃。

3）热过滤

如果溶液中的溶质在温度下降时很容易大量结晶析出而我们又不希望它在过滤过程中留在滤纸上，这时就要趁热进行过滤。过滤时可把玻璃漏斗放在铜质的热漏斗内，热漏斗内装有热水，以维持溶液的温度。也可以在过滤前把普通漏斗放在水浴上用蒸汽加热，然后使用。此法较简单易行。另外，热过滤时选用的漏斗的颈部愈短愈好，以免过滤时溶液在漏斗颈内停留过久，因散热降温，析出晶体而发生堵塞。

图 1-12 为普通漏斗放在水浴上热过滤的示意图。

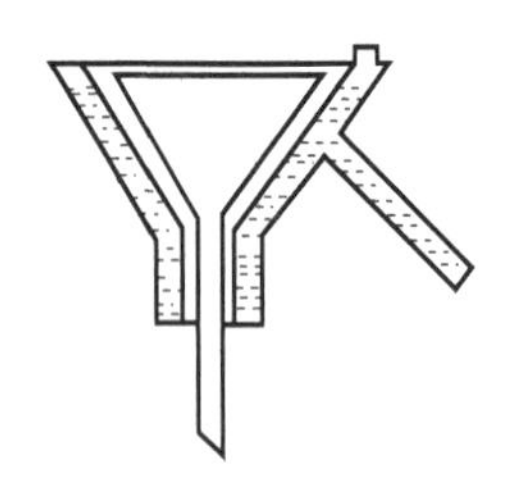

图 1-12　普通漏斗放在水浴上热过滤的示意

2. 离心分离法

当沉淀的结晶颗粒较大或相对密度较大，静置后容易沉降至容器的底部时，可用倾析法分离或洗涤。倾析的操作与转移溶液的操作是同时进行的。洗涤时，可往盛着沉淀的容器内加入少量洗涤剂（常用的有蒸馏水、酒精等），充分搅拌后静置，沉降，再小心地倾析出洗涤液。如此重复操作两三遍，即可洗净沉淀。

当被分离的沉淀的量很少时可以应用离心分离。把要分离的混合物放在离心管（而不是试管）中，再把离心管装入离心机的套管内，在对面的套管内则放一盛有与其等体积的离心管，使离心机旋转一阶段后，让其自然停止旋转。待其停转后，打开盖子，取出离心管。注意：千万不能在离心机高速旋转时打开盖子，以免发生伤人事故。通过离心作用，沉淀就紧密地聚集在离心管底部而溶液在上部。可用滴管将溶液析出。如需洗涤，可往沉淀中加入少量洗涤剂，充分搅拌后再离心分离。重复操作两三遍即可。沉淀附着的溶剂可用一条滤纸吸去。

实验室内常用的离心机根据旋转时离心管与轴所成的角度进行分类，可分为水平式和斜角式两种，前者旋转时离心管与轴成直角，后者旋转时离心管与轴成 45°～50°的角度。根据转速不同将离心机分为普通离心机，最高转速为 4 000 r/min；高速离心机，最高转速为 20 000 r/min，为了防止发热，可带制冷装置，故又称高速冷冻离心机。

五、试纸及其使用

在实验室中常用一些试纸来定性检验一些溶液的性质或某些物质是否存在，这样用起来操作简单、方便、快速，并具有一定的精确度。

1. 试纸的种类

实验室所用的试纸种类很多，常用的有 pH 试纸、醋酸铅试纸、淀粉－碘化钾试纸和高锰酸钾试纸等。

1）pH 试纸

pH 试纸用来检验溶液或气体的 pH 值，包括广泛 pH 试纸和精密 pH 试纸两大类别。广泛 pH 试纸的变色范围在 pH 为 1 ~ 14 范围内，用来粗略估计溶液的 pH 值。精密 pH 试纸可较精密地估计溶液的 pH 值，根据其变色范围可以分为多种，如变色范围在 pH 为 2.7 ~ 4.7、3.8 ~ 5.4、5.4 ~ 7.0、6.9 ~ 8.4、8.2 ~ 10.0、9.5 ~ 13.0 的多种，根据待测溶液的酸碱性可选用某一变色范围的试纸（最好先用广泛 pH 试纸粗测，再用精密 pH 试纸较准确的测量）。

2）醋酸铅试纸

醋酸铅试纸是用来定性检验 H_2S 气体的试纸。当含有 S^{2-} 离子的溶液被酸化后，逸出的 H_2S 气体遇到试纸，即与纸上的醋酸铅反应，生成黑色的醋酸铅沉淀，使试纸呈黑褐色，并具有金属光泽。

$$Pb(Ac)_2 + H_2S \xlongequal{\quad} PbS(s) + 2HAc$$

若溶液中 S^{2-} 离子的浓度较小时则不易检验出。

3）淀粉 - 碘化钾试纸

淀粉 - 碘化钾试纸是用来定性检验氧化性气体如 Cl_2、Br_2 的一种试纸。当氧化性气体遇到湿的淀粉 - 碘化钾试纸时，将试纸上的 I^- 氧化成 I_2，后者立即与试纸上的淀粉作用而显蓝色。

$$2I^- + Cl_2 \xlongequal{\quad} I_2 + 2Cl^-$$

如气体氧化性强，且浓度较大时，还可以将 I_2 进一步氧化而使试纸褪色。

$$I_2 + 5Cl_2 + 6H_2O \xlongequal{\quad} 2HIO_3 + 10HCl$$

使用时必须仔细观察试纸颜色的变化，以免得出错误的结论。

4）其他试纸

目前我国生产的各种用途的试纸已达几十种，较为重要的有测 AsH_3 的溴化汞试纸、测汞的汞试纸。

2. 试纸的使用方法

每种试纸的使用方法都不一样，在使用前应仔细阅读使用说明，但也有一些共性的地方：用作测定气体的试纸，都需要先行润湿后再测量，并且不要将试纸接触相应的液体或反应器，以免造成误差；使用试纸时，应注意节约，尽量将试纸剪成小块；不要将试纸浸入到反应液中，以免造成溶液的污染；使用试纸时应尽量少取，取后盖好瓶盖，以防污染（尤其是醋酸铅试纸）。

几种特殊试纸的使用方法如下。

1）pH 试纸及石蕊、酚酞试纸

将小块试纸放在洁净的表面皿或点滴板上，用蘸有待测液的玻璃棒点在试纸的中部，试纸即被待测液润湿而变色，即与标准色阶板比较，确定相应的 pH 值或 pH 范围，若是其他试纸，则根据颜色的变化确定其酸碱性。如果需要测气体的酸碱性时，应先用蒸馏水将试纸润湿，将其黏附在洁净玻璃棒尖端，移至产生气体的试管口上方（不要接触试管），观察试纸的颜色变化。

2）淀粉 - 碘化钾试纸或醋酸铅试纸

将小块试纸用蒸馏水润湿后黏附在干净的玻璃棒尖端，移至产生气体的试管口上方（不要接触试管及触及试管内的溶液），观察试纸的颜色变化。若气体量较小时，可在不接触溶液的条件下将玻璃棒伸进试管进行观察。

3. 试纸的制备

1）淀粉 - 碘化钾试纸（无色）

将 3 g 可溶性淀粉与 25 mL 水搅匀，倾入 225 mL 沸水中，加入 1 g KI 和 1 g Na_2CO_3，搅拌，加水稀释至 500 mL，将滤纸条浸润，取出后放置于无氧化性气体处晾干，保存于密封装置（如广口瓶）中备用。

2）醋酸铅试纸（无色）

在浓度小于 1 mol/L 的醋酸铅溶液（每升中含 190 g $Pb(Ac)_2 \cdot 3H_2O$）中浸润滤纸条，在无 H_2S 气氛中干燥即可，密封保存备用。

§1.4 分析实验用水

一、实验用水规格及技术指标

分析化学实验室用于溶解、稀释和配制溶液的水，都必须先经过净化，不能直接使用自来水或其他天然水。应使用一定方法制得含极微量杂质的纯水。分析要求不同，对水质纯度的要求也不同，根据中华人民共和国国家标准 GB/T 6682—2008《分析实验室用水规格和试验方法》的规定，分析化学实验室用水分为 3 个级别：一级水、二级水和三级水。我国实验室用水规格的国家标准（GB 6682—2000）中，规定了实验室用水的技术指标见表 1-2。

表 1-2　实验室用水的级别及主要指标

指标名称	一级	二级	三级
pH 值范围（25 ℃）	—	—	5.0～7.5
电导率（25 ℃）/（$\mu S \cdot m^{-1}$）≤	0.01	0.01	0.2
吸光度（254 nm，1 cm 光程）≤	0.001	0.01	—
可氧化物质［以（O）计］/（$mg \cdot L^{-1}$）≤	—	0.08	0.40
蒸发残渣（105 ℃±2 ℃）/（$mg \cdot L^{-1}$）≤	—	1.0	2.0
可溶性硅（以 SiO_2）计）/（$mg \cdot L^{-1}$）<	0.01	0.02	—

分析化学实验室用的纯水一般有蒸馏水、二次蒸馏水、去离子水、无二氧化碳蒸馏水、无氨蒸馏水等。其中：

一级水基本不含有溶解或胶态离子杂质及有机物。用于有严格要求的分析实验，包括对颗粒有要求的实验，如高效液相色谱用水。

二级水可含有微量的无机、有机或胶态杂质，用于无机痕量分析等实验，如原子吸收光谱分析用水。

三级水是最普遍使用的纯水，适用于一般实验室试验工作，过去多采用蒸馏方法制备，通常称为蒸馏水。目前多改用离子交换法、电渗析法或反渗透法制备。

故应该根据不同的要求，采用不同的净化方法制备纯水。

二、制备方法及其检验方法

1. 制备方法

1）一级水

一级水可用二级水经过石英设备蒸馏水或离子交换混合窗处理后，再以 0.2 μm 微孔滤膜过滤来制取。

2）二级水

二级水可用蒸馏、反渗透法或去离子后再经过蒸馏等方法制得。

3）三级水

将自来水在蒸发装置上加热气化，然后将蒸汽冷凝即得到蒸馏水。由于杂质离子一般不挥发，所以蒸馏水中所含杂质比自来水少得多，比较纯净，可达到三级水的标准，但还是有少量的金属离子、二氧化碳等杂质。

2. 检验方法

检验纯水的主要指标是电导率（或换算为电阻率）。测定电导率应选用适用于高纯水的电导率仪（最小量程为 0.02 μS/cm）。测定一、二级水时，电导池常数为 0.01 ~ 0.1，将电极装入制水设备的出水管道中测定。测定三级水时，电导池常数为 0.1 ~ 1，用烧杯接取约 300 mL 水样，立即测定。

§1.5 化学试剂的规格

化学试剂的规格是以其中所含杂质多少来划分的，根据国家标准（GB）及部颁标准，一般可将实验室普遍使用的一部试剂分为 4 个等级，其具体规格、标志和适用范围如表 1-3 所示。

表 1-3 化学试剂的具体规格、标志和适用范围

试剂级别	保证试剂	分析纯试剂	化学纯试剂	实验试剂
	一级	二级	三级	四级
标签颜色	绿色	红色	蓝色	棕色或黄色
符号	G. R.	A. R.	C. P.	L. R.
适用范围	适用于精密分析及研究工作	适用于多数的分析研究及教学实验工作	适用于一般分析工作	适用于一般性的化学实验及教学工作

此外，还有光谱纯试剂、基准试剂、色谱纯试剂等。

光谱纯试剂（符号 S. P.）的杂质含量用光谱分析法已测不出或者其杂质的含量低于某一限度，这种试剂主要用作光谱分析中的标准物质。

基准试剂的纯度相当于或高于保证试剂。基准试剂用作滴定分析中的基准物质是非常方便的，也可用于直接配制标准试剂。

在分析工作中，选用的试剂纯度要与所用方法相当，实验用水、操作器皿等要与试剂的等级相适应，若试剂都选用 G. R. 级，则不宜使用普通的蒸馏水或去离子水，而应使用经过两次蒸馏制得的重蒸馏水。所用器皿的质地也要求较高，使用过程中不应有物质溶解，以免影响测定的准确性。

化学试剂的选用原则是：在满足实验要求的前提下，选择试剂的级别应就低不就高，既不超级别造成浪费，也不能随意降低试剂级别而影响分析结果。优质纯和分析纯试剂，虽然市售试剂是纯品，但有时由于包装或取用不慎而混入杂质，或运输过程中可能发生变化，或储藏日久而变质，所以还应具体情况具体分析。对所用试剂的规格有所怀疑时应该进行鉴定。在特殊情况下，市售试剂纯度不能满足要求时，分析者应自己动手精制。

第 2 章

无机化学实验

§2.1　一般实验操作

实验一　仪器的认领、洗涤和干燥及溶液的配制

一、实验目的

（1）学习基础化学实验室规则和安全守则。

（2）领取并熟悉基础化学实验常用仪器，熟悉其名称、规格、用途、性能及其使用方法。

（3）学会并练习常用仪器的洗涤和干燥方法。

（4）掌握几种常用配制溶液的方法。

（5）熟悉有关浓度的计算。

（6）练习使用量筒和比重计。

二、实验原理

1. 玻璃仪器的洗涤

化学实验所用的玻璃仪器必须是十分洁净的，否则会影响实验效果，甚至导致实验失败。洗涤时应根据污物性质和实验要求选择不同方法。洁净的玻璃仪器的内壁应能被水均匀地湿润而不挂水珠，并且无水的条纹。一般而言，附着在仪器上的污物既有可溶性物质，也有尘土、不溶物及有机物等。常见洗涤方法有以下几种。

（1）刷洗法：用水和毛刷刷洗仪器，可以去掉仪器上附着的尘土、可溶

性物质及易脱落的不溶性物质。注意使用毛刷刷洗时，不可用力过猛，以免戳破容器。

（2）合成洗涤剂法：去污粉是由碳酸钠、白土、细砂等混合而成的。它是利用 Na_2CO_3 的碱性具有强的去污能力、细砂的摩擦作用以及白土的吸附作用，增强对仪器的清洗效果。先将待洗仪器用少量水润湿后，加入少量去污粉，再用毛刷擦洗，最后用自来水洗去去污粉颗粒，并用蒸馏水洗去自来水中带来的钙、镁、铁、氯等离子，每次蒸馏水的用量要少（本着“少量、多次”的原则）。其他合成洗涤剂也有较强的去污能力，使用方法类似于去污粉。

（3）铬酸洗液法：这种洗液是由浓 H_2SO_4 和 $K_2Cr_2O_7$ 配制而成的（将 25 g $K_2Cr_2O_7$ 置于烧杯中，加 50 mL 水溶解，然后在不断搅拌下，慢慢加入 450 mL 浓 H_2SO_4），呈深褐色，具有强酸性、强氧化性，对有机物、油污等的去污能力特别强。太脏的仪器应用水冲洗并倒尽残留的水后，再加入铬酸洗液润洗，以免洗液被稀释。洗液可反复使用，用后倒回原瓶并密闭，以防吸水。当洗液由棕红色变为绿色时即失效。可再加入适量 $K_2Cr_2O_7$ 加热溶解后继续使用。实验中常用的移液管、容量瓶和滴定管等具有精确刻度的玻璃器皿，可恰当地选择洗液来洗。但铬酸洗液具有很强腐蚀性和毒性，故近年来较少使用。采用 NaOH/乙醇溶液洗涤附着有机物的玻璃器皿，效果较好。

（4）“对症”洗涤法：针对附着在玻璃器皿上不同物质的性质，采用特殊的洗涤法，如硫黄用煮沸的石灰水；难溶硫化物用 HNO_3/HCl；铜或银用 HNO_3；AgCl 用氨水；煤焦油用浓碱；黏稠焦油状有机物用回收的溶剂浸泡；MnO_2 用热浓盐酸等。光度分析中使用的比色皿等，系光学玻璃制成，不能用毛刷刷洗，可用 HCl－乙醇浸泡、润洗。

2. 玻璃仪器的干燥

（1）空气晾干，叫又风干，是最简单易行的干燥方法，只要将仪器在空气中放置一段时间即可。

（2）烤干：将仪器外壁擦干后用小火烘烤，并不停转动仪器，使其受热均匀。该法适用于试管、烧杯、蒸发皿等仪器的干燥。

（3）烘干：将仪器放入烘箱中，控制温度在 105 ℃左右烘干。待烘干的仪器在放入烘箱前应尽量将水倒净并放在金属托盘上。此法不能用于精密度高的容量仪器。

（4）吹干：用电吹风吹干。

（5）有机溶剂法：先用少量丙酮或无水乙醇使内壁均匀润湿后倒出，再用乙醚使内壁均匀润湿后倒出。再依次用电吹风冷风和热风吹干，此种方法又称为快干法。

3. 溶液的配制

溶液的浓度是指一定量溶液或溶剂中，所含溶质的量。

配制一定浓度的溶液往往根据计算的结果，取一定质量（或体积）的溶质加少量溶剂溶解后，再加溶剂至所要求的体积，即得所要配制的溶液。有时如果用浓溶液来配制稀溶液，则往往需先用密度计测出浓溶液密度，从化学手册中查出其对应的质量分数，然后再按照要配制的浓度计算出所需的体积，量出所需体积的浓溶液再与一定量的溶剂相混合即得要配制的溶液。

三、仪器和药品

1. 仪器

无机化学实验常用仪器一套、密度计。

2. 药品

$K_2Cr_2O_7$(s)、H_2SO_4(浓)、NaOH(s)、去污粉、丙酮、无水乙醇、乙醚、浓盐酸、$CuSO_4 \cdot 5H_2O$ 固体、Na_2CO_3(0.200 0 mol/L)、95%酒精、葡萄糖固体。

四、实验步骤

（1）进行实验目的性、实验室规则和安全守则教育。

（2）按仪器清单认领基础化学实验所需常用仪器，并熟悉其名称、规格、用途、性能及其使用方法和注意事项。

（3）洗涤已领取的仪器。

（4）选用适当方法干燥洗涤后的仪器。

（5）进行溶液的配制。

① 质量浓度溶液的配制。

配制 70 g/L 盐酸溶液 50 mL：将浓盐酸小心倒入干燥的 100 mL 量筒中，再将密度计浸入浓盐酸中（不要将密度计靠在量筒壁上），读出的液面刻度即为此浓盐酸的密度。从化学手册中查出含酸质量分数，算出配制 70 g/L 盐酸溶液 50 mL 需要浓盐酸的毫升数。

在 100 mL 烧杯中加水 30 mL，用 10 mL 量筒量取计算所需浓盐酸的毫升数，缓缓倒入烧杯中，并不断搅拌，冷却后将溶液全部倒入 50 mL 量筒中，10 mL 量筒和烧杯均用少量水冲洗 1～2 次，每次洗液并入 50 mL 量筒中，然后加水使溶液的总体积为 50 mL，将配制好的溶液倒入回收瓶中。

用台秤称取葡萄糖 2.5 g，放入 150 mL 的烧杯中，用量筒加入 30 mL 蒸馏水，用玻璃棒搅拌溶液，使其完全溶解。计算该溶液的质量浓度为多少？

② 配制不同浓度的溶液。

准确配制 0.050 00 mol/L Na_2CO_3溶液 50 mL：先计算出所需 0.200 0 mol/L Na_2CO_3溶液的体积。用 20.00 mL 移液管量取所需体积的 0.200 0 mol/L Na_2CO_3 溶液，加入到 50 mL 容量瓶中，然后加蒸馏水至标线，摇匀，即得所配制的溶液。

配制 0.1 mol/L 硫酸铜溶液 50 mL：先计算需多少克固体硫酸铜（$CuSO_4 \cdot 5H_2O$）。在台秤上称取所需 $CuSO_4 \cdot 5H_2O$ 的质量（称准至 0.1 g）倒入 150 mL 烧杯中，加水约 30 mL，用玻璃棒搅拌至完全溶解，将溶液倒入 100 mL 量筒中，烧杯再用少量水冲洗 1～2 次，每次冲洗液并入 100 mL 量筒中，最后加水至体积为 50 mL，即得 0.1 mol/L 硫酸铜溶液。

③ 溶液的稀释。

由 95% 的酒精稀释成 75% 的酒精 50 mL：用 50 mL 量筒量取所需 95% 的酒精毫升数（准确至 0.1 mL），小心加水至 50 mL 刻度处，混匀，即成。

附：密度计的使用

用来测量液体密度的密度计有两种：一种是测量比水重的液体的密度计，其零点在刻度上端；另一种是测量比水轻的液体的密度计，其零点在刻度下端。这两种密度计又有是否带温度计之分，使用时要注意区分。

测量时将待测液体置于事先洗净干燥的量筒内，并使待测液体温度与环境温度相差不超过 ±5 ℃。再估计密度的大致范围，选择合适的密度计（包括类型和具有相应刻度范围）。手执干净比重计的上端，小心置于量筒中，勿使密度计与量筒底及量筒壁相接触。当摆动停止后，按弯月面的上沿进行读数。读数时眼睛应与弯月面上沿平行。同时按照密度计上的温度计或另用温度计

测定试样温度 t ℃，记下比重计的读数及温度。然后将试验温度下的密度 d_4^t 按下式换算为标准密度：

$$d_4^{20}:\ d_4^{20}=d_4^t+r(t-20)$$

式中 t——实验时的温度,℃；

r——温度校正系数。化学手册中可查到各物质的温度系数。对于大于水的物质 $r=0.000\ 5$；

d_4^{20}——样品的质量与同体积的纯水在 4 ℃时的质量之比。

五、注意事项

（1）如附有不溶于水的碱、碳酸盐、碱性氧化物，可用 6 mol/L HCl 溶解，再用水冲洗。油脂等污物可用热的纯碱液洗涤。

（2）口小、管细的仪器，不便用刷子洗，可用少量王水或铬酸洗液洗涤。

六、思考题

（1）烤干试管时为什么管口要略向下倾斜?

（2）按能否用于加热、容量仪器与非容量仪器等将所领取的仪器进行分类。

（3）比较玻璃仪器不同洗涤方法的适用范围和优缺点。

（4）怎样检查玻璃仪器是否已洗涤干净?

（5）使用铬酸洗液应注意哪些问题?

（6）容量瓶等计量仪器是否需干燥?若需，则如何干燥?

（7）实验室有 50% 的酒精 200 mL 及足量的 95% 的酒精，如何充分利用 50% 的酒精来配制 1 000 mL 75% 的消毒酒精?

实验二　酸度计、电导率仪的使用

一、实验目的

（1）学习酸度计的使用方法。

（2）学习电导率仪的使用方法。

二、酸度计

1. 精密数显酸度计

精密数显酸度计是由转换放大器和测定点击组成。利用电极对被测溶液中不同的酸度产生不同的直流电势，通过电路 A/D 转换器，将被测直流电转换成数字直接显示出 pH 值。所以此类酸度计使用简便、快捷，如雷磁 pH－3 型。图 2-1 为雷磁 pHS－25 型 pH 计示意图，该仪器的测量范围是 pH0～14，测定精度为 0.01。

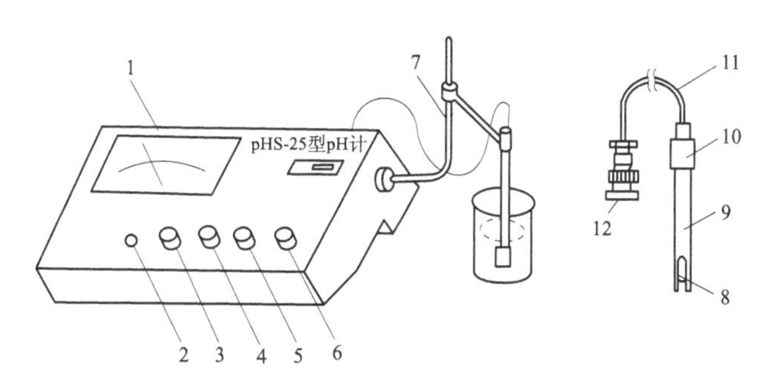

图 2-1　雷磁 pHS－25 型 pH 计示意

1—指示表；2—指示灯；3—温度；4—定位；5—选择；6—范围；
7—电极杆；8—球泡；9—玻璃管；10—电极帽；11—电极线；12—电极插头

其操作步骤如下。

（1）测定待测溶液温度，将仪器上的温度补偿旋钮拨至待测溶液温度上，斜率定在最右端。

（2）将电极固定在电极夹上，并将电极插头插入电极插口，要求接触牢靠。

（3）插上电源，将仪器上的电源开关由“OFF”拨至“pH”，此时数值显示屏即亮。

（4）定位。将电极轻轻插入已知 pH 值的标准缓冲溶液中，一分钟后，旋动定位旋钮，使数值显示屏上显示值等于该已知标准缓冲溶液的 pH 值（本实验所用仪器以实验室配制的 pH＝4.003 的标准缓冲溶液定位）。

（5）测量。电极从一种溶液中取出后，应用蒸馏水冲洗（冲洗时下面盛一烧杯），用滤纸吸干电极上的水，才能再插入待测溶液中。如果待测溶液的温度与标定时的标准缓冲溶液温度一致，此时仪器的显示值即为待测溶液的 pH 值。重复测定一次。

测量完毕，拆下电极，插上短路插口，移走电极并冲洗，然后将其浸在 3.3 mol/L 氯化钾溶液中。若较长时间不测量，将电极的塑料保护套内装上 3.3 mol/L 氯化钾溶液，将电极插入保护套内保存。

三、雷磁 DDS－11A 型电导率仪的使用方法

雷磁 DDS－11A 型电导率仪的外形如图 2-2（a）所示、电导电极如图 2-2（b）所示，使用步骤如下。

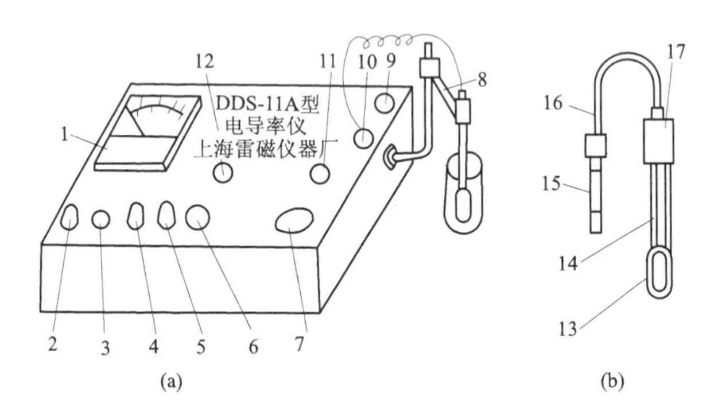

图 2－2　雷磁 DDS－11A 型电导率仪

1—指示电表；2—电源开关；3—指示灯；4—高、低周开关；5—校正、测量开关；6—校正调节器；7—量程选择开关；8—电极夹；9—10 mV 电极输出插口；10—电导电极插口；11—电容补偿器；12—电极常数调节器；13—铂片；14—玻璃管；15—电极插头；16—电极引线；17—电极帽

1. 检查仪器

（1）在未接通电源前，先检查电表指针是否指在零位。如不指零，则调整到指针指零。

（2）将校正、测量开关 5 拨到校正位置。

（3）将量程选择开关 7 拨到最大电导率测量挡，测量时逐挡下降至所需测量范围。如果已知测量范围，也可直接拨到所需位置。

2. 预备

（1）将仪器接上电源，打开电源开关 2，指示灯 3 应亮，预热 5 min。

（2）将电极夹在电极夹上，再将有铂片的电极头浸入盛有待测溶液（或水）的烧杯中，浸泡 3 ~ 5 min。

（3）将高、低周开关 4 拨向低周位置（当测量溶液的电导率低于 300 μS/cm 时选用低周）。

（4）将电极常数调节器12调节在与所用电极标示的电极常数项对应的数值上（即把电极常数调整为1，此时所测就是水或溶液的电导率）。

3. 测量

（1）将电极插头插入电导电极插口10，旋紧插口上的螺丝。当待测溶液的电导率小于10 μS/cm时，使用DJS-1型铂光亮电极；当待测溶液的电导率为10～10^4 μS/cm时，使用DJS-1型铂黑电极。

（2）调节校正调节器6，使电表1的指针指在满刻度。

（3）把校正、测量开关5拨到测量位置上，逐挡调节量程选择开关7，使电表1上的指针能指示出读数（尽量使指针指向满刻度的方向），此时电表1上指针指示的数值乘以量程选择开关7所指的倍率，即为待测水（或溶液）的电导率［注意：量程选择开关7逐挡下降时，如果是指针在倍率的红点，应读表1下排红刻度数值；如果是指在倍率的黑点，则读表上排黑刻度数值。例如，量程选择开关置于“×10”倍率黑点，表头指针指示黑线为0.74（红线为2.12），此时所得数值应为0.74×10，即被测溶液的电导率为7.4 μS/cm］，记下读数。

（4）测量时手不要靠近盛液烧杯，更不应接触烧杯，以免人体感应而造成较大的测量误差。

（5）将校正、测量开关5拨回校正位置，轻轻摇晃一下待测液，然后再将5拨到测量位置，重复测量一次。取两次读数的平均值作为被测液的电导率值。

（6）测量完毕，将开关5拨到校正位置，量程选择开关7拨到倍率最大挡，关闭电源开关，切断电源。取出电源插头，拆下电极，用蒸馏水将电极冲洗干净，用清洁滤纸条吸干，放回盒中。

如果要了解测量过程中电导率的变化情况，可把10 mV输出口9与自动电子电势（差）计连接记录。

如果测量高纯水，选用0～0.1 μS/cm或0～0.3 μS/cm时，要先将电导电极插入电极插口10，在电极未浸入待测水以前，先调节电容补偿器11，使电表1指针所指的数字为最小值，然后再开始测量。

如果在测量高纯水或其他一些溶液、介质的电导率时（特别是对电导率小于1 μS/cm的物质），为消除人体感应带来的测量误差和使不同被测液能在15 ℃～35 ℃区间内的任何温度下进行测量，而在同一基准温度下进行比较，可采用雷磁 DDS－11D 型电导率仪，该仪器抗干扰能力强。如对 $BaSO_4$饱和溶液、高纯水等测量时，即使手触摸烧杯也不会因人体感应而影响测定的正确性；该仪器设置了温度补偿调节器，使测出的数值都转换成 25 ℃时的电导率。

四、实验内容

去蒸馏水和自来水，分别测量它们的 pH 值和电导率；取临近的河水，过滤掉沉淀后测量其 pH 值和电导率。

比较 3 份水样的 pH 值和电导率，可以得出什么结论?

五、思考题

（1）溶液的酸碱性及其 pH 的表示。

（2）溶液的导电性及其影响因素。

§2.2 测定性实验

实验三 化学反应速率和化学平衡

一、实验目的

（1）掌握浓度、温度等对反应速率的影响。

（2）掌握浓度、温度等对化学平衡移动的影响。

（3）练习在水浴中进行恒温操作。

（4）学习根据实验数据作图。

二、实验原理

化学反应速率是以单位时间内反应物浓度的减少或生成物的增加来表示的，化学反应速率首先与化学反应的本性有关，此外反应速率还受到反应进行时所处的外界条件（浓度、温度、催化剂）的影响。

亚硫酸氢钠和碘酸钾在水溶液中发生如下反应：

$$5NaHSO_3 + 2KIO_3 = Na_2SO_4 + 3NaHSO_4 + K_2SO_4 + I_2 + H_2O$$

I_2遇淀粉变为蓝色来指示反应的发生，淀粉变蓝所需的时间 t 可以用来表示反应速率。

当亚硫酸氢钠的浓度不变时，与不同浓度的碘酸钾反应。得到不同的反应时间值，将碘酸钾浓度与 $1/t$ 的值在作图坐标纸上作图，可得到一曲线（注意：纵、横坐标取值尽量均匀；曲线尽可能通过较多的点）。

温度可显著地影响化学反应速率，对大多数化学反应来说，温度升高，反应速率增大。

催化剂可大大改变化学反应速率，催化剂与反应系统处于同相，称为均相（或单相）催化。在 $KMnO_4$和 $H_2C_2O_4$的酸性混合溶液中，加入 Mn^{2+} 可增大反应速率。该反应的反应速率可由 $KMnO_4$的紫红色褪去时间的长短来指示。该反应可表示如下：

$$2KMnO_4+5H_2C_2O_4+3H_2SO_4 = 2MnSO_4+10CO_2\uparrow+K_2SO_4+8H_2O$$

催化剂与反应系统不为同一相，称为多相催化，如 H_2O_2溶液在常温下不易分解出氧气，而加入催化剂 MnO_2后则 H_2O_2分解速率明显加快。

在可逆反应中，当正、逆反应速率相等时即达到化学平衡。改变平衡系统的条件，如浓度、温度和系统中有气体时的气体压力，会使平衡发生移动。根据吕·查德里原理，当条件改变时，平衡就向着减弱这个改变的方向移动。

如 $CuSO_4$水溶液中，Cu^{2+} 以水合离子形式存在，$[Cu(H_2O)_4]^{2+}$ 呈蓝色，当加入一定量 Br^- 后，会发生下列反应：

$$[Cu(H_2O)_4]^{2+}+4Br^- = [CuBr_4]^{2-}+4H_2O$$

$[CuBr_4]^{2-}$ 为黄色，改变反应物或生成物浓度，会使平衡移动，从而使溶液改变颜色。

该反应为吸热反应，升高温度会使平衡向右移动，降低温度平衡则向左移动。当然，温度变化也会使溶液颜色发生变化。

三、仪器和药品

1. 仪器

秒表、温度计（100 ℃）、量筒（100 mL、10 mL 各 2 支）、烧杯（100 mL 6 只、400 mL 2 只）、NO_2平衡仪。

2. 药品

H_2SO_4（3 mol/L）、$H_2C_2O_4$（0.05 mol/L）、KIO_3（0.05 mol/L）、$NaHSO_3$（0.05 mol/L，先用少量水将 0.5 g 淀粉调成浆状，然后倒入 10 ~ 20 mL 沸水，煮沸，冷却后加入含有 0.5 g $NaHSO_3$的溶液，然后加水稀释至 100 mL）、$KMnO_4$（0.01 mol/L）、$MnSO_4$（0.1 mol/L）、$FeCl_3$（0.1 mol/L）、NH_4SCN（0.1 mol/L）、$CuSO_4$（1 mol/L）、KBr（2 mol/L）、H_2O_2（3%）、MnO_2（s）、KBr（s）、碎冰。

四、实验步骤

1. 浓度对化学反应速率的影响

先将一定浓度的亚硫酸氢钠和水按表 2-1 中的体积，倒入 100 mL 的小烧杯中搅拌均匀。另用一量筒量取一定浓度而不同体积的碘酸钾溶液，迅速倒入盛有亚硫酸氢钠的烧杯中，立刻按表计时，并搅拌溶液，记录溶液变蓝的时间。将碘酸钾浓度（横坐标）与 $1/t$（纵坐标）的值在作图坐标纸上作图。

表 2-1　$5NaHSO_3 + 2KIO_3 = Na_2SO_4 + 3NaHSO_4 + K_2SO_4 + I_2 + H_2O$ 反应速率表

编号	$NaHSO_3$ /mL	H_2O /mL	KIO_3 /mL	时间 t /s	$1/t$ /s^{-1}	KIO_3浓度 /（$mol \cdot L^{-1}$）
1	10	35	5			
2	10	30	10			
3	10	25	15			
4	10	20	20			
5	10	15	25			

2. 温度对化学反应速率的影响

将一定浓度的 $NaHSO_3$ 10 mL 和 35 mL 水倒入 100 mL 的小烧杯中，在试管中加入 5 mL 一定浓度的碘酸钾，把该烧杯和试管同时放在水浴中加热，当温度高出室温约 10 ℃时恒温 3 min，再将试管中 KIO_3倒入亚硫酸钠溶液中，立即计时并搅拌溶液，记录反应时间，并将数据填入表 2-2 中。

表2-2　温度对化学反应速率的影响

编号	$NaHSO_3$ /mL	H_2O /mL	KIO_3 /mL	实验温度/℃	时间 t /s
1					
2					

3. 催化剂对反应速率的影响

1）均相催化

在试管中加入3 mol/L H_2SO_4溶液1 mL、0.1 mol/L $MnSO_4$溶液10滴、0.05 mol/L $H_2C_2O_4$溶液3 mL。在另一试管中加入3 mol/L H_2SO_4溶液1 mL、蒸馏水10滴、0.05 mol/L $H_2C_2O_4$溶液3 mL，然后向两支试管中各加入0.01 mol/L $KMnO_4$溶液3滴，摇匀，观察并比较两支试管中紫红色褪去的快慢。

2）多相催化

在试管中加入3% H_2O_2溶液1 mL，观察是否有气泡产生，然后向试管中加入少量MnO_2粉末，观察是否有气泡放出，并检验是否为氧气。

4. 浓度对化学平衡的影响

在试管中加入去离子水半试管，2滴0.1 mol/L的$FeCl_3$和2滴0.1 mol/L的NH_4SNC，摇匀并观察颜色变化；然后将所得溶液分成两支试管，再各加2 mL去离子水，摇匀后，给其中的一支试管逐滴加入$FeCl_3$，摇匀观察颜色变化情况并与另一支试管中的颜色比较。

在三支试管中分别加入1 mol/L $CuSO_4$溶液10滴、5滴、5滴，在第二、三支试管中各加入2 mol/L KBr溶液5滴，在第三支试管中再加入少量固体KBr，比较三支试管中溶液的颜色，并解释之。

5. 温度对化学平衡的影响

（1）在试管中加入1 mol/L $CuSO_4$溶液1 mL和2 mol/L KBr溶液1 mL，混合均匀，分别装在三支试管中，将第一支试管加热至近沸，第二支试管放入冰槽中，第三支试管保持室温，比较三支试管中溶液的颜色，并解释之。

（2）取装有NO_2、N_2O_4的玻璃球平衡仪，NO_2为红棕色气体，N_2O_4为无色气体，气体混合的颜色视二者的相对含量不同，可从浅红棕色至金棕色。把玻璃球分别同时放入盛有热水和冷水的两烧杯中，让玻璃球淹没在水里，观察冷、热水中的玻璃球颜色的变化情况，指出平衡移动的方向，用吕·查德里原理解释之。

五、思考题

（1）影响化学反应速率的因素有哪些？在本实验中如何试验温度、浓度、催化剂对反应速率的影响？

（2）实验中为什么可以由反应溶液刚出现蓝色所需要的时间来计算反应速率？

（3）如何应用吕·查德里原理判断浓度、温度的变化对化学平衡移动方向的影响？

（4）根据 NO_2、N_2O_4的玻璃球平衡仪实验说明，升高温度时，平衡将向什么方向移动。

实验四　醋酸解离常数的测定

一、实验目的

（1）掌握醋酸解离度和解离常数的测定方法。

（2）熟悉酸度计的使用。

（3）进一步掌握滴定操作。

二、实验原理

（1）醋酸（CH_3COOH 或 HAc）是弱电解质，在水溶液中存在下列解离平衡：

$$HAc(aq) \rightleftharpoons H^+(aq) + Ac^-(aq)$$

	HAc(aq)	H^+(aq)	Ac^-(aq)
起始浓度（mol/L）	c	0	0
平衡浓度（mol/L）	$c - c\alpha$	$c\alpha$	$c\alpha$

若 c 为醋酸的起始浓度，α 为醋酸的解离度，$[H^+]$、$[Ac^-]$、$[HAc]$ 分别为 H^+、Ac^-、HAc 的平衡浓度，K_α为醋酸的解离常数，则：

$$[H^+] = [Ac^-] = c\alpha; \qquad [HAc] = c(1 - \alpha)$$

解离度：

$$\alpha = \frac{[H^+]}{c} \times 100\%$$

解离常数为：

$$K_{\alpha}=\frac{[H^+]\cdot[Ac^-]}{[HAc]}=\frac{c\cdot\alpha^2}{(1-\alpha)}=\frac{[H^+]^2}{c-[H^+]}$$

已知 pH = $-\lg[H^+]$，所以测定了已知浓度的醋酸溶液的 pH 值，就可以求出它的解离度和解离常数。

在一定温度时，用酸度计测定一系列已知浓度的醋酸的 pH 值，即可求得一系列 HAc 的 α 和 K_{α} 值，取其平均值即为在该温度下 HAc 的解离常数。

（2）pHS－3C 酸度计直接电位法测定 pH 值的原理。

pHS－3C 型精密级酸度计的工作原理是：利用复合电极对被测水溶液中不同的酸度产生直流电位，通过前置阻抗转换器把高内阻的直流电位转变成低内阻的直流电位，输入到 A/D 转换器，以达到 pH 值数字显示。同样，配上适当的离子选择电极作电位滴定分析时，以达到终点电位显示。

以 pH 玻璃电极作指示电极，甘汞电极作参比电极，插入溶液中即组成测定 pH 值的原电池。在一定条件下，电池电动势 E 是试液中 pH 值的线性函数。测量 E 时，若参比电极（甘汞电极）为正极，则：

$$E=K+0.059\ \mathrm{pH}\ (25\ ℃)$$

当 pH 玻璃－甘汞电极对分别插入 pH_s 标准缓冲溶液和 pH_x 未知溶液中，电动势 E_s 和 E_x 分别为：

$$E_s=K+0.059\ \mathrm{pH_s}\ (25\ ℃)$$

$$E_x=K+0.059\ \mathrm{pH_x}\ (25\ ℃)$$

两式相减，得：

$$\mathrm{pH_x}=\mathrm{pH_s}+\frac{E_x-E_s}{0.059}-\mathrm{pH_s}+\frac{\Delta E}{0.059}\ (25\ ℃)$$

三、仪器和药品

1. 仪器

pHS－3C 型酸度计、容量瓶（50 mL）、吸量管（10 mL）、移液管（25 mL）、烧杯（50 mL）、锥形瓶（250 mL）、碱式滴定管（50 mL）。

2. 药品

HAc 溶液（约 0.1 mol/L）、标准 NaOH 溶液（约 0.1 mol/L）、酚酞（1%）。

四、实验步骤

1. 酸度计的使用

1）开机

将电源线插入电源插座。按下电源开关，电源接通后，将仪器预热 20 ~ 30 min。

2）标定

（1）将“斜率”调节器顺时针旋到底，旋转“温度”调节器使所指的温度与溶液的温度相同，并摇动试杯使溶液均匀。

（2）把电极插入已知 pH = 6.86 的缓冲溶液中，旋转“定位”调节器，使仪器的指示值为该缓冲溶液所在温度相应的 pH 值（pH = 6.86）。

（3）用蒸馏水清洗电极，并用滤纸吸干，把电极插入另一只已知 pH 缓冲溶液中（pH = 4.00 或 pH = 9.18）并摇动试杯使溶液均匀。

（4）旋转“斜率”调节器，使仪器的指示值为溶液所在温度相应的 pH 值（pH = 4 或 pH = 9.18）。

重复（2）~（3）步骤，直至达到要求为止。仪器两点标定已告完成，经标定的仪器的定位调节器与斜率调节器不应再有变动。标定的溶液第一次应该用 pH = 6.86 的缓冲溶液，第二次应接近被测溶液的值，如被测溶液为酸性时，应该选用 pH = 4.00 的缓冲溶液，如被测溶液为碱性时，应该选用 pH = 9.18的缓冲溶液，一般情况下，24 小时以内仪器不需再标定。

3）pH 值的测量

（1）被测溶液与定位溶液温度相同时。

“定位”调节器保持不变；用蒸馏水清洗电极球泡，并用滤纸吸干；把电极插入被测溶液内，摇动试杯使溶液均匀后读出该溶液的 pH 值。测量结束后，将电极泡在 3 mol/L KCl 溶液中，或及时套上保护套，套内装少量 3 mol/L KCl 溶液以保护电极球泡的湿润。

（2）被测溶液与定位溶液温度不同时。

“定位”调节器保持不变；用蒸馏水清洗电极球泡，并用滤纸吸干；用温度计测出被测溶液温度，旋转“温度”调节器，使指示在被测溶液的温度值上；把电极插入被测溶液内，摇动试杯使溶液均匀后读出该溶液的 pH 值。

2. 醋酸电离度和电离常数的测定

1）标定原始醋酸溶液的浓度

用移液管移取 25 mL 待标定醋酸溶液置于锥形瓶中，加 2 ~ 3 滴酚酞用 NaOH 标准溶液滴定（碱式滴定管）至微红色，并在半分钟内不褪色为止。记下所用的 NaOH 溶液的体积。再重复上述滴定操作 2 次，要求 3 次所消耗 NaOH 溶液的体积相差小于 0.005 mL。计算 HAc 溶液的浓度。

2）配制不同浓度的醋酸溶液

将 5 只烘干的小烧杯，编号依次为 1、2、3、4、5，用酸式滴定管依次加入已标定准确浓度的 HAc 溶液 40.00 mL、20.00 mL、10.00mL、5.00 mL 和 2.00 mL，再从另一滴定盛蒸馏水的滴定管中依次加入 0.00 mL、20.00 mL、30.00 mL、35.00 mL和 38.00 mL 蒸馏水，并分别搅拌均匀。分别计算醋酸溶液的浓度。

3）测定不同浓度醋酸溶液的 pH 值

按由稀到浓的次序在 pHS－3C 型 pH 计上分别测出它们的 pH 值，记录数据和室温。计算解离度和解离平衡常数。

4）数据记录与处理

将相应实验数据记录于表 2-3、表 2-4 中。

表 2-3　计算醋酸浓度

NaOH 标准溶液浓度__________mol/L

滴定序号		1	2
NaOH 标准溶液的用量/mL	开始读数		
	最后读数		
	实际消耗体积		
	消耗体积平均值		
HAc 溶液的准确浓度/（$mol \cdot L^{-1}$）			

表 2-4　醋酸解离度和解离平衡常数

标准缓冲溶液的 pH 值________温度________℃

HAc 溶液编号	混合后起始 HAc 溶液浓度 c/（$mol \cdot L^{-1}$）	pH	[H+]/（$mol \cdot L^{-1}$）	α	解离常数	
					测定值	平均值
1						
2						

续表

HAc 溶液编号	混合后起始 HAc 溶液浓度 $c/$ (mol · L^{-1})	pH	[H+] / (mol · L^{-1})	α	解离常数	
					测定值	平均值
3						
4						
5						

由实验可知：在一定的温度条件下，HAc 的解离常数为一个固定值，与溶液的浓度无关。

五、注意事项

（1）已知准确浓度醋酸溶液的配制：先配成浓度约 0.1 mol/L 的醋酸溶液，再用 NaOH 标准溶液、酚酞作指示剂进行标定。

（2）标准 NaOH 溶液的配制：先配成近似浓度约 0.1 mol/L 的 NaOH 溶液，而后用基准物质进行标定（草酸或邻苯二甲酸氢钾）。

（3）平行滴定时指示剂的用量要一致。

（4）滴定操作要规范，要控制好终点前的半滴操作。

（5）测量 pH 值之前，烧杯必须洗涤并干燥。

（6）复合电极要轻拿轻放，避免损坏。

（7）测定不同浓度醋酸溶液的 pH 值时，宜按由稀到浓的顺序测定。

六、思考题

（1）不同浓度的 HAc 溶液的解离度 α 是否相同，为什么？

（2）改变 HAc 溶液的浓度或温度，其电离度和电离常数有无变化？若有变化，会发生怎样的变化？

（3）“电离度越大，酸度就越大”。这种说法是否正确？为什么？

（4）测定不同浓度 HAc 溶液的 pH 值时，为什么按由稀到浓的顺序？

（5）若 HAc 溶液浓度很稀，能否应用近似公式 $K_\alpha \approx \frac{[H^+]^2}{c}$ 求解离常数？为什么？

实验五　解离平衡和沉淀-溶解平衡

一、实验目的

（1）加深理解同离子效应、盐类的水解作用及影响盐类水解的主要因素。

（2）试验缓冲溶液的缓冲作用。

（3）复习酸度计（pH 计）的使用方法。

（4）加深理解沉淀-溶解平衡、沉淀生成溶解的条件，了解分部沉淀及沉淀的转换。

二、实验原理

弱电解质在水溶液中都发生部分解离，解离出来的离子与未解离的分子处于平衡状态。例如，弱酸 HAc，其标准解离平衡常数表达式为：

$$HAc \rightleftharpoons H^{+} + Ac^{-}$$

$$K_a^{\ominus}(HAc) = \frac{\{c(H^{+})/c^{\ominus}\}\ \{c(Ac^{-})/c^{\ominus}\}}{c(HAc)/c^{\ominus}}$$

若在此平衡系统中加入含有相同离子的强电解质，就会使解离平衡向左移动，从而 HAc 解离程度降低，这种作用称为同离子效应。

盐类（除强酸强碱所生成的盐以外）在水溶液中都会发生水解。盐类水解程度的大小主要与盐类的本性有关，此外还受温度、浓度和酸度的影响。盐类的水解过程是吸热过程，升高温度可促进水解；加水稀释溶液，也有利于增进水解；如果水解产物中有沉淀或气体产生，则水解程度更大。例如 $BiCl_3$的水解为：

$$BiCl_3 + H_2O \rightleftharpoons BiOCl\downarrow + 2HCl$$

在盐类水溶液中加入酸或碱，则有抑制水解或促进水解的作用。上例中如加入盐酸，可抑制 $BiCl_3$的水解，平衡向左移动，使沉淀消失。如加碱则促进水解。弱酸（或弱碱）及其盐的混合溶液，具有抵抗外来的少量酸、碱或稀释的影响，而使其溶液的 pH 基本不变，这种溶液称为缓冲溶液。

在一定温度下，难溶电解质的饱和溶液中，难溶电解质离子浓度与标准浓度比值以离子系数为幂的乘积是一个常数，称为溶度积常数，简称溶度积。例如，在 PbI_2饱和溶液中，建立起下列平衡：

$$PbI_2(s) \rightleftharpoons Pb^{2+} + 2I^{-}$$

其溶度积常数 $K_{sp}^{\ominus}=[c(Pb^{2+})/c^{\ominus}][c(I^{-})/c^{\ominus}]^2$ 将任意状况下离子浓度幂的乘积（离子积）与溶度积比较，则可以判断沉淀的生成或溶解，称为溶度积规则。在已生成沉淀的系统中，加入某种能降低离子浓度的试剂，使溶液中离子积小于溶度积时，就可使沉淀溶解。此外盐效应也可使难溶电解质的溶解度有所增大。

如果溶液中同时存在数种离子，它们都能与同一种试剂（沉淀剂）作用产生沉淀，当溶液中逐渐加入此沉淀剂时，某种难容电解质的离子浓度幂的乘积先达到它们的溶度积的就先沉淀出来，后达到它们溶度积的就后产生沉淀，这种先后沉淀的次序称为分步沉淀。

将一种沉淀转化为另一种沉淀的过程，称为沉淀的转化。对于相同类型难溶电解质之间的转化的难易，可以通过比较它们溶度积的大小来判别。

三、仪器和药品

1. 仪器

酸度计、台秤、试管。

2. 药品

固体：NH_4Ac、NaCl、NH_4Cl、NaAc、$BiCl_3$、$NaNO_3$、$Fe(NO_3)_3 \cdot 9H_2O$；

酸：HCl（0.1 mol/L，2 mol/L，6 mol/L）、HNO_3（2 mol/L）、HAc（0.1 mol/L）；

碱：$NH_3 \cdot H_2O$（0.1 mol/L，2 mol/L）、NaOH（0.1 mol/L，2 mol/L）；

盐：$AgNO_3$（0.1 mol/L）、K_2CrO_4（0.1 mol/L）、KI（0.001 mol/L，0.1 mol/L）、$MgCl_2$（0.1 mol/L）、$Pb(NO_3)_2$（0.001 mol/L，0.1 mol/L）、NH_4Cl（1 mol/L）、$ZnCl_2$（0.1 mol/L）、Na_2S（0.1 mol/L）、NaF（0.1 mol/L）、NaAc（0.1 mol/L）、$CaCl_2$（0.1 mol/L，0.5 mol/L）、Na_2SO_4（0.5 mol/L）、Na_2CO_3（饱和）、PbCl（饱和）、NaCl（饱和）、$(NH_4)_2C_2O_4$（饱和）；

其他：酚酞、甲基橙、pH 试纸。

四、实验内容

1. 解离平衡

（1）弱电解质的同离子效应。

① 在两支试管中各加入 0.1 mol/L HAc 溶液 2 mL，再分别加 1 滴甲基橙，

然后在一支试管中，加少量固体 NH_4Ac，振荡使其溶解，观察溶液颜色变化，与另一支试管进行比较，并解释之。

② 参照上述步骤，自行设计简单实验，证实弱碱溶液中的同离子效应。

2. 盐类水解

（1）配置试剂及初步试验。

① 配制 100 mL 0.1 mol/L 的 NaCl、NaAc、NH_4Cl、NH_4Ac 溶液，用 pH 计测定其 pH 值，一并测出蒸馏水的 pH，与自己计算的上述各溶液的 pH 同时填入表 2-5 中。

表 2-5 溶液的 pH 值

pH \ 溶液		NaCl	NaAc	NH_4Cl	NH_4Ac	蒸馏水
计算值						
测定值	pH 试纸					
	pH 计					

② 在两支试管中各加入 3 mL 蒸馏水，然后分别加入少量固体 $Fe(NO_3)_3 \cdot 9H_2O$ 及 $BiCl_3$（$BiCl_3$只需绿豆大小），振荡并观察现象。用 pH 试纸分别测定其 pH 值。解释其现象。

保留 NaAc、$Fe(NO_3)_3 \cdot 9H_2O$、$BiCl_3$三支试管中的物质。

（2）取上面制得的 NaAc 溶液，加 1 滴酚酞指示剂，加热，观察溶液颜色变化，并解释之。

（3）将（1）制得的 $Fe(NO_3)_3$溶液分成 3 份，第一份留作比较用；第二份中加入 2 mol/L HNO_3溶液 1 ~ 2 滴，观察溶液颜色变化；第三份用小火加热，观察颜色的变化。解释上述现象。

（4）在（1）制得的含 BiOCl 白色浑浊物的试管中逐滴加入 6 mol/L 的 HCl，并剧烈振荡，至溶液澄清（注意 HCl 不要太过量）。再加水稀释，有何现象？解释之。由此了解实验室应如何配制 $BiCl_3$、$SnCl_2$ 等易水解盐类的溶液。

3. 缓冲溶液的缓冲作用

在 100 mL 烧杯中加入 0. 1 mol/L HAc 和 0. 1 mol/L NaAc 溶液各 25 mL，搅拌均匀，在 pH 计上测定其 pH 值。加入蒸馏水 50 mL，冲稀一倍，搅匀后再测定其 pH 值。然后将此溶液分为两等份，一份加入 0. 1 mol/L HCl 溶液 10 滴，搅匀，用 pH 计测定其 pH 值；另一份中加入 0. 1 mol/L NaOH 溶液 10 滴，搅匀，再用 pH 计测定其 pH 值。将结果填入表 2-6 中，并与计算值比较（此实验要求加入 HCl 和 NaOH 溶液的液滴大小相近）。

表 2-6 缓冲溶液的 pH 值

溶液编号	pH 计算值	pH 测定值
（A）25 mL 0. 1 mol/L 的 HAc 与 25 mL 0. 1 mol/L 的 NaAc 混合溶液		
（B）将（A）冲稀一倍		
（C）在（B）中加入 0. 5 mL 0. 1 mol/L 的 HCl 溶液		
（D）在（B）中加入 1 mL 0. 1 mol/L 的 NaOH 溶液		

2. 沉淀－溶解平衡

（1）沉淀的生沉。

① 在两支试管中各盛蒸馏水 1 mL，分别加入 1 滴 0. 1 mol/L $AgNO_3$ 及 0. 1 mol/L $Pb(NO_3)_2$溶液，摇匀，然后各加入 0. 1 mol/L K_2CrO_4溶液 1 滴，振荡，观察并记录现象，写出反应方程式。

② 取 0. 1 mol/L $Pb(NO_3)_2$溶液 5 滴，加入 0. 1 mol/L KI 溶液 10 滴，观察并记录现象，写出反应方程式。

另取 0. 001 mol/L $Pb(NO_3)_2$溶液 5 滴，加入 0. 001 mol/L KI 溶液 10 滴，观察并记录现象，并解释之。

③ 在试管中加入 1 mL 饱和 $PbCl_2$溶液，逐滴加入饱和 NaCl 溶液，观察现象，并解释之。

（2）沉淀的溶解。

① 取 0. 1 mol/L $MgCl_2$溶液 10 滴，加入 2 mol/L 氨水 5 ~ 6 滴，观察现象。然后再逐滴加入 1 mol/L NH_4Cl，观察现象，解释并写出有关反应方程式。

② 在试管中加入饱和 $(NH_4)_2C_2O_4$溶液 5 滴和 0. 1 mol/L $CaCl_2$溶液 5 滴，

观察现象。然后逐滴加入 2 mol/L HCl 溶液，振荡，观察现象，解释并写出有关反应方程式。

③ 试管中盛 2 mL 蒸馏水，加入 0.1 mol/L $Pb(NO_3)_2$ 溶液 1 滴和 0.1 mol/L KI 溶液 2 滴，振荡试管，观察沉淀的颜色和形状，然后再加少量固体 $NaNO_3$，振荡，观察现象，并解释之。

④ 取 1 mL 0.1 mol/L 的 $AgNO_3$溶液，加入 2 mol/L 氨水 1 滴，观察现象，再继续逐滴加入 2 mol/L 氨水，观察现象，并解释之。

⑤ 取 0.1 mol/L $ZnCl_2$溶液 10 滴，逐滴加入 2 mol/L NaOH 溶液，观察现象的变化，解释并写出反应方程式。

（3）分步沉淀。

① 在试管中加入 0.1 mol/L $AgNO_3$溶液 2 滴，0.1 mol/L $Pb(NO_3)_2$溶液 1 滴，用 5 mL 水稀释，摇匀，逐滴加入 0.1 mol/L KI，振荡，观察沉淀的颜色和形状。根据沉淀颜色的变化和溶度积规则，判断哪一种难溶物质先沉淀。

② 在试管中加入 0.1 mol/L Na_2S 溶液 2 滴和 0.1 mol/L NaF 溶液 2 滴，稀释至 4 mL，加入 0.1 mol/L $Pb(NO_3)_2$溶液 2 ~ 3 滴，振荡试管，观察沉淀的颜色，待沉淀沉降后，再向清液中逐滴加入 0.1 mol/L $Pb(NO_3)_2$溶液（此时不要振荡试管，以免黑色沉淀泛起），观察沉淀的颜色。

运用溶度积数据和溶度积规则说明上述现象。

（4）沉淀的转化。

在两支试管中各加入 0.5 mol/L $CaCl_2$溶液 10 滴和 0.5 mol/L Na_2SO_4溶液 10 滴，剧烈振荡（或搅拌）以生成沉淀，离心分离，弃去清液。在一支含有沉淀的试管中加入 2 mol/L HCl 溶液 10 滴，观察沉淀是否溶解。在另一支试管中加入 1 mL 饱和 Na_2CO_3溶液，振荡 2 ~ 3 min，使沉淀转化，离心分离，弃去清液，沉淀用蒸馏水洗涤 1 ~ 2 次，然后在沉淀中加入 2 mol/L HCl 溶液 10 滴，观察现象。写出有关反应方程式。

五、思考题

（1）什么是解离平衡和沉淀 - 溶解平衡中的同离子效应？如何用实验证明弱碱溶液中的同离子效应？

（2）哪些类型的盐会发生水解？NaAc 和 NH_4Cl 溶液的 pH 如何计算？影响盐类水解的因素有哪些？在本实验中是如何促进或抑制水解的？

（3）什么叫缓冲溶液？如何计算缓冲溶液的 pH 值？如何计算缓冲溶液中加入少量酸或碱后的 pH 值？

（4）什么是溶度积规则？本实验中使沉淀溶解的方法有哪些？

（5）复习 pH 计的使用方法。

实验六　电导法测定 $BaSO_4$ 的溶度积

一、实验目的

（1）掌握电导法测定难溶盐的溶解度和溶度积的原理和方法。

（2）加深对难溶盐溶解平衡的理解。

（3）测定 $BaSO_4$ 在 25 ℃的溶解度和溶度积。

二、实验原理

$BaSO_4$ 在水溶液中存在下列离解平衡：

$$BaSO_4\ (s) \rightleftharpoons Ba^{2+}\ (aq) + SO_4^{2-}\ (aq)$$

其平衡常数表达式为：

$$K_{sp}^{\ominus} = [c(Ba^{2+})/c^{\ominus}] \cdot [c(SO_4^{2-})/c^{\ominus}]$$

难溶盐在水中的溶解度很小，它在水中微量溶解部分是完全电离的，因此，在一定温度下测定其饱和溶液可近似视为无限稀释，饱和溶液的电导率 κ（溶液）实际上是盐的正、负离子和溶剂水的电导率之和。即：

$$\kappa(\text{溶液}) = \kappa(BaSO_4) + \kappa(H_2O)$$

因此，测定 κ(溶液) 后，必须同时测出配制溶液所用水的电导率 $\kappa(H_2O)$，才能求得 $\kappa(BaSO_4)$。

本实验使用电导率仪测量饱和溶液的电导率。

三、仪器和药品

1. 仪器

DDS－11A 型电导率仪、恒温槽、大试管、离心机。

2. 试剂

$BaCl_2$（0.01 mol/dm^3）、Na_2SO_4（0.01 mol/dm^3）、电导水、KCl 标准溶

液（0.010 00 mol/dm^3）。

四、实验内容

1. $BaSO_4$沉淀的制备

（1）取0.05 mol/L $BaCl_2$溶液和H_2SO_4溶液各30 mL，分别倒入一洁净的小烧杯中。

（2）将H_2SO_4溶液加热至近沸时，在充分搅拌后，逐滴将$BaCl_2$溶液加入到H_2SO_4溶液中，加完后，用表面皿盖上，继续加热煮沸5 min，再用小火保温10 min，搅拌数分钟后，取下，静置沉淀，弃去上层清液。

（3）将沉淀和少量余液，用玻璃棒搅成乳状，分次转移至离心试管中，进行离心分离，弃取溶液。

（4）在小烧杯中加入约40 mL蒸馏水，加热近沸，洗涤离心试管中的$BaSO_4$，沉淀；每次加入4~5 mL蒸馏水，用玻璃棒充分搅拌，再离心分离，用滴管吸去上部的清液，这样反复进行3~5次，除去$BaSO_4$沉淀中混入的Cl^-。用$AgNO_3$检验Cl^-。

2. $BaSO_4$饱和溶液制备

（1）在上面制得的纯$BaSO_4$沉淀中，加入少量水，用玻璃棒将沉淀搅混后，全部转移到小烧杯中，再加蒸馏水60 mL，搅拌均匀后，用表面皿盖上，加热煮沸3~5 min，稍冷后，再置于冷水浴中搅拌5 min，重新浸在另一盛有少量冷水的水浴中静置，冷却至室温，当沉淀至上面的溶液澄清时，即可进行电导或电导率的测定。

3. 电导率的测定

进行电导率的测定，并将相关数据填入表2-7。

表2-7 电导率的测定

测定次数	1	2	3	平 均
$\kappa(H_2O)/(S\cdot cm^{-1})$（制备配制$BaSO_4$饱和溶液的水）				
$BaSO_4$饱和溶液κ(溶液)/（$S\cdot cm^{-1}$）				

续表

测定次数	1	2	3	平　均
$BaSO_4$溶度积 $K_{sp}^{\ominus}(BaSO_4)$	$K_{sp}^{\ominus}(BaSO_4)=\left\{\frac{[\kappa(BaSO_4溶液)-\kappa(H_2O)]\times 10^{-4}}{28\cdot 728}\right\}^2$			
相对误差/%	$相对误差=\frac{测定值-理论值}{理论值}\times 100\%$			

实验七　食盐中碘含量的测定

一、实验目的

（1）巩固碘量法的基本原理。

（2）学会运用碘量法测定食盐中碘的含量。

二、实验原理

本实验运用微量滴定方法对食盐中碘的含量进行测定。首先将食盐中所含的 KIO_3在酸性条件下用 I^-还原，定量析出 I_2。

$$IO_3^- + 5I^- + 6H^+ = 3I_2 + 3H_2O$$

然后以 CCl_4做指示剂，用 10^{-3}mol/L $Na_2S_2O_3$标准溶液来滴定析出的 I_2。I_2单质在 CCl_4中呈紫色，滴定至 CCl_4层无色时即为终点。

$$I_2 + 2S_2O_3^{2-} = S_4O_6^{2-} + 2I^-$$

三、仪器和药品

1. 仪器

微量碱式滴定管、称量瓶、容量瓶、烧杯、移液管、碘量瓶、滴管。

2. 试剂

食盐样品、$Na_2S_2O_3$标准溶液（0.10 mol/L）、KI（3 mg/mL，分析纯）、CCl_4、HCl（1 mol/L）、重铬酸钾、淀粉溶液、硫酸（2 mol/L）。

四、实验步骤

（1）定性检测碘成分：先对样品食盐中的碘成分进行检验。

（2）样品溶液配制：准确称量25 g食盐样品于250 mL烧杯中，用少量水溶解后定量转移到100 mL容量瓶中，定容，摇匀。

（3）$Na_2S_2O_3$标准溶液稀释：准确移取0.10 mol/L $Na_2S_2O_3$标准溶液1 mL于100 mL容量瓶中，稀释至刻度。摇匀。

（4）测定食盐中碘的含量：用移液管准确移取2.000 mL样品溶液于碘量瓶中，加0.5 mL KI和5 mL CCl_4，再加入5～8滴1 mol/L HCl后，加盖置于暗处3 min，然后用稀释100倍的$Na_2S_2O_3$标准溶液滴定至CCl_4层淡紫色消失。

五、注意事项

（1）KI溶液需配制浓度为3 mg/mL：称取1.5 g KI固体，溶于500 mL蒸馏水中，保存于棕色瓶中。

（2）$Na_2S_2O_3$标准溶液的稀释一定要准确，而且在移取前必须将稀释的溶液充分摇匀。

（3）需控制好KIO_3与KI反应的酸度。酸度太低，反应速度慢；酸度太高则碘易被空气中的O_2氧化。

（4）为防止生成的I_2分解，反应需在碘量瓶中进行，且需避光放置。

（5）碘淀粉指示反应的灵敏度很高，由于含碘量为1.5 mg/kg的食盐即可辨认出，因此可以用淀粉作为本次实验的指示剂。买一包市售碘盐，取少量样品，进行下面几项检验：

① 碘单质的检验：用淀粉溶液可检验食盐中是否有碘单质存在。

② 碘化物的检验：选择如高锰酸钾、重铬酸钾、碘酸钾等氧化剂，滴加在食盐上，用淀粉溶液检验是否有碘单质生成。并可用碘化钾溶液与氧化剂反应后，滴加淀粉溶液，做对比实验。

③ 碘酸物的检验：选择如亚硫酸钠、硫代硫酸钠等还原剂，滴加在食盐上，用淀粉溶液检验是否有碘单质生成。并可用碘酸钾溶液与还原剂反应后，滴加淀粉溶液，做对比实验。

六、思考题

（1）食盐中为什么要加碘？

（2）本实验为何要控制酸度？用哪种试剂控制酸度？

（3）食盐中的碘成分以哪种形式存在？如何检验？

§2.3 验证性实验

实验八 卤素及其重要化合物的性质

一、实验目的

(1) 了解氯、溴、碘单质的溶解性，能指出它们在水溶液及 CCl_4 中的颜色。

(2) 掌握卤素单质间的置换反应规律，会检查卤素单质的存在。

(3) 了解卤化物和氯酸盐的性质。

(4) 掌握 Cl^-、Br^-、I^- 的分离和检验方法。

二、实验原理

卤素单质为非极性分子，根据相似相溶原理，它们在水中的溶解度较小，而在四氯化碳等非极性有机溶剂中的溶解较大，并显不同颜色，因此常用来提纯单质或判断其是否存在。

实验室通常通过食盐和硫酸发生复分解反应来制取氯化氢。

$$NaCl + H_2SO_4\text{（浓）} = NaHSO_4 + HCl$$

但此法不适于制备溴化氢和碘化氢，因为硫酸可继续将溴化氢和碘化氢氧化成单质溴和碘。

$$2HBr + H_2SO_4\text{（浓）} = SO_2\uparrow + 2H_2O + Br_2$$

$$8HI + H_2SO_4\text{（浓）} = H_2S\uparrow + 4H_2O + 4I_2$$

氯化氢为无色气味，极易溶于水，室温下 1 体积水能溶解 500 体积的 HCl，其水溶液成为氢氯酸，俗称盐酸。纯的盐酸为无色液体，具有挥发性。

盐酸能与 $AgNO_3$ 溶液作用，生成白色的 AgCl 沉淀。盐酸挥发出的 HCl 能与浓氨水挥发出的 NH_3 反应生成“白烟”，即细小的 NH_4Cl 颗粒。

$$NH_3 + HCl = NH_4Cl$$

利用该反应可以互检盐酸和浓氨水的存在。

卤素单质的活泼性按 Cl_2、Br_2、I_2 的顺序依次减弱，因此后者能被前者从二元盐溶液中置换出来。例如：

$$Cl_2 + 2I^- = 2Cl^- + I_2$$

$$Cl_2 + 2Br^- = 2Cl^- + Br_2$$

$$Br_2 + 2I^- = 2Br^- + I_2$$

将氯气通入水中可产生次氯酸（HClO），加入 NaOH 即有次氯酸钠（NaClO）生成。

$$Cl_2 + 2NaOH = NaClO + NaCl + H_2O$$

次氯酸及其盐都具有氧化作用和漂白作用，可使品红溶液褪色。

若在上述溶液中加入盐酸溶液，则有氯气生成，因而可使淀粉碘化钾试纸变蓝。

$$NaClO + 2HCl = NaCl + Cl_2\uparrow + H_2O$$

若在上述溶液中加入碘化钾溶液，再滴加淀粉溶液可检验出有 I_2生成。

$$NaClO + 2KI + H_2O = I_2 + NaCl + 2KOH$$

$KClO_3$在碱性溶液中无氧化作用，但在酸性溶液中是强氧化剂。例如：

$$KClO_3 + 6HCl = KCl + 3Cl_2\uparrow + 3H_2O$$

在酸性溶液中，$KClO_3$还能将 I_2氧化成 HIO_3。

$$2ClO_3^- + I_2 + 2H^+ = 2HIO_3 + Cl_2\uparrow$$

Cl^-、Br^-、I^-等卤离子可与 Ag^+反应生成不同颜色的沉淀，因此可用来检验其存在。

三、仪器和药品

1. 仪器

无机化学实验常用仪器一套、圆底烧瓶、分液漏斗、水槽、广口瓶。

2. 试剂与材料

氯水（新制）、溴水、碘水、CCl_4（液）、I_2（固）、KI（固，0.1 mol/L）、NaCl（固）、H_2SO_4（浓，2 mol/L，1∶1）、$AgNO_3$（0.1 mol/L）、NaI（0.1 mol/L）、NaBr（0.1 mol/L）、NaOH（2 mol/L）、$NH_3\cdot H_2O$（浓）、KBr（浓、0.1 mol/L）、$FeCl_3$（0.1 mol/L）、HCl（浓，2 mol/L）、$KClO_3$（饱和）、HNO_3（0.1 mol/L）、Na_2CO_3（固，0.1 mol/L）、品红溶液、淀粉溶液、蓝色石蕊试纸、pH 试纸、淀粉 KI 试纸、$Pb(Ac)_2$试纸。

四、实验内容

1. 氯、溴、碘的性质

(1) 氯、溴、碘的溶解性。

① 观察氯水、溴水、碘水的颜色。

② 在3支试管中，分别加入1 mL氯水、溴水、碘水，再向每支试管各滴入10滴CCl_4，振荡，然后将试管静置于试管架上。观察水层和CCl_4层的颜色。

由上述实验现象说明卤素单质的溶解性。

③ 取少量碘晶体放在试管中并加入1～2 mL水，观察碘溶液的颜色，再加入几滴0.1 mol/L KI溶液，碘溶液的颜色有无变化？解释原因。继续加入少量CCl_4，振荡试管，观察水层和CCl_4颜色的变化，并将其记录于表2-8中。

表2-8　卤素单质性质比较表

卤素（X_2）	存在状态及颜色	在水中的溶解情况及颜色	在CCl_4中的溶解情况及颜色	在KI中的溶解情况及颜色
Cl_2				
Br_2				
I_2				
结论				

(2) 氯化氢的制取和性质。

取15～20 g NaCl放入500 mL圆底烧瓶中，将仪器装配好（在通风橱内），从分液漏斗中逐次注入30～40 mL浓硫酸溶液，微热，用向上排气法收集生成的氯化氢气体备用。

① 用手指堵住收集HCl气体的试管口，并将试管倒插入盛水的水槽中，轻轻地把堵住试管口的手指掀开一道小缝，观察现象并解释原因。再用手指堵住试管口，将试管自水中取出，用蓝色石蕊试纸检验试管中溶液的酸碱性，并用pH试纸检测HCl溶液的pH值。

② 在上述盛有溶液的试管中，滴入几滴0.1 mol/L $AgNO_3$溶液，观察现

象，写出化学反应方程式。

③ 把滴入几滴浓氨水的广口瓶与充有 HCl 气体的广口瓶口对口靠近，抽去瓶口的玻璃片，观察反应现象并加以解释。

（3）验证卤素间的置换顺序。

① 氯单质置换碘：用镊子夹取一小块湿润的淀粉 KI 试纸，放到盛有新制氯水的试管口，观察试纸颜色的变化。

② 氯、溴单质置换碘：向两支试管中分别加入少量 0.1 mol/L NaI 溶液，向其中的 1 号试管中滴加 2～3 滴氯水，向另 1 支试管中滴加 2～3 滴碘水。观察现象并解释原因，写出有关离子反应方程式。

通过以上实验确定氯、溴、碘的氧化性强弱。

（4）卤素的歧化反应。

在碘水中滴加 2 mol/L NaOH 溶液，观察现象，再加入数滴 2 mol/L H_2SO_4溶液，有何变化？

用溴水代替碘水有何变化？

2. 卤化物的性质

（1）HX 的制备和还原性。

在 3 支试管中，分别加入少量 NaCl、KBr、KI 固体，再各加入 1 mL 浓硫酸溶液，微热并分别用蘸有浓 $NH_3 \cdot H_2O$ 的玻璃棒、淀粉 KI 试纸和 $Pb(Ac)_2$试纸检验各试管中逸出的气体，写出化学反应方程式。

根据实验结果说明制备 HBr 和 HI 应采取的方法。

（2）Br^-和 I^-的还原性比较。

用 0.1 mol/L $FeCl_3$溶液分别与 0.1 mol/L KBr 和 KI 溶液作用，分别用淀粉 KI 试纸和淀粉溶液检验有无 Br_2和 I_2生成。比较 Br^-和 I^-的还原性。写出化学反应方程式。

3. 氯酸盐氧化性

（1）ClO^-氧化性。

取 1 mL 氯水，加入 1～2 滴 2 mol/L NaOH 溶液，用 pH 试纸检查溶液刚到碱性即止，将溶液分装于 3 支试管中。

在第一支试管中加 5 滴 2 mol/L HCl 溶液，用淀粉碘化钾试纸检验有无 Cl_2生成，写出化学反应方程式。

在第二支试管中加 5 滴 0.1 mol/L KI 溶液，再滴加淀粉溶液检验有无 I_2 生成。写出化学反应方程式。

在第三支试管中加入 3 滴品红溶液，观察颜色变化。

根据上述实验结果，对次氯酸及其盐的性质得出结论。

（2）ClO_3^- 的氧化性。

① 取 10 滴饱和 $KClO_3$ 溶液，加入 3 滴浓 HCl 溶液，用淀粉碘化钾试纸检验 Cl_2 生成。

② 取 3 滴 0.1 mol/L KI 溶液，加入少量饱和 $KClO_3$ 溶液，再逐滴加入 1∶1 H_2SO_4 溶液。观察颜色变化，比较 $HClO_3$ 和 HIO_3 酸性强弱。写出离子反应方程式。

4. 卤离子检验

（1）在盛有少量 2 mol/L HCl 溶液的试管里，滴入几滴 $AgNO_3$ 溶液，振荡并观察现象。

（2）在 3 支分别盛有 1 mL 浓度均为 0.1 mol/L NaCl、KBr、KI 溶液的试管里滴入 2 滴 0.1 mol/L HNO_3 溶液，再逐滴加入 0.1 mol/L $AgNO_3$ 溶液，振荡，观察 3 支试管中沉淀的生成及颜色。写出有关离子反应方程式。

（3）在盛有 1 mL 0.1 mol/L 的 Na_2CO_3 溶液的试管里，滴入 2 滴 0.1 mol/L $AgNO_3$ 溶液，振荡，观察沉淀的颜色。再逐滴加入 0.1 mol/L $AgNO_3$ 溶液，振荡，观察沉淀的溶解，写出有关离子反应方程式。

如果先滴入稀硝酸，再滴加 $AgNO_3$ 溶液，会有什么现象发生？解释原因。

（4）有一包白色粉末，可能含有 NaCl 和 Na_2CO_3 中的一种或两种，试用实验方法确定该白色粉末是什么物质。

五、思考题

（1）总结常态下卤素单质的状态和颜色。

（2）实验室中如何制备氯化氢与溴化氢？

（3）为什么在检测 Cl^- 时，要向待检测溶液中加入少量稀硝酸？

（4）可以用哪些方法来鉴别 NaCl、KBr、KI 三种物质？

（5）向未知溶液中加入 $AgNO_3$，若无沉淀生成，能否说明溶液中不存在卤素离子？

实验九　过氧化氢及硫的化合物

一、实验目的

（1）掌握过氧化氢的氧化性和还原性。

（2）了解金属硫化物的溶解性的一般规律。

（3）掌握硫化氢、亚硫酸、亚硫酸盐、硫代硫酸盐的还原性以及过二硫酸盐的氧化性。

（4）熟悉 S^{2-}、SO_3^{2-}、$S_2O_3^{2-}$ 的鉴定方法。

二、实验原理

过氧化氢中的氧，其氧化值是 -1，处于氧元素的中间氧化态。所以，过氧化氢既具有氧化性，又具有还原性，其氧化性较为常见。过氧化氢还可以发生歧化反应，因为无论在酸性还是碱性介质中，H_2O_2 在左边的电势值总是小于右边的电势，但其歧化反应的速率不大：

$$H_2O_2 + 2I^- + 2H^+ = I_2 + 2H_2O$$

$$3H_2O_2 + 2Cr(OH)_3 + 4OH^- = 2CrO_4^{2-} + 8H_2O$$

$$5H_2O_2 + 2MnO_4^- + 6H^+ = 5O_2\uparrow + 2Mn^{2+} + 8H_2O$$

$$5H_2O_2 + 2IO_3^- + 2H^+ = 5O_2\uparrow + I_2 + 6H_2O$$

$$2H_2O_2 = 2H_2O + O_2\uparrow$$

过氧化氢在酸性溶液中，能与重铬酸钾反应，生成蓝色的过氧化铬（CrO_5）：

$$H_2O_2 + CrO_7^{2-} + H^+ \longrightarrow CrO_5 + H_2O$$

$$4CrO_5 + 12H^+ = 4Cr^{3+} + 6H_2O + 7O_2\uparrow$$

由以上反应可知，CrO_5 常温下在水中很不稳定，在乙醚中才稍稳定，易分解成 Cr^{3+} 和 O_2。利用这个反应可鉴别 H_2O_2，并且也可利用这个反应来鉴别 $Cr_2O_7^{2-}$ 和 CrO_4^{2-} 的存在。

硫化氢稍溶于水，是常用的较强的还原剂。H_2S 的水溶液在空气中易于被空气中的氧氧化而析出硫：

$$2H_2S + O_2 = 2S\downarrow + 2H_2O$$

硫化氢能和多种金属离子作用，生成不同颜色和不同溶解性的硫化物。根据溶度积规则，只有当离子积小于溶度积时，沉淀才能溶解。故此，针对不同金属硫化物，要使其溶解，一种方法是提高溶液的酸度，抑制 H_2S 的解离；另一种方法是采用氧化剂，将 S^{2-} 氧化，以使沉淀溶解。所以白色的 ZnS 溶于稀酸，黄色的 CdS 溶于较浓的盐酸，黑色的 CuS、Ag_2S 溶于硝酸，而 HgS（黑色）需要在王水中才能溶解。

S^{2-} 能和稀酸作用生成 H_2S 气体。可以根据产生的 H_2S 具有特殊的臭鸡蛋味或其能使 $Pb(Ac)_2$ 试纸变黑的现象而检测出 S^{2-}。此外，在弱碱条件下 S^{2-} 能与 $Na_2[Fe(CN)_5NO]$（亚硝酰五氰合铁酸钠）作用，生成紫红色配合物，利用这一特征反应可鉴定 S^{2-}，即：

$$S^{2-} + [Fe(CN)_5NO]^{2-} = [Fe(CN)_5NOS]^{4-}$$

SO_2 溶于水生成 H_2SO_3，H_2SO_3 及其盐常作为还原剂。但遇到比其强的还原剂时，也可起氧化剂的作用，即：

$$H_2SO_3 + I_2 + H_2O = SO_4^{2-} + 2I^- + 4H^+$$

$$5SO_3^{2-} + 2MnO_4^- + 6H^+ = 5SO_4^{2-} + 2Mn^{2+} + 3H_2O$$

$$H_2SO_3 + 2H_2S = 3S\downarrow + 3H_2O$$

SO_3^{2-} 能与 $Na_2[Fe(CN)_5NO]$ 反应生成红色配合物，加入硫酸锌的饱和溶液和 $K_4[Fe(CN)_6]$ 溶液后，可使红色显著加深。利用这个反应可以鉴定 SO_3^{2-} 的存在。

$H_2S_2O_3$ 不稳定，易分解为 S 和 SO_2，其反应式为：

$$H_2S_2O_3 = H_2O + S\downarrow + SO_2\uparrow$$

而 $Na_2S_2O_3$ 稳定，且是较强的还原剂，能将 I_2 还原为 I^-，本身被氧化为连四硫酸钠，其反应式为：

$$2Na_2S_2O_3 + I_2 = Na_2S_4O_6 + 2NaI$$

该反应是定量进行的，在分析化学上用于碘量法测定。

$S_2O_3^{2-}$ 与 Ag^+ 生成白色 AgS_2O_3 沉淀，随后 AgS_2O_3 在发生水解过程中迅速出现一系列层次可辨的颜色变化，即白→黄→棕，最终成为黑色的 Ag_2S 沉淀：

$$2AgNO_3 + Na_2S_2O_3 = Ag_2S_2O_3\downarrow + 2NaNO_3$$

$$Ag_2S_2O_3 + H_2O = Ag_2S\downarrow + H_2SO_4$$

利用这一特征可鉴别 $S_2O_3^{2-}$ 的存在。

若 S^{2-}、SO_3^{2-}、$S_2O_3^{2-}$ 同时存在，可先除去对鉴别其他两种离子有干扰的 S^{2-}，然后再分别鉴定即可。

过硫酸盐如过二硫酸钾（$K_2S_2O_8$）在酸性介质中具有强氧化性，其可发生以下反应：

$$5K_2S_2O_8 + 2MnSO_4 + 8H_2O = 5K_2SO_4 + 2HMnO_4 + 7H_2SO_4$$

三、仪器和药品

1. 仪器

点滴板、离心机。

2. 药品

固体：$FeSO_4 \cdot 7H_2O$、MnO_2、$KBrO_3$、$KClO_3$、$Na_2S \cdot 9H_2O$、$Na_2SO_3 \cdot 7H_2O$、$Na_2SO_4 \cdot 10H_2O$、$Na_2S_2O_3 \cdot 5H_2O$、$K_2S_2O_8$、KIO_3。

酸：HCl（2 mol/L，6 mol/L,）、HNO_3（6 mol/L）、H_2SO_4（2 mol/L）、H_2S（饱和溶液）。

碱：NaOH（2 mol/L）、$NH_3 \cdot H_2O$（2 mol/L，6 mol/L）。

盐：$CrCl_3$（0.1 mol/L）、KI（0.1 mol/L）、$KMnO_4$（0.01 mol/L）、K_2CrO_4（0.1 mol/L）、$K_2Cr_2O_7$（0.1 mol/L）、$K_4[Fe(CN)_6]$（0.1mol/L）、NaCl（0.1 mol/L）、$ZnSO_4$（0.1 mol/L，饱和溶液）、$CdSO_4$（0.1 mol/L）、$CuSO_4$（0.1 mol/L）、$Hg(NO_3)_2$（0.1 mol/L）、Na_2S（0.1 mol/L）、$FeCl_3$（0.1 mol/L）、$AgNO_3$（0.1 mol/L）、Na_2SO_3（0.1 mol/L）、$MnSO_4$（0.01 mol/L）、$Na_2[Fe(CN)_5NO]$（质量分数为1%）、$Pb(Ac)_2$（0.1 mol/L）、$Na_2S_2O_3$（0.1 mol/L）、$KBrO_3$（0.1 mol/L）。

其他：H_2O_2（质量分数为3%）、淀粉溶液、氯水、溴水、碘水（0.01 mol/L）、KI^-淀粉试纸、滤纸条、乙醚、品红试纸。

四、实验内容

（1）参考标准电极电势表，自行设计实验，证明 H_2O_2 具有氧化性和还原性。

要求：

① 分别以 1 ~2 个实验来证明 H_2O_2的氧化性和还原性。

② 尽可能在本实验所提供的药品中选择所需的有关试剂。

③ 所做实验应有鲜明的现象产生。

提示：含氧酸盐在酸性介质中可视为含氧酸。

（2）H_2O_2的鉴定。

① 取 0.1 mol/L $K_2Cr_2O_7$溶液 2 滴，加入 3% H_2O_2溶液 3 ~4 滴和乙醚 10 滴，然后慢慢滴加 6 mol/L HNO_3，振荡试管，在乙醚层有蓝色出现，表示有 H_2O_2存在。

② 用 K_2CrO_4代替 $K_2Cr_2O_7$，重复以上实验，解释 H_2O_2在反应中的作用，写出反应方程式。

（3）硫化物的溶解性。

① 在 5 支小试管中，分别加入 0.1 mol/L 的 NaCl、$ZnSO_4$、$CuSO_4$、$CdSO_4$、$Hg(NO_3)_2$溶液各 5 滴，再各加入 1 mL 饱和 H_2S 溶液，观察并记录现象。

② 将有沉淀的试管离心分离后，弃去清液，在沉淀试管中各加入 2 mol/L HCl 适量，振荡之，观察并记录实验现象。

③ 用 6 mol/L HCl 代替 2 mol/L HCl 重复上述操作，观察并记录实验现象。

④ 将有沉淀的试管离心，弃清液，用 2 mL 水洗涤沉淀一次，再离心，弃洗涤液，然后各加入浓 HNO_3适量，且试管要在振荡下适当加热，观察并记录实验现象。

⑤ 重复④的操作，以王水取代浓 HNO_3，观察并记录实验现象。

注意：实验② ~⑤，特别是④、⑤应在通风橱中进行。

记录与讨论：

① 生成的硫化物是否都沉淀。

② 相应各硫化物的颜色。

③ 将实验中硫化物颜色和溶解度变化与教材中内容进行比较。

④ 根据相应的硫化物 $K_{sp}^{\ominus}$大小，得出相应硫化物溶解时需要不同的溶剂及不同浓度的一般规律，并写出相应的化学反应方程式。

（4）证明 H_2S、S^{2-}、SO_3^{2-}、$S_2O_3^{2-}$ 具有还原性。参考标准电极电势表，

自行设计实验。

要求：

① 各以1~2个实验，证明其具有还原性。

② 尽可能在本实验提供的药品中选择所需试剂。

③ 所做实验应有鲜明的现象产生，可证明其具有还原性。

（5）H_2SO_3、$S_2O_8^{2-}$的氧化性。

① 取0.1 mol/L Na_2SO_3溶液各5滴，加入2 mol/L H_2SO_4溶液各2~3滴酸化，然后逐滴加入H_2S饱和溶液，观察并记录实验现象，写出反应方程式。

② 取0.1 mol/L KI溶液5滴，加入2 mol/L H_2SO_4溶液2~3滴酸化，然后加入少许$K_2S_2O_8$固体，振荡试管，观察现象，写出反应方程式。

③ 在10滴蒸馏水中加入1~2滴2 mol/L的H_2SO_4溶液酸化，再依次加入0.01 mol/L $MnSO_4$溶液2滴和0.1 mol/L $AgNO_3$溶液1滴，混合均匀，加入少量的$K_2S_2O_8$固体并微热，观察并记录实验现象，写出反应方程式。

由上述实验现象，对H_2SO_3、$K_2S_2O_8$的性质做出结论。

（6）S^{2-}、SO_3^{2-}、$S_2O_3^{2-}$的鉴定。

① S^{2-}的鉴定。

（a）在点滴板上滴1滴0.1 mol/L的含S^{2-}溶液，再加入质量分数为1%的$Na_2[Fe(CN)_5NO]$溶液1滴，试液中出现红紫色，表示有S^{2-}存在。

注意：试剂呈碱性时，才有颜色出现，如为酸性，则要加2 mol/L氨水1~2滴，以改变其酸度。

（b）取0.1 mol/L Na_2S溶液10滴加入试管中，再加入2 mol/L HCl溶液5滴，将湿润的$Pb(Ac)_2$试纸盖在试管口上，将试纸在小火上微热，试纸上有黑斑出现，表示有S^{2-}存在。写出反应方程式。

② SO_3^{2-}的鉴定。

在点滴板上滴2滴饱和$ZnSO_4$溶液，加入新配的0.1 mol/L $K_4[Fe(CN)_6]$溶液1滴和前述新配的$Na_2[Fe(CN)_5NO]$溶液1滴，再加入含SO_3^{2-}溶液1滴，用玻璃棒搅匀，出现红色沉淀表示有SO_3^{2-}存在。

注意：酸性条件会使红色消失或不明显，此时可加入2 mol/L氨水1~2滴。

③ $S_2O_3^{2-}$的鉴定。

在点滴板上滴1滴0.1 mol/L的$Na_2S_2O_3$溶液，再加入0.1 mol/L $AgNO_3$溶液1~2滴，即有白色沉淀出现。观察沉淀颜色的变化。

五、思考题

（1）用最简单的方法鉴别下列4种固体物质。

实验室有A、B、C、D 4种没有标签的固体物质，但是知道它们分别是Na_2S、Na_2SO_3、Na_2SO_4、$Na_2S_2O_3$。请用最简单的方法将它们鉴别出来。

① 设计并写好区别上列物质的实验操作步骤。

② 通过明显、可靠的实验现象，以准确的论据推断出A、B、C、D各为何物质。

（2）针对自行设计的实验内容，查阅参考资料，写出实验操作步骤，注明其反应条件和相应的反应方程式。

（3）H_2O_2既有氧化性，又有还原性，介质对它的这种性质有何影响？

（4）根据溶解性的不同，金属硫化物大体可分为几类？

（5）H_2SO_3和$Na_2S_2O_3$都既有还原性，又有氧化性，对这两种物质来说，哪个性质是主要的？

（6）试验$K_2S_2O_8$氧化Mn^{2+}时，为什么要加入$AgNO_3$？

（7）S^{2-}、SO_3^{2-}、$S_2O_3^{2-}$、SO_4^{2-}这4种离子是否可以共存？再加入$S_2O_8^{2-}$又会怎样？

实验十　配位化合物

一、实验目的

（1）了解配离子的形成和配离子与简单离子的区别。

（2）了解配位平衡与沉淀反应及氧化还原反应和溶液酸度的关系。

（3）巩固配位化合物的理论知识。

二、实验原理

在了解配离子、配位分子、配位化合物的概念基础上，与复盐对比。

配位化合物：

$$K_3[Fe(CN)_6] = 3K^+ + [Fe(CN)_6]^{3-}$$

$$[Fe(CN)_6]^{3-} = Fe^{3+} + 6CN^-$$

复盐：

$$(NH_4)_2Fe(SO_4)_2 = 2NH_4^+ + Fe^{2+} + 2SO_4^{2-}$$

在铁铵矾溶液中滴加硫氰化钾时，溶液显血红色，但在铁氰化钾溶液中，不会因硫氰化钾的加入而呈现血红色。

配离子的稳定性可用稳定常数（$K_{稳}$）或不稳定常数（$K_{不稳}$）的大小来衡量。如中心原子 M 和配体 A 所形成的配离子［MA_x］，在水溶液中存在下列配位平衡：

$$M + XA \rightleftharpoons [MA_x]$$

$$K_{稳} = \frac{[MA_x]}{[M]\ [A]^x} = \frac{1}{K_{不稳}}$$

对于配位比相同的配离子来说，$K_{稳}$越大，表明生成该配离子的倾向越大，其稳定性亦越强，反之亦然。

根据平衡移动原理，当增加中心原子或配体浓度时，有利于配离子的生成，相反，如减少中心原子或配体浓度，将促使配离子破坏。例如，AgCl 沉淀溶于氨水形成［$Ag(NH_3)_2$］$^+$，若加入硝酸后，AgCl 沉淀又会重新生成。这是因为硝酸的加入使溶液中的 NH_3配体转变成 NH_4^+后，配体浓度下降所造成的结果。这就是溶液酸度对配位平衡的影响。

三、仪器和药品

1. 仪器

试管一套、pH 试纸。

2. 药品

$CuSO_4$（0.1 mol/L）、$BaCl_2$（1 mol/L）、NaOH（2 mol/L）、6 mol/L 氨水、0.1 mol/L 氨水、$FeCl_3$（0.1 mol/L）、KCNS（0.1 mol/L）、$K_3[Fe(CN)_6]$（0.1 mol/L）、$NH_4Fe(SO_4)_2$（0.1 mol/L）、$(NH_4)_2C_2O_4$（0.1 mol/L）、$[Fe(C_2O_4)_3]^{3-}$、HCl（6 mol/L）、KI（0.1 mol/L）、四氯化碳、KCl（0.1 mol/L）、KBr（0.1 mol/L）、$AgNO_3$（0.1 mol/L）、$Hg(NO_3)_2$（0.1 mol/L）、$CaCl_2$（0.1 mol/L）、EDTA（0.05 mol/L）、Na_2CO_3（0.1 mol/L）、硫酸四氨合铜（Ⅱ）溶液、H_3BO_3（0.1 mol/L）、0.5 mol/L 甘露醇。

四、实验步骤

1. 配位化合物的生成和组成

(1) 在两支试管中，各加 10 滴 0.1 mol/L $CuSO_4$溶液，再分别加入 2 滴 1 mol/L $BaCl_2$和 2 滴 2 mol/L NaOH 溶液。观察现象，并写出化学反应式。

(2) 在一支试管中，加入 20 滴 0.1 mol/L $CuSO_4$溶液，滴入 6 mol/L 氨水溶液至溶液成深蓝色时，再加入 1 mL 氨水。然后分盛在两支试管中，分别加入 2 滴 1 mol/L $BaCl_2$溶液和 2 滴 2 mol/L NaOH 溶液。观察现象，并解释之。

2. 简单离子和配离子的区别

(1) 在一支试管中，加入 10 滴 0.1 mol/L $FeCl_3$溶液，再滴加 2 滴 0.1 mol/L KCNS 溶液。观察现象，并写出化学反应式。

(2) 用 0.1 mol/L $K_3[Fe(CN)_6]$代替 $FeCl_3$溶液，进行 (1) 实验步骤，其现象有何差异？为什么？

(3) 在三支试管中，各加入 10 滴 0.1 mol/L $NH_4Fe(SO_4)_2$溶液，分别检验溶液中是 NH_4^+、Fe^{3+}、SO_4^{2-}？根据实验事实，与 (2) 比较，得出结论。

3. 配位平衡的移动

(1) 在一支试管中，加入 0.1 mol/L $FeCl_3$溶液 1 滴，再加 2 滴 0.1 mol/L $(NH_4)_2C_2O_4$溶液，即有配位化合物 $[Fe(C_2O_4)_3]^{3-}$生成。然后加入 1 滴 0.1 mol/L KCNS溶液，观察现象。继续在此混合液中逐滴加入 6 mol/L HCl，有什么现象出现？写出化学反应式，并解释之。

(2) 在一支试管中，加入 10 滴 0.1 mol/L KI 和 2 滴 0.1 mol/L $FeCl_3$溶液，然后加入 10 滴 CCl_4液体，充分振荡。然后观察 CCl_4层中的颜色。解释其现象，并写出化学反应式。

在另一支试管中，以 0.1 mol/L $K_3[Fe(CN)_6]$代替 $FeCl_3$溶液，同样进行上述实验，其现象与上有何差异？解释之。

(3) 在三支试管中，分别加入 0.1 mol/L KCl、0.1 mol/L KBr 和 0.1 mol/L KI 溶液各 2 滴，然后在每只试管中再加入 0.1 mol/L $AgNO_3$溶液 2 滴。观察沉淀的颜色，并写出化学反应式。在形成 AgCl 沉淀的试管中，逐滴加入0.1 mol/L氨水，边滴边振荡直至沉淀溶解，记住所加氨水的滴数。在形成 AgBr 沉淀的试管中，用同样方法加入 0.1 mol/L 氨水，直至沉淀溶解，记住所加的滴数。沉淀

AgI 亦用此法处理。根据现象比较 AgCl、AgBr 和 AgI 溶度积相对大小。

（4）在一支试管中，加入 2 滴 0.1 mol/L $Hg(NO_3)_2$ 溶液，逐滴加入 0.1 mol/L KI 溶液。观察其过程中沉淀的生成和溶解现象。写出化学反应式，并解释之。

4. 螯合物的形成

（1）在两支试管中，加入 0.1 mol/L $CaCl_2$ 溶液 10 滴，并分别加 0.05 mol/L EDTA 溶液和蒸馏水各 20 滴。再各加入相同滴数的 0.1 mol/L Na_2CO_3 溶液。写出化学反应式，并加以解释。

（2）自己制备硫酸四氨合铜（Ⅱ）溶液。取此溶液 10 滴，置于一支试管中，然后滴加 0.05 mol/L EDTA 溶液，观察溶液颜色？并解释之。

（3）在一支试管中，加入 2 滴 0.1 mol/L $NiCl_2$ 溶液、10 滴蒸馏水和 1 滴 6 mol/L 氨水。混匀之后，再加 2 滴 1% 丁二肟溶液，观察其现象，并写出化学反应式。

（4）取 pH 试纸，在它的一端滴 1 滴 0.1 mol/L H_3BO_3 溶液，观察溶液所显示的 pH 值。再在另一端滴 1 滴 0.5 mol/L 甘露醇，待两种溶液扩散重叠后，观察溶液重叠处所显示的 pH 值。对此实验现象加以解释。

五、思考题

（1）配离子和简单离子有何性质差异？如何用实验方法证明？

（2）实验中有哪些因素能使配位平衡发生移动？试举例说明。

（3）丁二肟鉴定 Ni^{2+} 的反应，为何要在碱性条件下进行？如果不用氨水，而用 NaOH 控制溶液的酸度，是否可以？

实验十一　氧、硫、氮、磷

一、实验目的

（1）验证过氧化氢的主要性质。

（2）验证硫化氢和硫化物的主要性质。

（3）验证硫代硫酸盐的主要性质。

（4）学会 H_2O_2、S^{2-} 和 $S_2O_3^{2-}$ 的鉴定方法。

(5) 掌握硝酸、亚硝酸及其盐的重要性质。

(6) 了解磷酸盐的主要性质。

(7) 掌握 NH_4^+、NO_2^-、NO_3^-、PO_4^{3-} 的鉴定方法。

二、实验原理

氧、硫是周期系第Ⅵ主族元素，氧是人类生存必需的气体。氢和氧的化合物，除了水以外，还有 H_2O_2。过氧化氢是强氧化剂，但和更强的氧化剂作用时，它又是还原剂。

H_2S 是有毒气体，能溶于水，其水溶液呈弱酸性。在 H_2S 中，S 的氧化值是 -2，H_2S 是强还原剂。S^{2-} 可与金属离子生成金属硫化物沉淀，如 PbS（黑色）。同时，金属硫化物无论易溶还是微溶，均能发生水解。

1. H_2O_2、S^{2-} 和 $S_2O_3^{2-}$ 的鉴定

在含 $Cr_2O_7^{2-}$ 的溶液中加入 H_2O_2 和戊醇，有蓝色的过氧化物 CrO_5 生成，该化合物不稳定，放置或摇动时便分解。利用这一性质可以鉴定 H_2O_2，Cr（Ⅲ）和 Cr（Ⅳ），主要反应是：

$$Cr_2O_7^{2-} + 4H_2O_2 + 2H^+ = 2CrO_5 + 5H_2O$$

S^{2-} 能与稀酸反应生成 H_2S 气体，借助 $Pb(Ac)_2$ 试纸进行鉴定。另外，在弱碱性条件下，S^{2-} 与 $Na_2[Fe(CN)_5NO]$［亚硝酰五氰合铁（Ⅱ）酸钠］反应生成紫红色配合物：

$$S^{2-} + [Fe(CN)_5NO]^{2-} = [Fe(CN)_5NOS]^{4-}$$

$S_2O_3^{2-}$ 与 Ag^+ 反应生成不稳定的白色沉淀 $Ag_2S_2O_3$，在转化为黑色的 Ag_2S 沉淀过程中，沉淀的颜色由白→黄→棕→黑，这是 $S_2O_3^{2-}$ 的特征反应。

2. 鉴定 NH_4^+ 的常用方法

鉴定 NH_4^+ 的常用方法有两种，一是 NH_4^+ 与 OH^- 反应，生成的 $NH_3(g)$ 使红色石蕊试纸变蓝；二是 NH_4^+ 与奈斯勒（Nessler）试剂（$K_2[HgI_4]$ 的碱性溶液）反应，生成红棕色沉淀。

亚硝酸极不稳定。亚硝酸盐溶液与强酸反应生成的亚硝酸分解为 N_2O_3 和 H_2O。N_2O_3 又能分解为 NO 和 NO_2。

亚硝酸盐中氮的氧化值为 +3，它在酸性溶液中作氧化剂，一般被还原为 NO；与强氧化剂作用时则生成硝酸盐。

硝酸具有强氧化性。它与许多非金属反应，主要还原产物是NO。浓硝酸与金属反应主要生成NO_2，稀硝酸与金属反应通常生成NO，活泼金属能将稀硝酸还原为NH_4^+。

NO_2^-与$FeSO_4$溶液在HAc介质中反应生成棕色的$[Fe(NO)(H_2O)_5]^{2+}$（简写为$[Fe(NO)]^{2+}$）：

$$Fe^{2+} + NO_2^- + 2HAc = Fe^{3+} + NO + H_2O + 2Ac^-$$

$$Fe^{2+} + NO = [Fe(NO)]^{2+}$$

NO_3^-与$FeSO_4$溶液在浓H_2SO_4介质中反应生成棕色$[Fe(NO)]^{2+}$：

$$3Fe^{2+} + NO_3^- + 4H^+ = 3Fe^{3+} + NO + 2H_2O$$

$$Fe^{2+} + NO = [Fe(NO)]^{2+}$$

在试液与浓H_2SO_4液层界面处生成的$[Fe(NO)]^{2+}$呈棕色环状。此方法用于鉴定NO_3^-，称为“棕色环”法。NO_2^-的存在会干扰NO_3^-的鉴定，因此加入尿素并微热，可以除去NO_2^-：

$$2NO_2^- + CO(NH_2)_2 + 2H^+ = 2N_2 + CO_2 + 3H_2O$$

碱金属（锂除外）和铵的磷酸盐、磷酸一氢盐易溶于水，其他磷酸盐难溶于水。大多数磷酸二氢盐易溶于水。焦磷酸盐和三聚磷酸盐都具有配位作用。

PO_4^{3-}与$(NH_4)_2MoO_4$溶液在硝酸介质中反应，生成黄色的磷钼酸铵沉淀。此反应可用于鉴定PO_4^{3-}。

三、仪器和药品

1. 仪器

离心机、点滴板、水浴锅、石蕊试纸、$Pb(Ac)_2$试纸。

2. 药品

HCl（2.0 mol/L，6.0 mol/L）、HNO_3（2 mol/L，浓）、H_2SO_4（1 mol/L，6 mol/L，浓）、HAc（2 mol/L）、NaOH（2 mol/L，6 mol/L）、KI（0.1 mol/L）、$Pb(NO_3)_2$（0.5 mol/L）、$KMnO_4$（0.01 mol/L）、$K_2Cr_2O_7$（0.1 mol/L、$FeCl_3$（0.01 mol/L）、Na_2S（0.1 mol/L）、$Na_2[Fe(CN)_5NO]$（1.0%）、$K_4[Fe(CN)_6]$（0.1 mol/L）、$Na_2S_2O_3$（0.1 mol/L）、Na_2SO_3（0.1 mol/L）、$ZnSO_4$（饱和）、

$AgNO_3$（0.1 mol/L）、KBr（0.1 mol/L）、$(NH_4)_2S_2O_8$（0.2 mol/L）、$BaCl_2$（1.0 mol/L）、$MnSO_4$（0.002 mol/L）、Na_2CO_3（0.1 mol/L）、NH_4Cl（0.1 mol/L）、$NaNO_2$（0.1 mol/L）、KI（0.02 mol/L）、$KMnO_4$（0.01 mol/L）、KNO_3（0.1 mol/L）、Na_3PO_4（0.1 mol/L）、Na_2HPO_4（0.1 mol/L）、NaH_2PO_4（0.1 mol/L）、$CaCl_2$（0.1 mol/L）、$CuSO_4$（0.1 mol/L）、$Na_4P_2O_7$（0.5 mol/L）、$Na_5P_3O_{10}$（0.1 mol/L）、MnO_2锌粉、铜屑、$FeSO_4 \cdot 7H_2O$（s）、NH_4NO_3（s）、$Na_3PO_4 \cdot 12H_2O$（s）、H_2O_2（3%）、戊醇、碘水（0.01 mol/L，饱和）、SO_2溶液（饱和）、H_2S溶液（饱和）、品红溶液、淀粉溶液、CCl_4、氯水（饱和）、奈斯勒试剂、淀粉试液、钼酸铵试剂、尿素。

四、实验内容

1. 过氧化氢的性质

（1）在试管中加入$Pb(NO_3)_2$（0.5 mol/L）溶液，再加H_2S溶液（饱和）至沉淀生成，离心分离，弃去清液；水洗沉淀后加入H_2O_2（3%）溶液，观察沉淀颜色的变化，并写出反应方程式。

（2）取适量H_2O_2（3%）溶液和戊醇，加H_2SO_4（1.0 mol/L）溶液酸化后，滴加$K_2Cr_2O_7$（0.1 mol/L）溶液，振荡试管，观察现象。

2. 硫化氢和硫化物性质

（1）取适量$KMnO_4$（0.01 mol/L）溶液，酸化后，滴加H_2S（饱和）溶液，观察有何变化，并写出反应方程式。

（2）试验$FeCl_3$（0.01 mol/L）溶液和H_2S（饱和）溶液的反应，根据现象并写出反应方程式。

（3）在试管中加入适量Na_2S（0.1 mol/L）溶液和HCl（6.0 mol/L）溶液，微热之，观察实验现象，并在管口用湿润的$Pb(Ac)_2$试纸检查逸出的气体。

3. 硫代硫酸盐的性质

（1）在试管中加入适量$Na_2S_2O_3$（0.1 mol/L）溶液和HCl（6.0 mol/L）溶液，振荡片刻后观察现象，并用湿润的蓝色石蕊试纸检验逸出的气体。

（2）取适量碘水（0.01 mol/L），加几滴淀粉溶液，逐滴加入$Na_2S_2O_3$（0.1 mol/L）溶液，观察颜色变化。

（3）在试管中加适量 $AgNO_3$（0.1 mol/L）溶液和 KBr（0.1 mol/L）溶液，观察沉淀颜色，然后加 $Na_2S_2O_3$（0.1 mol/L）溶液使沉淀溶解。

（4）在点滴板上加2滴 $Na_2S_2O_3$（0.1 mol/L）溶液，再加 $AgNO_3$（0.1 mol/L）溶液至产生白色沉淀，利用沉淀物分解时颜色的变化，确认 $S_2O_3^{2-}$ 的存在。

4. 铵离子的鉴定

（1）在试管中加入少量0.1 mol/L 的 NH_4Cl 溶液和2 mol/L 的 NaOH 溶液，微热，用湿润的红色石蕊试纸在试管口检验逸出的气体。写出有关反应方程式。

（2）在滤纸条上加1滴奈斯勒试剂，代替红色的石蕊试纸重复实验（1），观察现象。写出有关反应方程式。

5. 硝酸的氧化性

（1）在试管内放入1小块铜屑，加入几滴浓 HNO_3，观察现象。然后迅速加水稀释，倒掉溶液，回收铜屑。写出反应方程式。

（2）在试管中放入少量锌粉，加入1 mL 2 mol/L 的 HNO_3，观察现象（如不反应可微热）。取清液检验是否有 NH_4^+ 生成。写出反应方程式。

6. 亚硝酸及其盐的性质

（1）在试管中加入10滴1 mol/L $NaNO_2$溶液，然后滴加6 mol/L H_2SO_4溶液，观察溶液和液面上的气体的颜色（若室温较高，应将试管放在冷水中冷却）。写出反应方程式。

（2）用0.1 mol/L $NaNO_2$溶液和0.02 mol/L KI 及1 mol/L H_2SO_4溶液试验 $NaNO_2$的氧化性。然后加入淀粉试液，又有何变化？写出离子反应方程式。

（3）用0.1 mol/L $NaNO_2$溶液和0.01 mol/L $KMnO_4$溶液及1 mol/L H_2SO_4溶液，试验 $NaNO_2$的还原性。写出离子反应方程式。

7. NO_3^- 和 NO_2^- 的鉴定

（1）取1 mL 0.1 mol/L 的 KNO_3溶液，加入少量 $FeSO_4 \cdot 7H_2O$ 晶体，振荡试管使其溶解。然后斜持试管，沿试管壁小心滴加1 mL 浓 H_2SO_4，静置片刻，观察两种液体界面处的棕色环。写出有关反应方程式。

（2）取1滴0.1 mol/L $NaNO_2$溶液稀释至1 mL，加少量 $FeSO_4 \cdot 7H_2O$ 晶体，振荡试管使其溶解，加入2 mol/L HAc 溶液，观察现象，并写出有关反应方程式。

（3）取 0.1 mol/L KNO_3溶液和 0.1 mol/L $NaNO_2$溶液各 2 滴稀释至 1 mL，再加少量尿素及 2 滴 1 mol/L 的 H_2SO_4以消除 NO_2^- 对鉴定 NO_3^- 的干扰，然后进行棕色环试验。

8. 磷酸盐的性质

（1）用 pH 试纸分别测定 0.1 mol/L Na_3PO_4、0.1 mol/L Na_2HPO_4 和 0.1 mol/L NaH_2PO_4溶液的 pH 值。写出反应方程式并加以说明。

（2）在 3 支试管中各加入几滴 0.1 mol/L $CaCl_2$ 溶液，然后分别滴加 0.1 mol/L Na_3PO_4、0.1 mol/L Na_2HPO_4、0.1 mol/L NaH_2PO_4溶液，观察现象，并写出有关反应的离子方程式。

（3）在试管中滴加几滴 0.1 mol/L $CuSO_4$溶液，然后逐滴加入 0.5 mol/L Na_4PO_7溶液至过量，观察现象，并写出有关反应的离子方程式。

（4）取 1 滴 0.1 mol/L $CaCl_2$溶液，滴加 0.1 mol/L Na_2CO_3溶液，再滴加 0.1 mol/L $Na_5P_3O_{10}$溶液，观察现象，并写出有关反应的离子方程式。

9. PO_4^{3-} 的鉴定

取几滴 0.1 mol/L $NaPO_3$溶液，加 0.5 mL 浓 HNO_3，再加 1 mL 钼酸铵试剂，在水浴上微热到 40 ℃ ~45 ℃，观察现象，并写出反应方程式。

五、思考题

（1）长期放置的 H_2S、Na_2S 和 Na_2SO_3溶液会发生什么变化？为什么？

（2）在鉴定 $S_2O_3^{2-}$ 时，如果 $Na_2S_2O_3$ 比 $AgNO_3$的量多，将会出现什么情况？为什么？

（3）鉴定时，为什么将奈斯勒试剂滴在滤纸上检验逸出的 NH_3，而不是将奈斯勒试剂直接加到含 NH_4^+ 的溶液中？

（4）硝酸与金属反应的主要还原产物与哪些因素有关？

（5）检验稀硝酸与锌粉反应产物中的 NH_4^+ 时，加入 NaOH 过程中会发生哪些反应？

（6）NO_3^- 的存在是否干扰 NO_2^- 的鉴定？

（7）用钼酸铵试剂鉴定 PO_4^{3-} 时为什么要在硝酸介质中进行？

§ 2.4　制备性实验

实验十二　氯化钠的提纯

一、实验目的

（1）学会用化学方法提纯粗食盐，同时为进一步精制成试剂级纯度的氯化钠提供原料。

（2）练习台秤的使用以及加热、溶解、常压过滤、减压过滤、蒸发浓缩、结晶、干燥等基本操作。

（3）学习食盐中钙、镁、硫酸根离子的定性检验方法。

二、实验原理

粗食盐中的不溶性杂质（如泥沙等）可通过溶解和过滤的方法除去。粗食盐中的可溶性杂质主要是 Ca^{2+}、Mg^{2+}、K^+ 和 SO_4^{2-} 离子等，选择适当的试剂使它们生成难溶化合物的沉淀而被除去。

在粗盐溶液中加入过量的 $BaCl_2$ 溶液，除去 SO_4^{2-}：

$$Ba^{2+} + SO_4^{2-} \longrightarrow BaSO_4 \downarrow$$

过滤，除去难溶化合物和 $BaSO_4$ 沉淀。

在滤液中加入 NaOH 和 Na_2CO_3 溶液，除去 Mg^{2+}、Ca^{2+} 和沉淀时加入的过量 $BaCl_2$：

$$Mg^{2+} + 2OH^- \longrightarrow Mg(OH)_2 \downarrow$$

$$Ca^{2+} + CO_3^{2-} \longrightarrow CaCO_3 \downarrow$$

$$Ba^{2+} + CO_3^{-2} \longrightarrow BaCO_3 \downarrow$$

过滤，除去沉淀。

溶液中过量的 NaOH 和 Na_2CO_3 可以用盐酸中和除去。

粗盐中的 K^+ 和上述的沉淀剂都不起作用。由于 KCl 的溶解度大于 NaCl 的溶解度，且含量较少，因此在蒸发和浓缩过程中，NaCl 先结晶出来，而 KCl 则留在溶液中。

三、仪器和药品

1. 仪器

台秤、称量纸、烧杯、普通漏斗、漏斗架、布氏漏斗、吸滤瓶、真空泵、蒸发皿、量筒、泥三角、石棉网、三脚架、酒精灯、坩埚钳、pH 试纸、滤纸、胶头滴管、洗瓶、玻璃棒。

2. 药品

HCl（2.0 mol/L）、NaOH（2.0 mol/L）、$BaCl_2$（1.0 mol/L）、Na_2CO_3（1.0 mol/L）、$(NH_4)_2C_2O_4$（0.5 mol/L）、粗食盐、镁试剂。

四、实验步骤

1. 粗食盐的提纯

（1）粗食盐的称量和溶解：在台秤上称取 8.0 g 粗食盐，放在 100 mL 烧杯中，加入 30 mL 水，搅拌并加热使其溶解。

（2）SO_4^{2-} 的除去：至溶液沸腾时，在搅拌下逐滴加入 1 mol/L $BaCl_2$溶液至沉淀完全（约 2 mL）。为了检验沉淀是否完全，可将烧杯从石棉网上取下，待沉淀下降后，再在上层清液中滴加 1 ~2 滴 $BaCl_2$检验。继续小火加热5 min，使 $BaSO_4$的颗粒长大而易于沉淀和过滤，然后用普通漏斗过滤。保留溶液，弃去沉淀。

（3）Mg^{2+}、Ca^{2+}、Ba^{2+}的除去：在滤液中加入约 1 mL 2 mol/L 的 NaOH 和 3 mL 1 mol/L 的 Na_2CO_3溶液，加热至沸。仿照（2）中检验是否沉淀完全，继续小火加热 5 min，然后用普通漏斗过滤。保留溶液，弃去沉淀。

（4）调节溶液的 pH 值：在滤液中逐滴加入 2 mol/L HCl，直至溶液呈微酸性为止（pH 为 4 ~5）。

（5）蒸发浓缩：将滤液倒入蒸发皿中，放于泥三角上，用小火加热蒸发，浓缩至稀粥状的稠液为止，切不可将溶液蒸干。

（6）结晶、减压过滤、干燥：冷却后，用布氏漏斗减压过滤，尽量将结晶抽干。将结晶放回蒸发皿中，放在石棉网上，小火加热干燥，直至不冒水蒸气为止。将精食盐冷至室温，称重，计算收率。

$$\text{收率} = \frac{\text{精盐质量}}{\text{粗盐质量}} \times 100\%$$

2. 产品纯度的检验

取粗盐和精盐各1 g，分别溶于5 mL蒸馏水中。分别盛于3支小试管中，组成3组，对照检验它们的纯度。

（1）SO_4^{2-}的检验：在第一组溶液中分别加入2滴1 mol/L $BaCl_2$溶液，观察有无白色$BaSO_4$沉淀生成。

（2）Ca^{2+}的检验：在第二组溶液中分别加入2滴0.5 mol/L的$(NH_4)_2C_2O_4$溶液，观察有无白色CaC_2O_4沉淀生成。

（3）Mg^{2+}的检验：在第三组溶液中分别加入2~3滴2 mol/L NaOH溶液，使溶液呈碱性，再加入几滴"镁试剂"。若有天蓝色沉淀生成，证明Mg^{2+}存在。（镁试剂是一种有机染料，在碱性溶液中呈红色或紫色，但被$Mg(OH)_2$沉淀吸附后，则呈天蓝色。）

五、注意事项

（1）常压过滤，注意"一提，二低，三靠"，滤纸的边角撕去一角。

（2）减压过滤时，布氏漏斗管下方的斜口要对着吸滤瓶的支管口；先接上橡皮管，开水泵，后转入结晶液；结束时，先拔去橡皮管，后关水泵。

（3）蒸发皿可直接加热，但不能骤冷，溶液体积应少于其容积的2/3。

（4）蒸发浓缩至稠粥状即可，不能蒸干，否则带入K^+。（KCl溶解度较大，且浓度低，留在母液中。）

六、思考题

（1）加入30 mL水溶解8 g食盐的依据是什么？加水过多或过少有什么影响？

（2）怎样除去实验过程中所加的过量沉淀剂$BaCl_2$、NaOH和Na_2CO_3？

（3）提纯后的食盐溶液浓缩时为什么不能蒸干？

实验十三　硝酸钾的制备

一、实验目的

（1）了解盐类溶解度和温度的关系，能用转化法制备硝酸钾。

（2）掌握溶解、减压过滤及重结晶操作，能用重结晶法提取物质。

二、实验原理

1. 硝酸钾的制备

工业上常采用转化法制备硝酸钾晶体，其反应为：

$$NaNO_3 + KCl \rightleftharpoons NaCl + KNO_3$$

该反应是可逆的。如表 2-9 所示，NaCl 的溶解度随温度变化不大，而 KCl、$NaNO_3$和 KNO_3溶解度在高温时较大，但随温度降低明显减小。因此利用溶解度的差别，可以将硝酸钾从生成物中分离出来。

加热浓缩 $NaNO_3$和 NaCl 混合溶液至 118 ℃ ~ 120 ℃时，由于 NaCl 的溶解度增加较少，因此随溶剂的减少将逐渐析出；而此时 KNO_3溶解度却很大，未达到饱和状态，不会析出。热过滤除去 NaCl，然后将溶液冷却至室温，KNO_3因溶解度急剧下降而大量析出，NaCl 的溶解度随温度变化不大，仅有少量析出，从而得到 KNO_3粗产品。在经过重结晶提纯，即可得到纯品 KNO_3。

表 2-9　硝酸钾等 4 种盐在不同温度下的溶解度　g/[100g (H_2O)]

盐＼温度/℃	0	10	20	30	40	60	80	100
KNO_3	13.3	20.9	31.6	45.8	63.9	110.0	169.0	246.0
KCl	27.6	31.0	34.0	37.0	40.0	45.5	51.1	56.7
$NaNO_3$	73.0	80.0	88.0	96.0	104.0	124.0	148.0	180.0
NaCl	35.7	35.8	36.0	36.0	36.6	37.3	38.4	39.8

2. 纯度检验

KNO_3产品中的杂质 NaCl 通过利用氯离子和银离子反应生成氯化银白色沉淀来定性检验。

$$Ag^+ + Cl^+ = AgCl\downarrow$$

三、仪器和药品

1. 仪器

无机化学实验常用仪器一套、烧杯（100 mL、250 mL 各 1 个）、温度计

（200 ℃，1支）、抽滤装置（1套）、量筒（10 mL、50 mL各1个）、托盘天平（1台）。

2. 试剂与材料

KCl（LR，固）、$NaNO_3$（LR，固）、HNO_3（5.0 mol/L）、$AgNO_3$（0.1 mol/L）、滤纸。

四、实验内容

1. 晶体的制备

（1）用托盘天平称取20 g $NaNO_3$和17 g KCl，放入100 mL小烧杯中，加入30 mL蒸馏水，加热至沸腾，使固体溶解（记下小烧杯中液面的位置）。

（2）继续加热，并不断搅动溶液，使NaCl逐渐析出，当体积减少到约为原来的1/2（或加热至118 ℃）时，趁热迅速进行热过滤（热过滤漏斗颈尽可能短），盛接滤液的烧杯预先加入2 mL蒸馏水，以防降温时NaCl因饱和而析出。

（3）待滤液冷却到室温，先采用倾泻法过滤，过滤前，静置溶液，使沉淀降解。过滤时，先将上清液沿玻璃棒倾入漏斗中（液面应低于漏斗边缘1 cm），再把沉淀转移到滤纸上，再减压过滤得KNO_3粗产品，称量。

（4）粗产品的重结晶。

① 除保留少量（0.1～0.2 g）粗产品供纯度检验外，按粗产品∶水＝2∶1（质量比）将粗产品溶于蒸馏水中。

② 加热，搅拌，待晶体全部溶解后停止加热。若溶液沸腾时，晶体还未完全溶解，可再加极少量的蒸馏水使其溶解。

③ 待溶液冷却至室温后抽滤，得到纯度较高的KNO_3晶体，称量。抽滤时沉淀的洗涤应本着少量多次的原则，即每次加入的洗涤液滤完后再加洗涤液，一般洗涤2～3次即可。

2. 纯度的定性检验

分别称取0.1 g粗产品和重结晶得到的产品放入两支小试管中，各加入2 mL蒸馏水配成溶液。在溶液中分别滴入1滴5.0 mol/L HNO_3溶液酸化，再各滴入2滴0.1 mol/L $AgNO_3$溶液，观察现象，进行对比，重结晶后的产品溶液应为澄清，若出现浑浊现象，则说明仍含有较多NaCl。

五、思考题

（1）什么是重结晶？本实验都涉及哪些基本操作？应注意什么？

（2）溶液沸腾后为什么温度高于 100 ℃？

（3）能否将除去氯化钠后的滤液直接冷却制取硝酸钾？

实验十四　硫代硫酸钠的制备

一、教学目的要求

（1）掌握亚硫酸钠法制备硫代硫酸钠的原理和方法。

（2）掌握硫代硫酸钠的一些重要性质。

（3）掌握硫代硫酸钠的检验方法。

二、实验原理

硫代硫酸钠是最重要的硫代硫酸盐，俗称“海波”，又名“大苏打”，是无色透明单斜晶体。易溶于水，不溶于乙醇，具有较强的还原性和配位能力，是冲洗照相底片的定影剂、棉织物漂白后的脱氯剂、定量分析中的还原剂。

$Na_2S_2O_3 \cdot 5H_2O$ 的制备方法有多种，其中亚硫酸钠法是工业和实验室中的主要方法，将硫黄粉和亚硫酸钠溶液共煮而发生化合反应，即：

$$Na_2SO_3 + S + 5H_2O \xlongequal{} Na_2S_2O_3 \cdot 5H_2O$$

经过滤、蒸发、浓缩、结晶，即可制得 $Na_2S_2O_3 \cdot 5H_2O$ 晶体。硫代硫酸钠溶液在浓缩时能形成过饱和溶液，此时加入晶种（几粒硫代硫酸钠晶体），就会有晶体析出。

硫代硫酸钠的重要性质之一是具有还原性。它是常用的还原剂，但它与不同强度的氧化剂作用时，可得到不同的产物。当遇到中等强度的氧化剂 I_2、Fe^{3+}时，硫代硫酸钠被氧化成连四硫酸钠。即：

$$2Na_2S_2O_3 + I_2 \xlongequal{} Na_2S_4O_6 + 2NaI$$

而遇到强氧化剂 $KMnO_4$、Cl_2时，硫代硫酸钠可被氧化成硫酸盐。即：

$$8KMnO_4 + 5Na_2S_2O_3 + 7H_2SO_4 \xlongequal{} 8MnSO_4 + 5Na_2SO_4 + 4K_2SO_4 + 7H_2O$$

$$4Cl_2 + Na_2S_2O_3 + 5H_2O \xlongequal{} Na_2SO_4 + H_2SO_4 + 8HCl$$

硫代硫酸钠的另一重要性质就是配位。例如，AgCl、AgBr 与过量硫代硫酸钠作用，因生成配离子而使其溶解，故黑白摄影中以其作为定影液中的主要试剂，洗去未被感光的银盐。其反应如下：

$$AgBr + 2Na_2S_2O_3 = Na_3[Ag(S_2O_3)_2] + NaBr$$

硫代硫酸钠可看作是硫代硫酸盐，硫代硫酸（$H_2S_2O_3$）极不稳定，所以硫代硫酸盐遇酸即分解：

$$Na_2S_2O_3 + 2HCl = S\downarrow + SO_2\uparrow + 2NaCl + H_2O$$

分解反应既有 SO_2气体逸出，又有乳白色或淡黄色的硫析出，致使溶液变浑浊，这是硫代硫酸盐和亚硫酸盐的区别，是检验 $Na_2S_2O_3$的根据。

$$AgNO_3 + Na_2S_2O_3 \longrightarrow [Ag(S_2O_3)_2]^{3-} + NaNO_3$$

$$2Ag^+ + S_2O_3^{2-} = Ag_2S_2O_3$$

$$Ag_2S_2O_3 + H_2O = Ag_2S\downarrow + H_2SO_4$$（此反应用作 $S_2O_3^{2-}$的定性鉴定）

$$2S_2O_3^{2-} + I_2 = S_4O_6^{2-} + 2I^-$$

$$Na_2SO_3 + S + 5H_2O = Na_2S_2O_3 \cdot 5H_2O$$

$Na_2S_2O_3 \cdot 5H_2O$ 于40 ℃ ~45 ℃熔化，48 ℃分解，因此，在浓缩过程中要注意不能蒸发过度。

三、仪器、药品和材料

1. 仪器

台秤、布氏漏斗、吸滤瓶、真空泵、点滴板、表面皿。

2. 药品

固体：硫黄粉（化学纯）、Na_2SO_3（化学纯）。

酸：HCl（2 mol/L）、H_2SO_4（2 mol/L）。

盐：$BaCl_2$（1 mol/L）、$KMnO_4$（0.01 mol/L）、$ZnSO_4$（饱和）、$K_4[Fe(CN)_6]$（0.01 mol/L）、$Na_3[Fe(CN)_5NO]$（质量分数为1%）。

其他：乙醇（体积分数为95%）、氯水、碘水。

材料：pH 试纸、滤纸。

四、实验内容

1. $Na_2S_2O_3$的制备

（1）称取 Na_2SO_3 12.5 g，置于小烧杯中，加入蒸馏水 75 mL，用表面皿盖上，加热、搅拌使其溶解，继续加热至近沸。

(2) 另称取硫黄粉 6 g 放在小烧杯内，加水和乙醇各半。将硫黄粉调成糊状，在搅拌下分次加入近沸的亚硫酸钠溶液中，继续加热保持沸腾状态 1 ~ 1.5 h。注意：在沸腾过程中，要经常搅拌，并将烧杯壁上黏附的硫黄用少量水冲淋下来，同时也要补充因蒸发损失的水分。

(3) 反应完毕，趁热用布氏漏斗减压过滤，集中收集、存放未反应的硫黄粉。

(4) 将滤液转入蒸发皿中，并放在石棉网上加热蒸发，滤液浓缩不少于 20 mL，搅拌、冷却至室温。如无结晶析出，加几粒硫代硫酸钠晶种，搅拌，即有大量晶体析出。静置 20 min。

(5) 用布氏漏斗减压过滤，并用广口瓶的玻璃盖面轻压晶体，尽量抽干水分，取出称量，计算产率。

五、产品性质检验

称取 0.3 g 产品，溶于 10 mL 水，制成样品试液，做以下性质实验，观察并记录实验现象。

(1) 检验试液的酸碱性。

大苏打是无色透明的晶体，易溶于水，水溶液显弱碱性，pH 约为 8。

(2) 试液与 2 mol/L 盐酸的反应。

$Na_2S_2O_3$在中性、碱性溶液中较稳定，在酸性溶液中会迅速分解。即：

$$Na_2S_2O_3 + 2HCl \longrightarrow 2NaCl + H_2O + S\downarrow + SO_2\uparrow$$

(3) 试液与碘水的反应。

碘水褪色：

$$2Na_2S_2O_3 + I_2 \longrightarrow Na_2S_4O_6 + 2NaI$$

(4) 试液与氯水的反应。

它可以作为棉织物漂白后的脱氯剂：

$$Na_2S_2O_3 + 4Cl_2 + 5H_2O \longrightarrow H_2SO_4 + Na_2SO_4 + 8HCl$$

类似的道理，织物上的碘渍也可用它除去。

(5) 试液与 0.01 mol/L 高锰酸钾溶液的反应。

$Na_2S_2O_3$可使 $KMnO_4$褪色：

$$8KMnO_4 + 5Na_2S_2O_3 + 7H_2SO_4 \longrightarrow 8MnSO_4 + 5Na_2SO_4 + 4K_2SO_4 + 7H_2O$$

（6）（选作）大苏打具有很强的络合能力，能跟溴化银形成络合物。反应式为：

$$AgBr + 2Na_2S_2O_3 = NaBr + Na_3[Ag(S_2O_3)_2]$$

根据这一性质，它可以作定影剂。洗相时，过量的大苏打跟底片上未感光部分的溴化银反应，转化为可溶的 $Na_3[Ag(S_2O_3)_2]$，把 AgBr 除掉，使显影部分固定下来。

（7）$S_2O_3^{2-}$ 的定性鉴定。

$$2Ag^+ + S_2O_3^{2-} = Ag_2S_2O_3\downarrow \text{（白色）}$$

$Ag_2S_2O_3 + H_2O = Ag_2S\downarrow + H_2SO_4$（此反应用作 $S_2O_3^{2-}$ 的定性鉴定）

现象：$Ag_2S_2O_3$逐级水解，颜色：白→黄→棕→黑。

六、注意事项

（1）蒸发浓缩时，若速度太快，产品易于结块；速度太慢，产品不易形成结晶。

（2）反应中的硫黄用量已经是过量的，不需再多加。

（3）实验过程中，浓缩液终点不易观察，有晶体出现即可。

七、思考题

（1）硫黄粉应稍有过量，为什么？

（2）为什么加入乙醇？目的何在？

（3）为什么要加入活性炭？

（4）蒸发浓缩时，为什么不可将溶液蒸干？

（5）如果没有晶体析出，该如何处理？

实验十五　由胆矾精制五水合硫酸铜

一、实验目的

（1）了解重结晶提纯物质的原理和方法。

（2）练习常压过滤、减压过滤、蒸发浓缩和重结晶等基本操作。

二、实验原理

本实验是以工业硫酸铜（俗名胆矾）为原料，精制五水合硫酸铜。首先用过滤法除去胆矾中的不溶性杂质。用过氧化氢将溶液中的硫酸亚铁氧化为硫酸铁，并使3价铁在pH = 4.0时全部水解为$Fe(OH)_3$沉淀而被除去，反应方程式为：

$$2Fe^{2+} + H_2O_2 + 2H^+ = 2Fe^{3+} + 2H_2O$$

$$Fe^{3+} + 3H_2O = Fe(OH)_3 \downarrow + 3H^+$$

溶液中的可溶性杂质可根据$CuSO_4 \cdot 5H_2O$的溶解度随温度升高而增大的性质，用重结晶法使它们留在母液中，从而得到较纯的五水合硫酸铜晶体。

三、仪器和药品

1. 仪器

台秤、蒸发皿、50 mL量筒、100 mL烧杯、50 mL烧杯、玻璃漏斗、布氏漏斗、吸滤瓶、玻璃棒、洗瓶、pH试纸、滤纸。

2. 药品

工业硫酸铜、NaOH（2 mol/L）、H_2O_2［3%（质量分数）］、H_2SO_4（2 mol/L）、乙醇［95%（体积分数）］、氨水（6 mol/L）、氨水（2 mol/L）、HCl（2 mol/L）、KSCN（1 mol/L）。

四、实验内容

1. 初步提纯

（1）称取15.0 g粗硫酸铜于烧杯中，加入约60 mL水，加热、搅拌至完全溶解，减压过滤以除去不溶物。

（2）滤液用2 mol/L NaOH调节至pH = 4.0，滴加质量分数为3%的H_2O_2约2 mL（若Fe^{2+}含量高，则多加些）。如果溶液的酸度提高，需再次调整pH值。加热溶液至沸腾，数分钟后趁热减压过滤。

（3）将滤液转入蒸发皿内，加入2～3滴2 mol/L H_2SO_4使溶液酸化，调节pH至1～2，水浴加热，蒸发浓缩到溶液表面出现一层薄膜时（将蒸发皿从火源上拿下来进行观察），停止加热，冷至室温，减压过滤，抽干，称重。

2. 重结晶

上述产品放于烧杯中，按每克产品加1.2 mL蒸馏水的比例加入蒸馏水。

加热，使产品全部溶解。趁热减压过滤。滤液冷至室温。再次减压过滤。用少量乙醇洗涤晶体 1 ~2 次。取出晶体，晾干，称重，计算产率。

3. $CuSO_4 \cdot 5H_2O$ 纯度检验

（1）将 1 g 粗 $CuSO_4 \cdot 5H_2O$ 晶体，放在小烧杯中，用 10 mL 水溶解，加入 1 mL 2 mol/L 的 H_2SO_4酸化，然后加入 2 mL 3% 的 H_2O_2，煮沸片刻，使其中 Fe^{2+}被氧化成 Fe^{3+}。待溶液冷却后，在搅拌下滴加 6 mol/L 氨水，直至最初生成的蓝色沉淀完全溶解，使溶液呈深蓝色为止。此时 Fe^{3+}成为 $Fe(OH)_3$沉淀，而 Cu^{2+}则成为 $[Cu(NH_3)_4]^{2+}$络离子。将此十余毫升溶液分 4 ~5 次加到漏斗上过滤，然后用滴管以 2 mol/L 氨水洗涤沉淀，直到蓝色洗去为止，此时 $Fe(OH)_3$黄色沉淀留在滤纸上，以少量纯水冲洗，用滴管将 3 mL 热的 2 mol/L HCl 滴在滤纸上，溶解 $Fe(OH)_3$沉淀，以洁净试管接收滤液。然后在滤液中滴入 2 滴 1 mol/L KSCN 溶液，观察血红色络合物的产生。（保留溶液供后面比较用。）

（2）称取 1 g 提纯过的 $CuSO_4 \cdot 5H_2O$ 晶体，重复上述操作，比较两种溶液血红色的深浅，确定产品的纯度。

五、注意事项

（1）在 $CuSO_4 \cdot 5H_2O$ 纯度检验中，过滤时若溶液倒入太多，滤纸会被蓝色溶液全部或大部浸润，以致下步用氨水过多或洗不彻底。若洗不彻底，在用 HCl 洗沉淀时便会一起被洗至试管中，遇到大量 SCN^-生成黑色 $Cu(SCN)_2$沉淀而影响检验结果。

（2）在 $CuSO_4 \cdot 5H_2O$ 纯度检验中，在搅拌下滴加 6 mol/L 氨水，必须多加直至最初生成的蓝色沉淀完全溶解，溶液呈深蓝色为止。

（3）注意实验过程各处溶液 pH 值的调节。

六、思考题

（1）如果用烧杯代替水浴锅进行水浴加热时，怎样选用合适的烧杯？

（2）在减压过滤操作中，如果有下列情况，各会产生什么影响？

① 开自来水开关之前先把沉淀转入布氏漏斗。

② 结束时先关上自来水开关。

（3）在除硫酸铜溶液中的 Fe^{3+} 时，pH 值为什么要控制在 4.0 左右？加热溶液的目的是什么？

实验十六　三氯化六氨合钴（Ⅲ）的制备

一、实验目的

（1）通过三氯化六氨合钴（Ⅲ）的制备，进一步理解配合物的形成。

（2）掌握水浴加热、减压过滤等基本操作。

（3）了解合成三氯化六氨合钴（Ⅲ）的基本原理。

二、实验原理

利用活性炭作催化剂，在氯化铵存在下加入过量氨，用过氧化氢氧化二氯化钴溶液，可制备出橙色晶体三氯化六氨合钴（Ⅲ）。该反应是通过以下步骤来完成的：在二氯化钴与氯化铵溶液中滴加氨水，首先生成蓝绿色沉淀，继续加入氨水后，沉淀溶解，溶液呈土黄色，再加入 H_2O_2 溶液转化为暗红色或红棕色，冷却后析出黄色晶体与活性炭的混合物。然后用浓盐酸重结晶，除去活性炭，即获得橙黄色晶体（产物）。其反应方程式如下：

$$CoCl_2 + NH_3 \cdot H_2O = Co(OH)Cl\downarrow + NH_4Cl \tag{1}$$

$$Co(OH)Cl + 6NH_3 = [Co(NH_3)_6](OH)Cl \tag{2}$$

$$2[Co(NH_3)_6](OH)Cl + H_2O_2 + 4NH_4Cl = 2[Co(NH_3)_6]Cl_3 + 4H_2O + 4NH_3 \tag{3}$$

总的反应为：

$$2CoCl_2 + 2NH_4Cl + 10NH_3 + H_2O_2 = 2[Co(NH_3)_6]Cl_3 + 2H_2O$$

三、仪器和药品

1. 仪器

锥形瓶、台秤、量筒（10 mL，100 mL）、烧杯、布氏漏斗、吸滤瓶、真空泵、水浴锅、温度计。

2. 药品

固体：二氯化钴、氯化铵、活性炭、冰块。

液体：H_2O_2（质量分数为 6%）、浓盐酸、乙醇（体积分数为 95%）。

四、实验内容

在 100 mL 的锥形瓶中依次加入 6 g 研细的 $CoCl_2 \cdot 6H_2O$ 晶体、4 g NH_4Cl 晶体和 7 mL 蒸馏水，加热至固体溶解。加入 0.3 g 活性炭，搅拌均匀。待溶液冷却后，滴加浓氨水，使沉淀溶解。总计加入约 14 mL 浓氨水。

待溶液冷却至 10 ℃以下，慢慢地加入 14 mL 6% H_2O_2 溶液。在水浴锅上加热 60 ℃，维持 20 min，并适当地摇动锥形瓶，使反应完全，然后用自来水冷却锥形瓶，再用冷水冷却，即有沉淀生成，用布氏漏斗抽滤沉淀，然后将滤纸上的沉淀溶于 2 mL 浓盐酸的 70 mL 沸水中，趁热用布氏漏斗抽滤，将滤液移至 100 mL 小烧杯。

向滤液中慢慢加入 7 mL 浓盐酸，用冷水冷却小烧杯后，有晶体析出。用布氏漏斗抽滤，晶体用少量乙醇洗涤，抽干，然后晶体从滤纸上移入蒸发皿中，于 105 ℃以下烘干。

最后晶体冷却至室温，用台秤称量，计算产率。

五、思考题

（1）本实验中活性炭、过氧化氢溶液各起什么作用？

（2）三氯化六氨合钴（Ⅲ）能溶于热的浓盐酸，冷却后为什么有其结晶析出？浓盐酸起什么作用？

（3）在制备过程中，加入过氧化氢溶液后，用水浴加热 20 min 的目的是什么？能否加热至沸腾？

实验十七　硫酸亚铁铵的制备

一、实验目的

（1）根据有关原理及数据设计并制备复盐硫酸亚铁铵。

（2）进一步掌握水浴加热、溶解、过滤、蒸发、结晶等基本操作。

（3）了解无机物制备的投料、产量、产率的有关计算。

二、实验原理

本实验是先将铁屑溶于稀硫酸可得硫酸亚铁，反应方程式为：

$$Fe + H_2SO_4 \xlongequal{} FeSO_4 + H_2\uparrow$$

然后加入等物质的量的硫酸亚铁与硫酸铵作用，能生成溶解度较小的硫酸亚铁铵［$FeSO_4 \cdot (NH_4)_2SO_4 \cdot 6H_2O$，浅绿色晶体］，加热浓缩，冷至室温，便可析出硫酸亚铁铵。

$$FeSO_4 + (NH_4)_2SO_4 + 6H_2O \xlongequal{} (NH_4)_2SO_4 \cdot FeSO_4 \cdot 6H_2O$$

硫酸亚铁铵是一种复盐，一般亚铁盐在空气中易被氧化，但形成复盐后就比较稳定，不易被氧化，因此在定量分析中常用来配制亚铁离子的标准溶液。

三、仪器和药品

1. 仪器

台秤、蒸发皿、50 mL 量筒、500 mL 烧杯、水浴锅、玻璃漏斗、布氏漏斗、吸滤瓶、150 mL 锥形瓶、玻璃棒、洗瓶。

2. 药品

铁屑、10% Na_2CO_3溶液、3 mol/L H_2SO_4溶液、$(NH_4)_2SO_4$晶体。

四、实验步骤

1. 铁屑的净化

称取 2.0 g 铁屑到锥形瓶中，加入 15 mL 10% 的 Na_2CO_3溶液，在水浴上加热 10 min，通过倾析法除去碱液，用水把铁屑上碱液冲洗干净，以防止在加入 H_2SO_4后产生的 Na_2SO_4晶体混入 $FeSO_4$中。

2. 硫酸亚铁的制备

盛有铁屑的锥形瓶中，加入 15 mL 3 mol/L 的 H_2SO_4溶液（用量筒量取），在水浴中加热，直至没有气泡冒出为止。趁热过滤，滤液用洁净的蒸发皿承接，洗涤滤纸，合并滤液，根据铁屑的用量计算 $FeSO_4$理论产量。

3. 硫酸亚铁铵的制备

根据生成的硫酸亚铁的理论产量，由化学反应式计算所需硫酸铵晶体的用量，然后用台秤称出。将饱和硫酸铵溶液慢慢加入盛有硫酸亚铁溶液的蒸发皿中，在水浴上蒸发、浓缩，直至溶液表面出现薄层结晶，取出蒸发皿，慢慢冷却，有硫酸亚铁铵晶体析出。抽气过滤，取出硫酸亚铁铵晶体，置于滤纸上吸干母液，用台秤称量，计算硫酸亚铁铵的理论产量和产率。

五、注意事项

（1）铁屑应先粉碎，全部浸没在 15 mL 3 mol/L 的 H_2SO_4溶液中，同时不要剧烈摇动锥形瓶，以防止铁屑暴露在空气中被氧化。

（2）步骤 2 中边加热边补充水，但不能加水过多，保持 pH 值在 2 以下，如 pH 值太高，Fe^{2+} 易氧化成 Fe^{3+}。

（3）步骤 2 中的趁热减压过滤后，将滤液迅速倒入事先溶解好的 $(NH_4)_2SO_4$溶液中，以防 $FeSO_4$被氧化。

六、思考题

（1）为何要首先除去铁屑表面的油污？

（2）制备硫酸亚铁时，为什么要使铁过量？

（3）能否将最后产物 $FeSO_4 \cdot (NH_4)_2SO_4 \cdot 6H_2O$ 直接放在蒸发皿内加热干燥？为什么？

（4）本实验计算硫酸亚铁铵产率时应以何反应物的量为准？为什么？

（5）为何制备硫酸亚铁铵晶体时溶液必须呈酸性？蒸发浓缩时为何不宜搅拌？

§2.5　设计性、综合性实验

实验十八　水的纯化及其纯度的测定

一、实验目的

（1）了解自来水中主要含有哪些无机杂质。

（2）了解离子交换法制取纯水的原理和方法。

（3）熟悉电导率仪的使用。

二、实验原理

某些工业生产和科学实验需要用到纯水。水的纯化方法通常有蒸馏法、离子交换法和电渗析法等。本实验是用离子交换法来制备纯水，所得纯水通常称为去离子水。

离子交换法是利用离子交换树脂能与水中的 K^+、Na^+、Ca^{2+}、Mg^{2+}、Cl^-、SO_4^{2-}、CO_3^{2-}、HCO_3^- 等无机离子进行选择性的交换反应而获得去离子水。离子交换树脂是带有活性基团的有机高分子聚合物，按基团特性可分为两类，一类含有酸性活性基团，如 $R—SO^{3-}H^+$，或简写为 RH，称为阳离子交换树脂，其中 R 表示有极高分子部分；另一类含有碱性活性基团，如 $R{\equiv}N^+OH^-$，或简写为 ROH，称为阴离子交换树脂。

当自来水流经强酸性阳离子交换树脂时，水中的阳离子就与树脂发生交换吸附，反应简式如下：

$$2RH+\left\{\begin{matrix}2Na^+ & & 2RNa\\ Ca^{2+} & \rightleftharpoons & R_2Ca\\ Mg^{2+} & & R_2Mg\end{matrix}\right\}+2H^+$$

当自来水从阳离子交换树脂流出后，在流经强碱性阴离子交换树脂时，水中的阴离子又与树脂发生交换吸附，反应简式如下：

$$2RH+\left\{\begin{matrix}2Cl^- & & 2RCl\\ {SO_4}^{2-} & \rightleftharpoons & R_2SO_4\\ {CO_3}^{2-} & & R_2CO_3\end{matrix}\right\}+2OH^-$$

经过阳离子交换树脂交换出来的 H^+ 和阴离子交换树脂交换出来的 OH^- 作用结合成水：

$$H^+ + OH^- = H_2O$$

由于地区或季节的不同，为提高去离子水的纯度，有时还流经由阳、阴离子交换树脂组成的混合柱或再次流经另一组阴、阳离子交换柱。

纯水是一种极弱的电解质，水中含有可溶性杂质后，就会使其导电能力大增。反之，水中杂质离子越少，其导电能力越小。用电导率仪测定水的电导率，就能判断水的纯度。各种水样电导率值的范围如下（25 ℃）：

自来水：$5.0\times10^{-3}\sim5.3\times10^{-4}$ S/cm

去离子水：$5.0\times10^{-5}\sim1.0\times10^{-6}$ S/cm

蒸馏水：$2.8\times10^{-6}\sim6.3\times10^{-7}$ S/cm

高纯水：$<5.5\times10^{-8}$ S/cm

水质纯度还可用化学方法通过测定 Ca^{2+}、Mg^{2+}、SO_4^{2-}、Cl^- 等离子来判别，如可用钙指示剂来检验 Ca^{2+}，在 pH > 12 时，指示剂能与 Ca^{2+} 结合而显红色（钙指示剂本色为蓝色）。用铬黑 T 指示剂可检验 Mg^{2+}，在 pH = 9 ~ 10.5 时，指示剂能与 Mg^{2+} 结合而显葡萄酒红色（铬黑 T 本色为蓝色）。

离子交换法制纯水的优点：离子交换树脂经过一段时间交换后，交换树脂达到饱和（失去交换能力），此时可将交换树脂进行再生处理，即用 2 mol/L HCl 溶液和 2 mol/L NaOH 溶液分别按制备交换水的相反方向，慢慢流过交换树脂，这样就发生交换水反应的逆反应，使树脂上交换吸附的水中杂质离子释放出来，并随溶液流出，从而使离子交换树脂恢复原状，此过程称为再生。再生后的离子交换树脂又可重新使用，所以，离子交换树脂可以反复使用。如果使用得当，寿命可达 10 年以上，经济效益是明显的。但是，对水质中含有的细菌、微生物及有机物，离子交换树脂无去除作用，必要时需另加其他处理装置。

三、仪器和药品

1. 仪器

离子交换柱两根（实验中也可用碱式滴定管代替）、电导率仪、玻璃漏斗。

2. 药品

固体：钙指示剂、铬黑 T 指示剂。

酸：HCl（2 mol/L）。

碱：NaOH（2 mol/L）。

盐：$BaCl_2$（1 mol/L）、$AgNO_3$（0.1 mol/L）、NH_4Cl-$NH_3 \cdot H_2O$ 缓冲溶液（pH = 10）。

材料：711#（d = 1.08）强碱性阴离子交换树脂、732#（d = 1.25）强酸性阳离子交换树脂、pH 试纸（广泛试纸及 5.5 ~ 9.0 精密试纸）、玻璃纤维、乳胶橡皮管、螺丝夹、T 形玻璃管。

四、实验内容

1. 树脂处理

对于新买来的树脂，在使用前先要进行转型处理（本实验中由实验室处理好）。

取一定量（由离子交换柱所装体积而定，若用 50 mL 碱式滴定管作柱，取约 30 g）711#阴离子交换树脂，放入容器中，先用蒸馏水（或去离子水）浸泡 24 h，再用 2 mol/L NaOH 溶液浸泡 24 h（溶液盖过树脂，中间搅拌几次）。倾去碱液，加入新的 NaOH 溶液浸泡 1 h，并经常搅拌，如此重复两次。倾去碱液，用蒸馏水（盖过树脂）搅拌洗涤树脂，重复洗涤至洗涤液呈中性（用 pH 试纸测量），最后浸没在蒸馏水中。

另取 20 g 732#阳离子树脂，放入容器中，用 2 mol/L HCl 溶液代替 NaOH 溶液，同处理阴离子树脂一样的方法处理即可。

上述处理也可在交换柱中进行（再生时即在柱内进行），使酸或碱分别慢慢逆向流经树脂，再用水洗至中性。

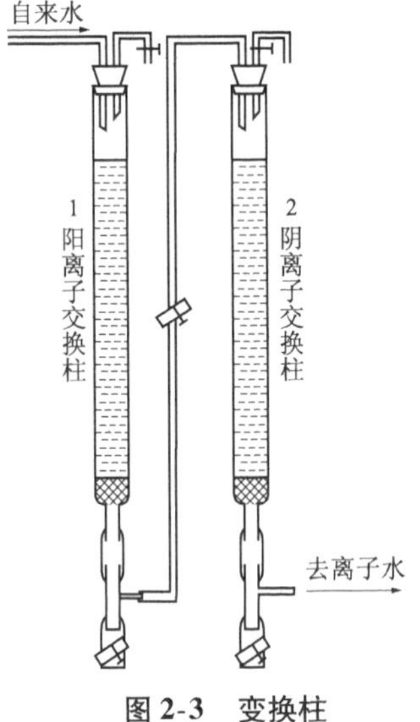

图 2-3　变换柱

2. 装柱（实验室自制交换柱）

将碱式滴定管（作为交换柱）固定在铁架台上（见图 2-3）。在管底部塞入少量清洁的玻璃纤维。先在柱中加入约 1/3 的蒸馏水，并排出底部橡皮管中的空气，然后将处理好的树脂和水调成薄粥状，为防止树脂层内出现气泡，水面在任何时候一定要高出树脂层，并慢慢加入使其随水沉入柱内（柱口插一玻璃漏斗）。若水过多时，可放松下面的螺旋开关，使水流出一部分。为使交换有效进行，树脂需装得均匀紧密，此时可用手指轻轻振动管壁。如果树脂层内出现气泡，可用清洁玻璃棒或塑料通条搅拌赶走气泡，如果赶不掉，则应重新装柱。

3. 去离子水的制备

小心开启自来水和交换柱间的螺旋开关，随即在开启阴离子交换柱下的螺旋开关，并用烧杯盛水，控制水的流速为成滴流下。将开始流出的 150 ~ 200 mL 水弃去，然后用 100 mL 烧杯收集约60 mL水（用表面皿盖好）进行纯度测定。

4. 水质纯度的检测

分别对去离子水和自来水进行检验以做对比。

（1）水的电导率的测定。

用电导率仪分别测定去离子水和自来水的电导率。每次测量前都应用去离子水、待测水样先后淋洗电导电极，然后取待测水样（能浸没电极）进行电导率的测定。

去离子水的电导率测定应尽快进行，否则实验室空气中的 CO_2、HCl、NH_3、SO_2等气体会溶于水中，使水的电导率升高。

（2）定性检验。

用化学方法定性检验自来水和去离子水。

① Ca^{2+} 的检验：取约 1 mL 水样加入 2 mol/L NaOH 溶液 2 滴，再加入少量钙指示剂，观察并记录实验现象。

② Mg^{2+} 的检验：取约 1 mL 水样加 1 ~ 2 滴 NH_4Cl-$NH_3 \cdot H_2O$ 缓冲溶液和少量铬黑 T 指示剂，观察并记录实验现象。

③ SO_4^{2-}、Cl^- 的检验（自行设计检验方法）。

④ 用精密 pH 试纸测量水样的 pH 值。

以上结果（实验数据和现象）记录于表 2-10 中。

表 2-10　记录实验数据

水样	电导率/（$S \cdot cm^{-1}$）	pH	Ca^{2+}	Mg^{2+}	SO_4^{2-}	Cl^-
自来水						
去离子水						

五、思考题

（1）离子交换法制备去离子水的原理是什么？

（2）设计好定性鉴定 SO_4^{2-}、Cl^- 的实验操作步骤。

（3）为什么可用测定水的电导率来评估水质的纯度？

（4）复习电导率仪的使用方法。

实验十九　用天青石矿制备碳酸锶

一、实验目的

（1）学习查阅文献资料，并结合所学的无机化学知识独立设计用复分解法从天青石矿制备碳酸锶的实验方案。

（2）通过本实验初步培养学生独立工作及分析和解决问题的综合能力。

二、实验要求

（1）通过查阅资料，设计自己的实验方案和工作计划。实验方案要有理论依据和详细的实验步骤，还要考虑防止污染和节约原材料等因素。将设计的方案交实验指导老师审查。

（2）根据自己设计的实验方案，以15 g天青石矿粉作原料，计算出在实验中所需要的其他各种试剂的量，如为溶液，应指明所用溶液的浓度。列出详细的仪器、药品清单。

（3）在教师指导下独立完成实验，并对制得的产品进行初步实验。在实验过程中观察并记录现象和数据，而后完成数据处理。

（4）写出一篇研究论文式的实验报告，其结构和内容要求如下：

① 题目。

② 该实验工作的意义。

③ 实验原理和理论依据。

④ 实验所需的药品和仪器。

⑤ 实验内容：画出实验方案流程图，写出实验步骤，每步实验的详细反应及条件，进行实验原始记录及数据处理的表格和图。

⑥ 实验中的问题和讨论：通过对实验结果的分析、研究，发现有什么问题和得出什么结论，并实事求是地进行讨论（不管实验成功还是失败）。

⑦ 结论：对整个实验过程以简洁的语言做出结论，并提出需进一步改进和研究的问题。

⑧ 参考文献：列出实验工作中查阅和引用的参考文献。

实验二十 水溶液中Fe^{3+}、Co^{2+}、Ni^{2+}、Cr^{3+}、Mn^{2+}、Al^{3+}、Zn^{2+}的分离与检验

一、实验目的

（1）熟悉Fe^{3+}、Co^{2+}、Ni^{2+}、Mn^{2+}、Al^{3+}、Cr^{3+}、Zn^{2+}各离子的有关性质（如氧化还原性、两性、配位性等）。

（2）掌握这些离子的分离和检出的条件。

二、实验原理

本组离子主要利用其两性和络合物的性质进行分离，分离及检出的示意图如图2-4所示。

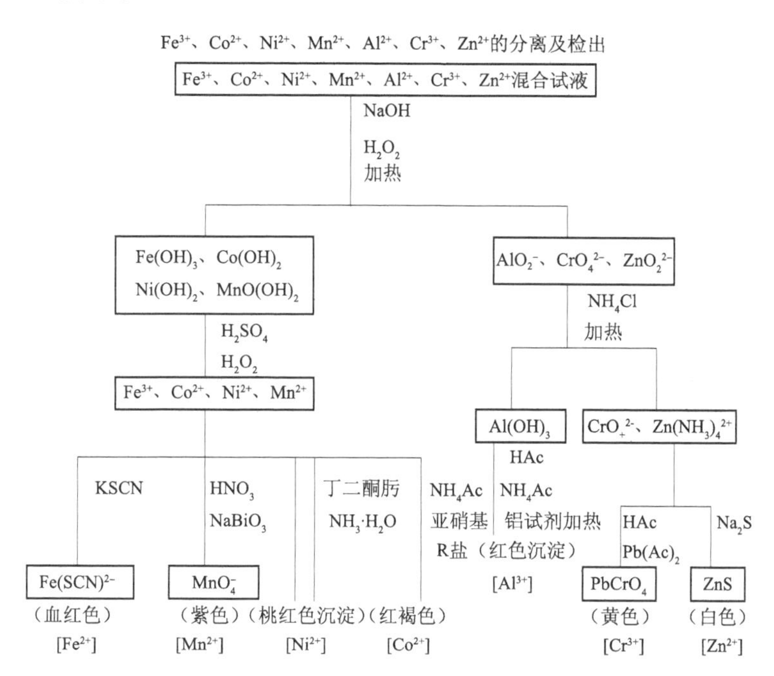

图2-4　Fe^{3+}、Co^{2+}、Ni^{2+}、Mn^{2+}、Al^{3+}、Cr^{3+}、Zn^{2+}的分离及检出的示意图

三、仪器和药品

1. 仪器

离心机、离心管、滴管、玻璃棒、洗瓶、水浴锅、点滴板、试管。

2. 药品

HAc（6 mol/L，2 mol/L）、HNO_3（2 mol/L）、H_2SO_4（2 mol/L）、$NH_3 \cdot H_2O$（2 mol/L）、NaOH（6 mol/L）；$FeCl_3$、$CoCl_2$、$NiCl_2$、$MnCl_2$、$Al_2(SO_4)_3$、$CrCl_3$、$ZnCl_2$、$K_4[Fe(CN)_6]$、$(NH_4)_2Hg(SCN)_4$（以上浓度均为0.1 mol/L）；KSCN（1 mol/L）、NH_4Ac（3 mol/L）、NH_4SCN（饱和溶液）、$Pb(Ac)_2$（0.5 mol/L）、Na_2S（2 mol/L）、$NaBiO_3$、NH_4F、NH_4Cl（以上为固体试剂）；H_2O_2（3%）、丙

酮、丁二酮肟、铝试剂。

四、实验内容

1. Fe^{3+}、Co^{2+}、Ni^{2+}、Mn^{2+}与Al^{3+}、Cr^{3+}、Zn^{2+}的分离

取Fe^{3+}、Co^{2+}、Ni^{2+}、Mn^{2+}、Al^{3+}、Cr^{3+}、Zn^{2+}等试液各5滴，加到离心管中，混合均匀，往混合液中加入6 mol/L NaOH溶液至强碱性后，再多加5滴NaOH溶液。然后逐滴加3% H_2O_2溶液，每加1滴H_2O_2，即用玻璃棒搅拌。加完后继续搅拌3 min，加热使过剩的H_2O_2完全分解，至不再发生气泡为止。离心分离时，把清液移到另1支离心管中，按步骤7处理。沉淀用热水洗1次，离心分离，弃去洗涤液。

2. 沉淀的溶解

往步骤1所得的沉淀上加10滴2 mol/L H_2SO_4和2滴3% H_2O_2溶液，搅拌后，放在水浴上加热至沉淀全部溶解，H_2O_2分解完全，把溶液冷却至室温，进行以下实验。

3. Fe^{3+}的检出

取1滴步骤2所得的溶液加到点滴板穴中，加1滴0.1 mol/L $K_4[Fe(CN)_6]$溶液，产生蓝色沉淀，表示有Fe^{3+}。

取1滴步骤2所得的溶液加到点滴板穴中，加1滴1 mol/L KSCN溶液，溶液变成血红色，表示有Fe^{3+}。

4. Mn^{2+}的检出

取1滴步骤2所得的溶液，加3滴蒸馏水和3滴3 mol/L HNO_3及一小勺$NaBiO_3$固体，搅拌，溶液变成紫红色，表示有Mn^{2+}。

5. Co^{2+}的检出

在试管中加2滴步骤2所得的溶液和1滴3 mol/L NH_4Ac溶液，再加1滴亚硝基R盐溶液。溶液呈红褐色，表示有Co^{2+}。

在试管中加2滴步骤2所得的溶液和少量NH_4F固体，再加入等体积的丙酮，然后加入饱和NH_4SCN溶液。溶液呈蓝色（或蓝绿色），表示有Co^{2+}。

6. Ni^{2+}的检出

在试管中加几滴步骤2所得的溶液，并加2 mol/L $NH_3 \cdot H_2O$至呈碱性，

如果有沉淀，还要离心分离，然后往上层清液中加 1 ~ 2 滴丁二酮肟，产生桃红色沉淀，表示有 Ni^{2+}。

7. Al（Ⅲ）和 Zn（Ⅱ）、Cr（Ⅵ）的分离及 Al^{3+} 的检出

往步骤 1 中所得的清液内加 NH_4Cl 固体，加热，产生白色絮状沉淀，即是 $Al(OH)_3$。离心分离，把清液移到另 1 支试管中，按步骤 8 和步骤 9 处理。沉淀用 2 mol/L $NH_3 \cdot H_2O$ 洗 1 次，离心分离，洗涤液并入清液，加 4 滴 6 mol/L HAc，加热使沉淀溶解，再加 2 滴蒸馏水、2 滴 3 mol/L NH_4Ac 溶液和 2 滴铝试剂，搅拌后微热之，产生红色沉淀，表示有 Al^{3+}。

8. Cr^{3+} 的检出

如果步骤 7 所得的清液呈淡黄色，则有 CrO_4^{2-}，用 6 mol/L HAc 酸化溶液，再加 2 滴 0.5 mol/L $Pb(Ac)_2$ 溶液，产生黄色沉淀，表示有 Cr^{3+}。

9. Zn^{2+} 的检出

取几滴步骤 7 所得的清液，滴加 2 mol/L Na_2S 溶液，产生白色沉淀，表示有 Zn^{2+}。

取几滴步骤 7 所得的清液，用 2 mol/L HAc 酸化，再加等体积的 $(NH_4)_2Hg(SCN)_4$ 溶液，摩擦试管壁，生产白色沉淀，表示有 Zn^{2+}。

五、思考题

（1）在分离 Fe^{3+}、Co^{2+}、Ni^{2+}、Mn^{2+} 与 Al^{3+}、Cr^{3+}、Zn^{2+} 时，为什么要加过量的 NaOH，同时还要加 H_2O_2 反应完全后，过量的 H_2O_2 为什么要完全分解？

（2）在使 $Fe(OH)_3$、$Co(OH)_2$、$Ni(OH)_2$、$MnO(OH)_2$ 等沉淀溶解时，除加 H_2SO_4 外，为什么还要加 H_2O_2？H_2O_2 在这里起的作用与生成沉淀时起的作用是否一样？过量的 H_2O_2 为什么也要分解？

§2.6　趣味性实验

实验二十一　氯化铵的妙用——防火布

一、实验目的

（1）掌握 NH_4Cl 的化学性质，学会一种制备阻燃材料（防火布）的

方法。

(2) 熟悉称量、量取、搅拌等操作。

二、实验原理

普通的棉布浸在氯化铵饱和溶液中，取出晾干后可作为“防火布”。原因是经过这种化学处理的棉布（防火布）的表面附满了氯化铵晶体颗粒，由非氧化性酸形成的铵盐 NH_4Cl 预热会分解出不能燃烧的氨气和氯化氢气体。

$$NH_4Cl\ (s) \xrightarrow{\triangle} NH_3 + HCl\ (g)$$

氨气和氯化氢气体将棉布与空气隔绝，使其不能燃烧。同时，它们又在空气中相遇，重新化合成氯化铵小晶体，这些小晶体分布在空气中，形成白烟。戏院里的舞台背景、舰艇上的木料等都是经常用氯化铵处理，以达到防火的目的。

三、仪器和药品

1. 仪器

烧杯（250 mL，1 个）、托盘天平（1 台）、量筒（50 mL，1 个）、酒精灯（1 台）。

2. 试剂与材料

NH_4Cl（固）、棉布（1 块）。

四、实验内容

1. “防火布”的制备

称量 NH_4Cl 固体 25 g，量取蒸馏水 50 mL，依次放入 250 mL 烧杯中，搅拌，制成饱和溶液。然后，将一块棉布浸入溶液中，均匀润湿，取出后晾干即可。

2. 燃烧试验

取出干燥的“防火布”，分别用火柴、酒精灯点燃，观察现象。解释原因，写出有关化学方程式。

五、思考题

（1）查一查铵盐的热稳定性规律，写出有关化学方程式。

（2）如何使用托盘天平、量筒、酒精灯？

实验二十二　铝器表面刻字

一、实验目的

了解单质铝的化学性质，进一步理解金属活动顺序表的应用。

二、实验原理

铝是ⅢA族元素，其原子的价电子构型为$3s^23p^1$，是活泼的金属元素。当与$CuSO_4$和$FeCl_3$混合溶液相遇时，能将Cu和Fe置换出来。换言之，$CuSO_4$和$FeCl_3$混合溶液具有腐蚀铝的作用，因此能在铝器表面刻字。

$$2Al + 3CuSO_4 = Al_2(SO_4)_3 + 3Cu$$

$$Al + FeCl_3 = AlCl_3 + Fe$$

三、仪器和药品

1. 仪器

烧杯（250 mL，1个）、托盘天平（1台）、毛笔（1支）、板刷（1个）。

2. 试剂与材料

$CuSO_4$（固）、$FeCl_3$（固）、铝片（1片）、砂纸（1张）、棉球、汽油。

四、实验内容

1. 配制腐蚀液

分别称量30 g $CuSO_4$和50 g $FeCl_3$，放入250 mL烧杯中，再加150 mL水，搅拌制成溶液，此溶液能腐蚀铝。

2. 铝器表面处理

将要刻字的地方用砂纸细心擦净，用毛笔蘸油漆写好字，阴干后在字迹笔画周围滴稀盐酸并用蘸稀盐酸的棉球轻涂，稍待片刻，用干净的布拭去盐酸，擦净表面。

3. 铝器表面刻字

用毛笔蘸取腐蚀液涂在写的字迹及其周围，稍待片刻，用水洗去，再涂一次或多次，最后用清水洗去腐蚀液，用棉花蘸汽油擦去油漆字迹，这时便会看到铝器表面出现稍微凸起的字迹。

五、思考题

（1）查一查下列电对的电极电势，并找出最强的氧化剂和还原剂。

（2）Cu^{2+}/Cu；（2）Fe^{3+}/Fe；（3）Al^{3+}/Al。

（3）分别写出 Al 与 $CuSO_4$溶液和 $FeCl_3$溶液反应的化学方程式。

第3章

分析化学仪器与基本操作

§3.1 分析天平的类别与基本操作

一、天平的种类

天平是化学实验不可缺少的重要称量仪器，种类繁多，按使用范围大体上可分为工业天平、分析天平、专用天平。按结构可分为等臂双盘阻尼天平、机械加码天平、半自动机械加码电光天平、全自动机械加码电光天平、单臂天平和电子天平。按精密度可分为精密天平、普通天平。各类天平结构各异（见图3-1），但其基本原理是一样的，都是根据杠杆原理制成的。现以目前广泛使用的半自动机械加码电光天平（TG328）为例说明其结构和使用方法。

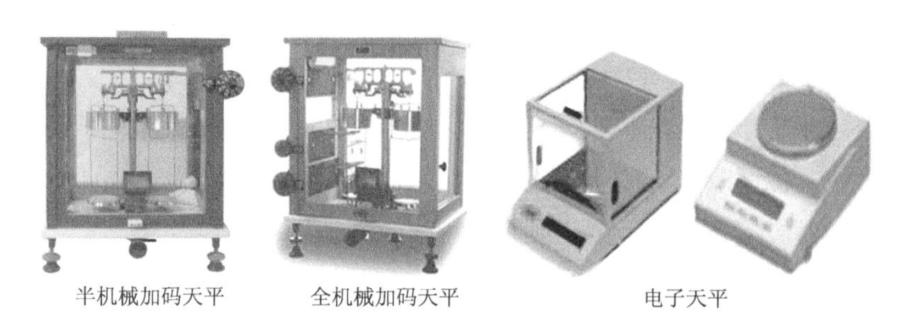

图3-1　分析天平的分类

二、半自动电光分析天平的构造原理及使用

天平是根据杠杆原理制成的，它用已知质量的砝码来衡量被称物体的质量。分析天平的构造如图3-2所示。

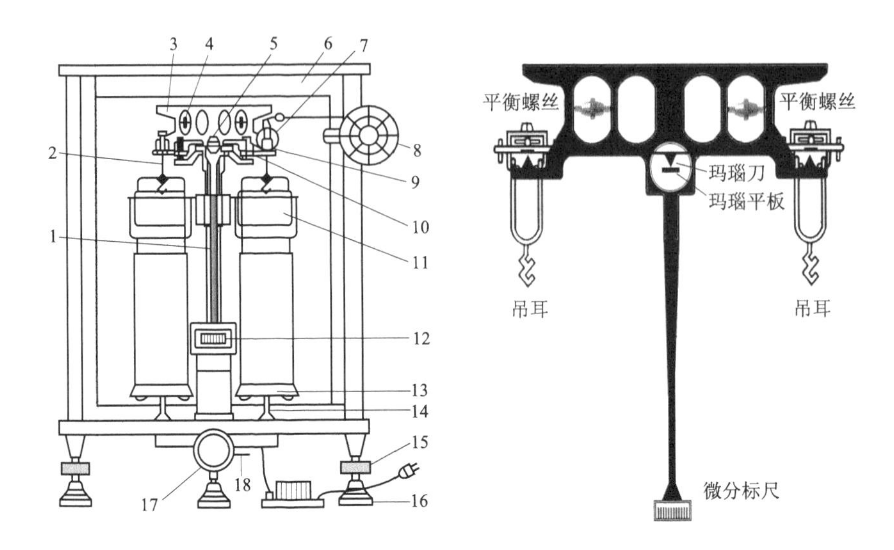

图 3-2　分析天平的构造

1—指针；2—吊耳；3—天平梁升；4—调零螺丝；5—感量螺丝；6—前面门；7—圈码；8—刻度盘；9—支柱；10—托梁架；11—阻力盒；12—光屏；13—称量盘；14—盘托；15—垫脚螺丝；16—脚垫；17—降钮；18—光屏移动拉杆

1. 基本构造

（1）天平梁。

天平梁是天平的主要部件，在梁的中下方装有细长而垂直的指针，梁的中间和等距离的两端装有 3 个玛瑙三棱体，中间三棱体刀口向下，两端三棱体刀口向上，3 个刀口的棱边完全平行且位于同一水平面上。梁的两边装有两个平衡螺丝，用来调整梁的平衡位置（也即调节零点）。

（2）指针。

指针固定在天平梁的中央，指针随天平梁摆动而摆动，从光屏上可读出指针的位置。

（3）吊耳和秤盘。

两个承重刀上各挂一吊耳，吊耳的上钩挂着秆盘，在秆盘和吊耳之间装有空气阻尼器。空气阻尼器的内筒比外筒略小，两圆筒间有均匀的空隙，内筒能自由地上下移动。当天平启动时，利用筒内空气的阻力产生阻尼作用，使天平很快达到平衡。

（4）开关旋钮（升降枢）和盘托。

升降枢：用于启动和关闭天平。

启动时，顺时针旋转开关旋钮，带动升降枢，控制与其连接的托叶下降，天平梁放下，刀口与刀承相承接，天平处于工作状态。关闭时，逆时针旋转开关旋钮，使托叶升起，天平梁被托起，刀口与刀承脱离，天平处于关闭状态。

盘托：安在秆盘下方的底板上，受开关旋钮控制。关闭时，盘托支持着称盘，防止秆盘摆动，可保护刀口。

（5）机械加码装置。

通过转动指数盘加减环形码（亦称环码）。环码分别挂在码钩上。称量时，转动指数盘旋钮将砝码加到承受架上。环码的质量可以直接在砝码指数盘上读出。指数盘转动时可在天平梁上加 10 ~ 990 mg 砝码，内层由 10 ~ 90 mg 组合，外层由 100 ~ 900 mg 组合。大于 1 g 的砝码则要从与天平配套的砝码盒中取用（用镊子夹取）。图 3-3 为半机械加码天平的刻度盘。

注意：全机械加码的电光天平其加码装置在右侧，所有加码操作均通过旋转加码转盘实现，如图 3-4 所示。

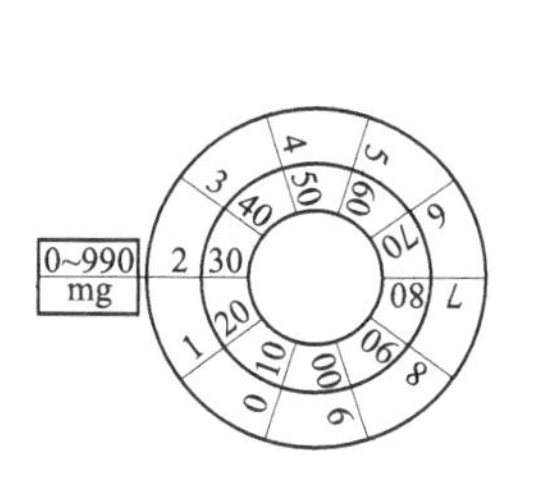

图 3-3　半机械加码天平的刻度盘

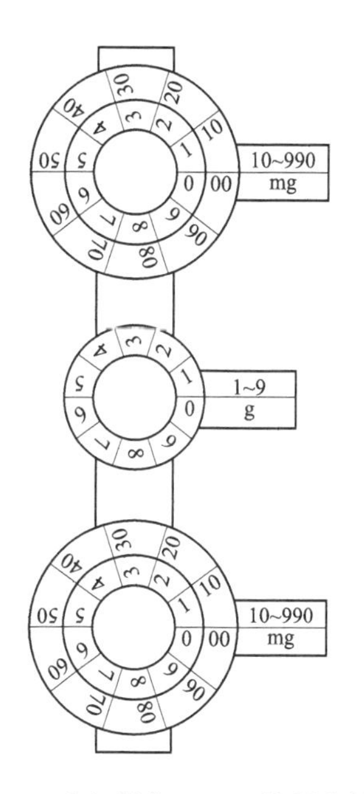

图3-4　全机械加码天平的刻度转盘

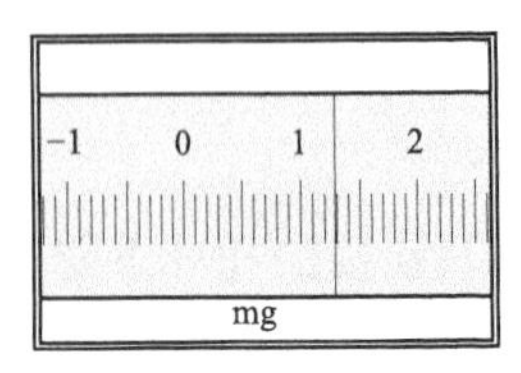

图 3-5　光屏上的标尺

（6）光学读数装置。

其固定在支柱的前方。称量时，固定在天平指针上微分标尺的平衡位置，可以通过光学系统放大投影到光屏上。标尺上的读数直接表示 10 mg 以下的质量，每一大格代表 1 mg，每一小格代表 0.1 mg。从投影屏上可直接读出 0.1 ~ 10 mg 以内的数值。图 3-5 为光屏上的标尺示意图。

（7）天平箱。

天平箱能保证天平在稳定气流中称量，并能防尘、防潮。

天平箱的前门一般在清理或修理天平时使用，左右两侧的门分别供取放样品和砝码用。箱座下装有 3 个支脚，后面的一个支脚固定不动，前面的两个支脚可以上下调节，通过观察天平内的水平仪，使天平调节到水平状态。

2. 使用方法

天平室要保持干燥清洁。进入天平室后，对照天平号坐在自己需用的天平前，按下述方法进行操作。

（1）掀开防尘罩，叠放在天平箱上方。

检查天平是否正常：天平是否水平；称盘是否洁净，否则，用软毛刷小心清扫；指数盘是否在“000”位；环码有无脱落；吊耳是否错位等。

（2）调节零点。

接通电源，轻轻顺时针旋转升降枢，启动天平，光屏上标尺停稳后，其中央的黑线若与标尺中的“0”线重合，即为零点（天平空载时平衡点）。如不在零点，差距小时，可调节微动调节杆，移动屏的位置，调至零点；如差距大时，关闭天平，调节横梁上的平衡螺丝，再开启天平，反复调节，直至零点。

（3）称量。

零点调好后，关闭天平。把称量物放在左盘中央，关闭左门；打开右门，根据估计的称量物的质量，把相应质量的砝码放入右盘中央，然后将天平升降枢半打开，观察标尺移动方向（标尺迅速往哪边跑，哪边就重），以判断所加砝码是否合适并确定如何调整。当调整到两边相关的质量小于 1 g 时，应关好右门，再依次调整 100 mg 组和 10 mg 组环码，按照“减半加减码”的顺序加减砝码，可迅速找到物体的质量范围。调节环码至 10 mg 以后，完全启动天平，准备读数。

称量过程中必须注意以下事项：

① 称量未知物的质量时，一般要在台秤上粗称，得到未知物的近似质量。这样既可以加快称量速度，又可保护分析天平的刀口。

② 加减砝码的顺序是：由大到小，折半加入。在取、放称量物或加减砝码时（包括环码），必须关闭天平。启动开关旋钮时，一定要缓慢均匀，避免天平剧烈摆动，以保护天平刀口不受损伤。

③ 称量物和砝码必须放在秆盘中央，避免秆盘左右摆动。不能称量过冷或过热的物体，以免引起空气对流，使称量的结果不准确。称取具腐蚀性、易挥发物体时，必须放在密闭容器内称量。

④ 同一实验中，所有的称量要使用同一架天平，以减少称量的系统误差。

⑤ 天平称量不能超过最大载重，以免损坏天平。

⑥ 加减砝码必须用镊子夹取，不可用手直接拿取，以免沾污砝码。砝码只能放在天平秆盘上或砝码盒内，不得随意乱放。在使用机械加码旋钮时，要轻轻逐格旋转，避免环码脱落。

（4）读数。

砝码 + 环码的质量 + 标尺读数（均以克计）= 被称物质量

天平平衡后，关闭天平门，待标尺在投影屏上停稳后再读数，并及时记录在记录本上。读数完毕，应立即关闭天平。

（5）复原。

称量完毕，取出被称物放到指定位置，将砝码放回盒内，指数盘退回到“000”位，关闭两侧门，盖上防尘罩。做好登记，教师签字，凳子放回原处，再离开天平室。

3. 称量方法

（1）固定质量称量法。

要求试样本身不吸水并在空气中性质稳定。

先称量容器（如表面皿）的质量，并记录平衡点。再称试样，如指定称取0.300 0 g时，在砝码盘上增加0.300 0 g砝码，在称量盘上加入略少于0.3 g的试样，然后用药匙轻轻振动，使试样慢慢落入容器中（见图3-6），直至平衡点与称量容器时的平

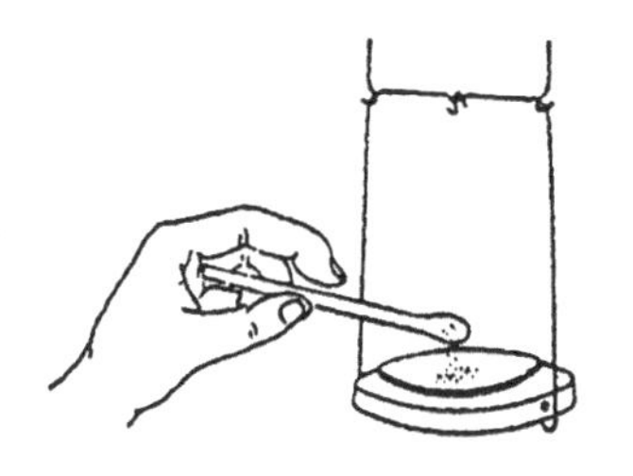

图3-6　在称量盘上表面皿里加固体粉末

衡点刚好一致。

这种方法的优点是称量计算简便，结果计算方便。

（2）递减称量法。

这种方法称出的样品的质量不要求固定的数值，只需在一定范围内即可，适应于易吸水、易氧化或易与 CO_2 反应的物质。将此类物质盛在带盖的称量瓶中进行称量，既可以防止吸潮，又便于称量操作。

先在称量瓶中装入适量的试样（如果试样曾经烘干，应放在干燥器内冷却到室温），用洁净的小纸条套在称量瓶上，先在台秤上粗称其质量，再将称量瓶放在分析天平上精确称出其质量，设为 m_1 g。将称量瓶取出，用称量瓶盖轻轻敲瓶的上部，使试样慢慢落在容器内，然后慢慢将瓶竖起，用瓶盖敲瓶口上部，使粘在瓶口的试样落回瓶中，盖好瓶盖。再将称量瓶放回天平盘上称量，如此重复操作，直到倾出的试样质量达到要求为止。设倒出第一份试样后称量瓶与试样的质量为 m_2 g，则第一份试样的质量为（$m_1 - m_2$）g。用称量瓶递减法称量操作示意如图 3-7 所示。

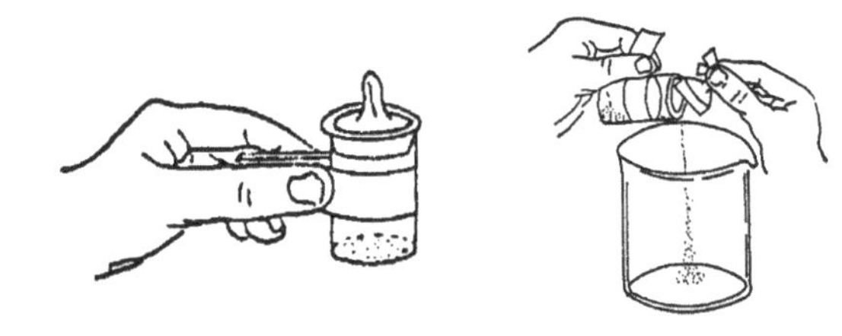

图 3-7　用称量瓶递减法称量操作示意

同上操作，逐次称量，即可称出多份样品。例如：

称量瓶 + 样品（1）	21.235 0 g	
		0.222 2 g
称量瓶 + 样品（2）	21.012 8 g	
		0.221 2 g
称量瓶 + 样品（3）	20.791 6 g	
		0.221 5 g
称量瓶 + 样品（4）	20.570 1 g	

三、电子天平的构造原理及特点

原理：根据电磁力平衡原理直接称量。

特点：性能稳定、操作简便、称量速度快、灵敏度高。能进行自动校正、去皮及质量电信号输出。

精度不同的电子天平如图3-8所示。

千分之一克　　百分之一克　　万分之一克

图3-8　精度不同的电子天平

电子天平的使用方法：

（1）水平调节。水泡应位于水平仪中心。

（2）接通电源，预热30 min。

（3）打开开关“ON”，使显示器亮，并显示称量模式“0.000 0 g”。

（4）称量。按TAR键，显示为零后，将称量物放入盘中央，待读数稳定后，该数字即为被称物体的质量。

（5）去皮称量。按TAR键清零，将空容器放在盘中央，按TAR键显示零，即去皮。将称量物放入空容器中，待读数稳定后，此时天平所示读数即为所称物体的质量。

实验一　定量分析仪器的清点、验收、洗涤

一、实验目的

（1）了解本实验室的设施（水、电闸和通风设施），重视实验室安全和急救措施及方法，整洁实验室环境。

（2）学习分析化学实验室规则和安全守则。

（3）领取并熟悉基础化学实验常用仪器，熟悉其名称、规格、用途、性能及其使用方法。

（4）学会并练习常用仪器的洗涤和干燥方法。

二、实验内容

（1）分析化学实验课程特点，熟悉实验设备的使用，进行安全教育、大扫除。

① 介绍任课教师。

② 本实验课程的特点（实验时间长，难度大，需细心、认真、实事求是，做好预习，及时记录，认真报告；讲、学方式：重视预习、提问检查，扼要讲解，集体与个别指导相结合，以个别指导为主）。

③ 实验室安全（安全的重要性、安全的内容；本实验室水、电闸位置的处置方法）。

④ 本实验室特点（优点、不足）。

⑤ 大扫除（各小组的分工和结束验收）。

（2）清点、清洗仪器。

① 发放仪器清单，按清单核查，不足的要注明，有多的要上交，并经教师逐个核对，及时做好补充、调剂。

② 清洗定性分析仪器，并检查。

③ 布置下次实验内容。

④ 注意事项。

（a）去污粉的发放及保管，抹布发放及费用的开支。

（b）实验完毕后须经教师检查合格方可离开实验室。

附：

1. 玻璃仪器的洗涤

分析化学实验离不开玻璃仪器的使用，若所用仪器不洁净，往往得不到准确的测定结果，所以使用前必须将仪器仔细洗净。

一般附着在仪器上的污物有尘土、可溶物质、不溶物质或油污。实验中所用玻璃仪器，首先应用自来水清洗，以除去浮尘及可溶性污物。若仍有污垢，可根据实验的要求、污物的性质、玷污的程度以及仪器种类，选择适当的洗涤液及洗涤方法做进一步的洗涤，直到用自来水洗掉洗涤液后玻璃器皿的内壁清澈透明，若把仪器倒转过来，水会顺器壁流下，器壁上只留下一层薄而均匀的水膜，但无水的条纹，且不挂水珠。最后再以实验用纯水润洗仪器 2 ~3 次即可。

在定量分析实验中，应考虑不同的仪器选用不同的洗涤液和洗涤方法。

（1）实验中常用的烧杯、锥形瓶、量筒、量杯、表面皿、玻璃棒等一般的玻璃器皿，可用毛刷蘸适量的去污粉或合成洗涤液刷洗，再用自来水冲洗干净。

（2）滴定管、移液管、吸量管、容量瓶等具有精确刻度的仪器，不能用毛刷刷洗，以防在其壁上留下划痕。

① 滴定管。如果滴定管无明显油迹或污渍，可直接用合成洗涤液浸泡、自来水冲洗。若油污较重，就要选用其他洗涤液再次洗涤。对碱式滴定管要将其乳胶管及尖嘴部分卸下，用橡胶管帽套在底部，才能倒入洗液（酸式滴定管可直接浸泡）。洗涤时将滴定管水平端平，不停转动，使洗液布满全管，打开活塞，让洗液流出，如此反复几次，然后用自来水冲洗，直至滴定管完全均匀地润湿而不挂水珠。若滴定管油污仍不能去除，则再另选洗液浸泡数小时，再用自来水冲洗。还可选择其他适宜的洗涤液进行洗涤，如酸性（或碱性）污垢用碱性（或酸性）洗涤液洗涤；氧化性（或还原性）污垢用还原性（或氧化性）洗涤液洗涤；有机污垢用有机溶剂洗涤，再用自来水冲洗。

② 移液管。用常规方法洗涤后，可进一步选用洗液浸泡。把洗液装入大量筒中，将移液管直立于量筒中浸泡数小时，然后用洗耳球吸取洗液至移液管最高刻度以上，重复操作几次后，取出移液管，用自来水冲洗干净。

③ 容量瓶。用常规方法洗涤后，再用其他洗液洗涤，洗涤时，容量瓶装入1/3体积的洗液，盖上磨口玻璃塞，颠倒数次，并用力振摇。倒出洗液后，用自来水冲洗干净。

（3）比色皿是用光学玻璃制成的，不能用毛刷刷洗，应根据不同情况采用不同的洗涤方法。常用的洗涤方法是将比色皿浸泡于热的洗涤液中，一段时间后用自来水冲洗干净。若有颜色附着，可用稀盐酸－乙醇混合液浸泡，然后用自来水冲洗干净。常用的洗涤液名称、制备方法、用途及使用方法见表3-1。

表3-1　常用的洗涤液名称、制备方法、用途及使用方式

洗涤液名称	制备方法	可洗污染物	使用方法	备注
合成洗涤剂：洗衣粉、去污粉、洗洁精	市售成品或配成浓溶液	灰尘、油脂、可溶性物质	刷洗	常规洗涤烧杯、三角瓶、试剂瓶等

续表

洗涤液名称	制备方法	可洗污染物	使用方法	备注
铬酸洗液	重铬酸钾 5 g，加水 10 mL 溶解，慢慢加入 90 mL 浓硫酸	油脂、还原性污染物	润洗、浸泡	因含有 Cr(VI) 污染环境，故尽量少用。洗液可反复用，直至变为墨绿色
纯酸洗液	1:1 盐酸， 1:1 硫酸， 1:1 硝酸	碱性污染物、无机物、重金属离子	可反复使用，可用于浸泡玻璃仪器	在用过合成洗涤剂后使用，洗涤滴定管、移液管等
酸性草酸	草酸 10 g 溶于 100 mL 20% 的盐酸溶液中	洗涤氧化性物质($KMnO_4$、Fe^{3+})等	浸泡、浸煮	可加热使用
纯碱洗液	10% NaOH 溶液， 5% Na_2CO_3 溶液， 5% $NaHCO_3$ 溶液	洗涤油污较重仪器	浸泡、浸煮	不宜长时间浸泡，以防腐蚀玻璃
碱性酒精洗液	25 g NaOH（或 KOH）溶于 100 mL 水中，再用乙醇稀释至 1 L	洗涤油污及某些有机物	刷洗、浸泡	-
碱性高锰酸钾洗液	4 g $KMnO_4$溶于少量水中，加入 100 mL 10% NaOH 溶液	洗涤油污及某些有机物	刷洗、浸煮	洗后器皿上附着 MnO_2 沉淀，可用浓酸或亚铁盐清洗
盐酸-乙醇混合洗液	盐酸与乙醇按1:2比例混合	适用于洗涤有颜色的有机物	刷洗、浸泡	-

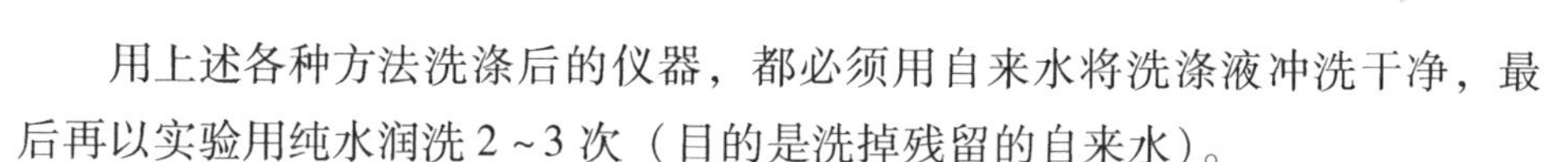

用上述各种方法洗涤后的仪器，都必须用自来水将洗涤液冲洗干净，最后再以实验用纯水润洗2~3次（目的是洗掉残留的自来水）。

为了提高洗涤效率，节约用水，洗涤时自来水和纯水的使用，均应遵循“少量多次”的洗涤原则，即每次的用水量要少，并尽量沥干，多洗几次。已洗净的仪器不可用布或纸擦干，以免玷污仪器。

2. 玻璃仪器的干燥

（1）空气晾干，叫又风干，是最简单易行的干燥方法，只要将仪器在空气中放置一段时间即可。

（2）烤干：将仪器外壁擦干后用小火烘烤，并不停转动仪器，使其受热均匀。该法适用于试管、烧杯、蒸发皿等仪器的干燥。

（3）烘干：将仪器放入烘箱中，控制温度在105 ℃左右烘干。待烘干的仪器在放入烘箱前应尽量将水倒净并放在金属托盘上。此法不能用于精密度高的容量仪器。

（4）吹干：用电吹风吹干。

（5）有机溶剂法：先用少量丙酮或无水乙醇使内壁均匀润湿后倒出，再用乙醚使内壁均匀润湿后倒出。再依次用电吹风冷风和热风吹干，此种方法又称为快干法。

三、思考题

（1）烤干试管时为什么管口要略向下倾斜？

（2）按容量仪器与非容量仪器能否用于加热将所领取的仪器进行分类。

（3）比较玻璃仪器不同洗涤方法的适用范围和优缺点。

实验二　分析天平称量练习

一、实验目的

（1）了解天平的构造及其使用方法。

（2）通过称量练习进一步掌握天平、砝码的正确用法。

（3）学会用直接法和差减法称取试样。

二、实验原理

（1）天平的构造及其使用方法。参阅本教材 P105 ~ P108。

（2）试样称重，采用差减法。参阅 P109 ~ P110。

三、仪器和药品

（1）称量瓶：称量瓶依次用洗液、自来水、蒸馏水洗干净后放入洁净的 100 mL 烧杯中，称量瓶盖斜放在称量瓶口上，置于烘箱中，升温 105 ℃后保持 30 min 取出烧杯，稍冷片刻，将称量瓶置于干燥器中，冷至室温后即可用。

（2）50 mL 小烧杯，烘干待用。

（3）样品（如 $K_2Cr_2O_7$粉末）。

四、实验内容（全自动电光天平）

1. 零点的测定

开动天平的升降旋钮，待天平稳定后，投影屏标线与标尺“0”重合。

2. 试样称量（差减法）

（1）先准备两个洁净的器皿（如小烧杯）在台秤上初步称量，然后在分析天平上准确称量器皿 1 和器皿 2 的质量，分别记下为 W_0 和 W'_0。

（2）取一洁净、干燥的称量瓶，先在台称上初步称量（准确到 0.1 g），加入约 1 g 试样（$K_2Cr_2O_7$粉末），在分析天平上称重（准确至 0.1 mg），记下质量为 W_1克（称量瓶需用洁净的塑料薄膜或纸条套住后放在天平上称量）。然后用右手自天平盘上将称量瓶取下（用纸裹上），将它举在准备放试样的烧杯上方，用左手将其盖打开，并将盖也举在烧杯上方，以防止沾在盖上的试样落在烧杯外。用盖轻轻敲击瓶口，不要使试样细粒撒落在烧杯外。转移试样 0.3 ~ 0.4 g 于烧杯中（烧杯 1 的质量为 W_0），倒完试样，把称量瓶慢慢竖起，在称量瓶上将盖盖好，再放在天平上称量，记下质量为 W_2，以同样的方法转移试样 0.3 ~ 0.4 g 于烧杯 2 中（烧杯 2 的质量为 W'_0）再准确称出称量瓶和剩余试样的质量为 W_3。

（3）准确称出两个器皿加试样的质量，分别记为 W_4、W_5。

（4）称量数据记录、数据处理和检验。

① 数据记录。将称量所得的数据填入表 3-2 中。

表 3-2　数据记录

称量瓶 + 样品			烧杯 1		烧杯 2	
W_1/g	W_2/g	W_3/g	W_0/g	W_4/g	W'_0/g	W_5/g

② 数据处理和检查。

第一份样品质量为 $W_1 - W_2$，又即 $W_4 - W_0$；第二份样品质量为 $W_2 - W_3$，又即 $W_5 - W'_0$，计算 $W_1 - W_2$的质量是否等于 $W_4 - W_0$的质量。$W_2 - W_3$的质量是否等于 $W_5 - W'_0$的质量。

③ 称量结果。

将计算所得的结果填入表 3-3 中。

表 3-3　称量结果

样品（1）的质量/g		样品（2）的质量/g	
$W_1 - W_2$	$W_4 - W_0$	$W_2 - W_3$	$W_5 - W'_0$
绝对误差：		绝对误差：	

要求称量的绝对误差小于 0.5 mg。

注意：差减法称量时，拿取称量瓶的原则是避免手指直接接触器皿，除用塑料薄膜外也可用洁净的纸条包裹或者用“指套”。

实验三　移液管、容量瓶、酸碱滴定管的使用和相对校正

一、实验目的

（1）初步学会容量瓶、移液管的使用方法。

（2）了解移液管、容量瓶相对校正的原理和方法。

（3）初步掌握酸、碱滴定管的操作方法。

二、实验原理

1. 移液管

移液管是用来准确量取一定体积液体的一种容量器皿。它是一根细长而中间膨大的玻璃管，管颈上部有一环形标线，膨大部分标有它的容积和标定移液管时的温度，如图3-9（a）所示。由于标线处的管径很细，所以移液管量取液体的体积相当准确。常用的有5 mL、10 mL、25 mL、50 mL等规格的移液管。在标明的温度下，吸取溶液至弯月面与管颈的标线相切，再让溶液按一定的方式自由流出，则流出溶液的体积就等于移液管上所标示的容积。

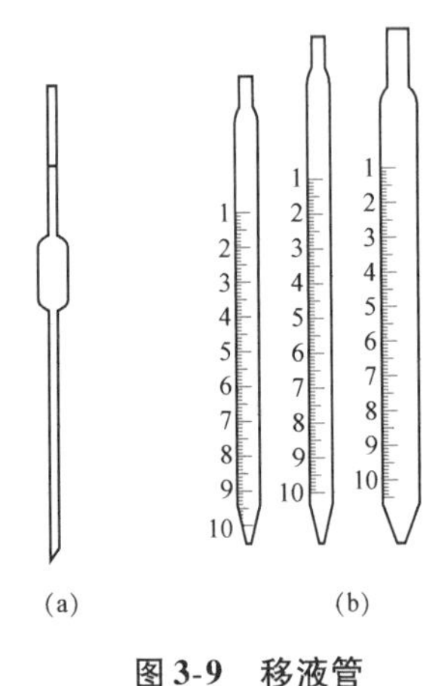

图3-9　移液管

（a）移液管；（b）吸量管

有的移液管是直管形的，移液管上标有分刻度，这种移液管又叫吸量管（见图3-9（b）），用于移取不同体积的溶液。规格有1 mL、2 mL、5 mL、10 mL等。用吸量管吸取溶液的准确度不如移液管的准确度高。

2. 滴定管

滴定管是滴定操作时准确测量标准溶液体积的一种容量器皿。常量分析最常用的是容积为50 mL的滴定管。管壁上有刻度线和数值，最小刻度为0.1 mL，“0”刻度在上，自上而下数值由小到大。在最小刻度间可估读出0.01 mL，一般读数误差为±0.02 mL。另外，还有容积为10 mL、5 mL、2 mL和1 mL的微量滴定管。

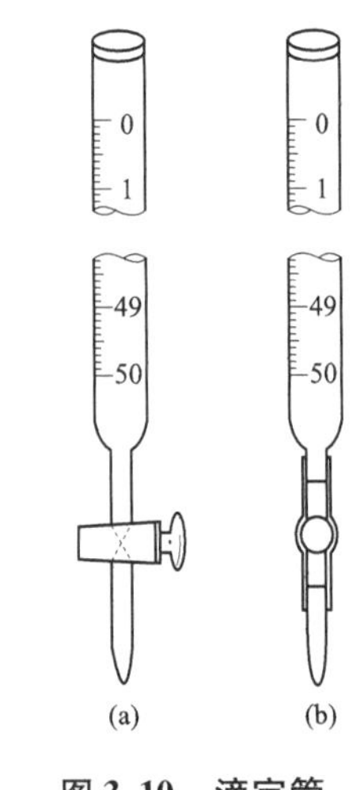

图3-10　滴定管

（a）酸式滴定管；（b）碱式滴定管

滴定管可分为酸式滴定管和碱式滴定管两种。酸式滴定管下端有玻璃旋塞，如图3-10（a）所示，用以控制溶液的流出。酸式滴定管只能用来盛装酸性溶液或氧化性溶液，不能盛装碱性溶液，因为碱性溶液与玻璃作用会使磨口旋塞粘连而不能转动。

酸式滴定管使用前应检查：旋塞与旋塞套是否配套；旋塞转动是否灵活；是否漏水。若不配套，则不能使用；若配套，但旋塞转动不灵活或者漏水，则需涂凡士林。

碱式滴定管下端连有一段乳胶管，如图3-10（b）所示，乳胶管内有玻璃珠，用以控制液体的流出，乳胶管下端连一尖嘴玻璃管。凡能与橡胶起作用的溶液如高锰酸钾、硝酸银等溶液，均不能使用碱式滴定管。

碱式滴定管使用前应检查：

（1）乳胶管和玻璃珠是否完好，若乳胶管已老化，玻璃珠破损，应予更换。

（2）玻璃珠和乳胶管是否匹配。碱式滴定管应选择大小合适的玻璃珠和乳胶管。玻璃珠过小会漏水或使用时上下滑动；过大则在放出液体时手指过于吃力，且操作不方便。若不合要求，应及时更换。

3. 容量瓶

容量瓶主要用于将精确称量的物质准确地配制成一定体积的溶液，或将浓溶液准确地稀释成一定体积的稀溶液。它是一种细长颈、梨形的平底玻璃瓶，配有磨口塞。瓶颈上有标线，当瓶内液体在指定温度下达到标线处时，其体积即为瓶上所注明的容积数。一种规格的容量瓶只能量取一个量。常用的容量瓶有100 mL、250 mL、500 mL等多种规格。

4. 仪器校正

滴定管、移液管和容量瓶是滴定分析法所用的主要容量器皿。容量器皿的容积与其所标出的体积并非完全相符合。通常这种差别较小，能满足一般分析的要求，但对于准确度要求较高的分析工作，就必须对容量器皿进行校准。

由于玻璃具有热胀冷缩的特性，在不同的温度下容量器皿的体积也有所不同。因此，校正玻璃容量器皿时，必须规定一个共同的温度值，这一温度值称为标准温度。国际上规定玻璃容量器皿的标准温度为20 ℃，即在校正时都将玻璃容量器皿的容积校正到20 ℃时的实际容积。

相对校正法在某些情况下，人们只要知道两种容器体积之间有一定的比例关系，而无须知道它们的准确体积，这就可采用相对校正法来校准容器。

例如，在分析工作中，移液管常与容量瓶配套使用，若想知道1支25 mL移液管量取液体的体积是否等于1支250 mL容量瓶量取体积的1/10，只需用此移液管吸取纯水注入干燥的容量瓶中，如此重复操作10次，观察水面是否与标线相符。如不相符，可另做一标记。以此标记为标线，此移液管所移取液体的体积就等于该容量瓶容积的1/10。

三、仪器和药品

250 mL容量瓶、25 mL移液管、50 mL滴定管（酸式、碱式各一支）、锥形瓶（50 mL，具有玻璃磨口）一只、蒸馏水、温度计、凡士林。

四、实验内容

（1）洗净酸式、碱式滴定管各一支。

练习调节滴定管中纯水的液面至某一刻度、放出20或40滴水再读取体积、计算滴定管一滴和半滴的溶液的体积。学习滴定管的操作（滴定速度和一滴、半滴的操作）。

（2）容量瓶与移液管的相对校正。

用25 mL移液管吸取水放入250 mL容量瓶中，共吸取10次，观察容量瓶中水的弯月面最下沿是否与原有标线相切，若不相切，请分析原因。将容量瓶干燥后重复3次。

（3）实验结果。

将实验结果填入表3-4中。

表3-4　滴定管的相对校正

液滴数	20	40
毫升数		
滴定管类型		
酸式滴定管		
碱式滴定管		

你组容量瓶与移液管体积相对校正的结果是：

$$10 \times 25.00 = 250.00$$

$$10 \times 25.00 > 250.00$$

还是：

$$10 \times 25.00 < 250.00?$$

五、思考题

（1）移液管放出液体时为什么要待液体全部流出后再在容器内壁停靠15 s？残留在管尖的液体应不应该吹出去？

（2）如果滴定管放出溶液的速度太快会造成什么误差？

实验四　滴定管的绝对校正

一、实验目的

（1）学习并掌握滴定管的校正方法。

（2）巩固滴定管的使用。

二、实验原理

1. 相关知识

滴定分析中所使用的滴定管必须符合 GB 12805—1991 的要求。

（1）滴定管为量出式（Ex）计量玻璃仪器，容量单位为毫升（mL），标准温度为 20 ℃。

（2）滴定管的容量允差和准确度等级。

（3）根据滴定管准确度的高低分为 A、B 两级，其中 A 级为较高级，B 级为较低级。

流出时间是指水的弯液面从零位标线降到最低分度线所占的时间。流出时间应在旋塞全开及流液口不接触器具时测得。流出时间应符合表 3-5 的规定。

表 3-5　滴定管的流出时间

标称容量/mL		1	2	5	10	25	50	100
流出时间/s	A 级	20 ~ 35	20 ~ 35	30 ~ 45	30 ~ 45	45 ~ 70	60 ~ 90	70 ~ 100
	B 级	15 ~ 35	15 ~ 35	20 ~ 45	20 ~ 45	35 ~ 70	50 ~ 90	60 ~ 100

（4）滴定管的容量允差。

滴定管的容量允许误差见表 3-6（表示零至任意一点的误差，也表示任意两检定点间的误差）。表中值是在标准温度为 20 ℃时，水以规定的时间流出，等待 30 s 后读数所测得的数据。

表 3-6　滴定管的允许误差

标称容量/mL		1	2	5	10	25	50	100
最小分度值/mL		0. 01	0. 01	0. 02	0. 05	0. 1	0. 1	0. 2
允差/mL	A 级	±0. 01	±0. 01	±0. 01	±0. 025	±0. 05	±0. 05	±0. 1
	B 级	±0. 02	±0. 02	±0. 02	±0. 05	±0. 1	±0. 1	±0. 2

（5）产品标志。

滴定管必须标记有下列耐久性标志：

制造厂商标；

标准温度：20 ℃；

量出式符号：Ex；

滴定管的准确度等级：“A” 或 “B”；

非标准旋塞的旋塞芯、壳应分别标有易辨的相同标记。

2. 绝对校正法（称量法）

绝对校正法用于测定容量器皿的实际容积。常用的绝对校准的方法为衡量法，又叫称量法，即用天平称得容量器皿容纳或放出纯水的质量，然后根据水的密度，计算出该容量器皿在标准温度时的实际体积。

由质量换算成容积时，需考虑以下 3 方面的影响：

（1）水的密度随温度的变化。

（2）温度对玻璃容量器皿容积的影响。

（3）在空气中称量时空气浮力的影响。

为了方便计算，将上述 3 种因素综合考虑，得到一个总校准值。经总校准后的纯水密度列于表 3-7 中。实际应用时，只要称出被校准的容量器皿容纳和放出纯水的质量，再除以该温度时纯水的密度值，便是该容量器皿在该温度时的实际容积。

表 3-7　不同温度下纯水的密度值

温度/℃	密度/ $(g \cdot mL^{-1})$	温度/℃	密度/ $(g \cdot mL^{-1})$
10	0.998 4	21	0.997 0
11	0.998 3	22	0.996 8
12	0.998 2	23	0.996 6
13	0.998 1	24	0.996 4
14	0.998 0	25	0.996 1
15	0.997 9	26	0.995 9
16	0.997 8	27	0.995 6
17	0.997 6	28	0.995 4
18	0.997 5	29	0.995 1
19	0.997 3	30	0.994 8
20	0.997 2		

（空气密度为 0.001 2 g/mL^3，钙钠玻璃体膨胀系数为 2.6×10^{-5} ℃$^{-1}$）

三、仪器和药品

50 mL 滴定管（酸式、碱式各一支）、锥形瓶（50 mL，具有玻璃磨口）一只、温度计一支、蒸馏水、分析天平、凡士林。

四、实验内容

1. 酸式滴定管的校正

首先把滴定管洗净，检查是否漏液，如果漏液则把滴定管的活塞取出，用吸水纸把活塞和插活塞的孔的水吸干，再在活塞上均匀地涂抹上少量凡士林，切记活塞上有孔的几个面不能涂抹，否则会将孔堵住。当活塞旋转灵活无噪声即可。不再漏液后装入蒸馏水，再排气，并使液面位于零刻度线处。记录实验温度，把锥形瓶洗干净，并把瓶外壁的水分擦干，用分析天平称量后记下空瓶的质量（保留 3 位小数）。依次将滴定管内的水放进锥形瓶，用分析天平称量其质量，精确到小数点后 3 位并记录。分别将几次的数据记录并分析。将上述实验重复做 3 次，并取平均值。

2. 碱式滴定管的校正

先洗净滴定管，检查是否漏液，如果漏液，更换乳胶管和其中的玻璃球。

其余操作与酸式滴定管相同。

五、结果与讨论

1. 酸式滴定管的校正

将 3 次的数据归纳统计记入表 3-8 ~ 表 3-10 中，用滴定管的读数减去上一次的滴定管的读数，算出读出总体积。用分析天平的读数减去上一次的读数，得到总水的体积。实验温度为______℃，查表得此温度下水的密度为______g/mL^3。利用 $V = m/\rho$ 算出水的实际体积。再用实际容量值减去读出总容积，得到总校准值。

表 3-8　酸式滴定管第一次校正数据

初读数/mL	读出体积/mL	瓶 + 水质量/g	实际水质量/g	实际体积/mL	校正值	总校正值

表 3-9　酸式滴定管第二次校正数据

初读数/mL	读出体积/mL	瓶 + 水质量/g	实际水质量/g	实际体积/mL	校正值	总校正值

表 3-10　酸式滴定管第三次校正数据

初读数/mL	读出体积/mL	瓶 + 水质量/g	实际水质量/g	实际体积/mL	校正值	总校正值

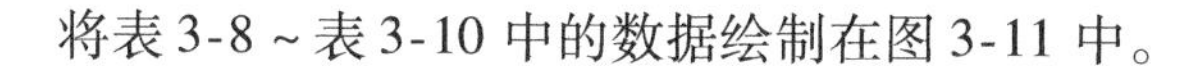
将表3-8～表3-10中的数据绘制在图3-11中。

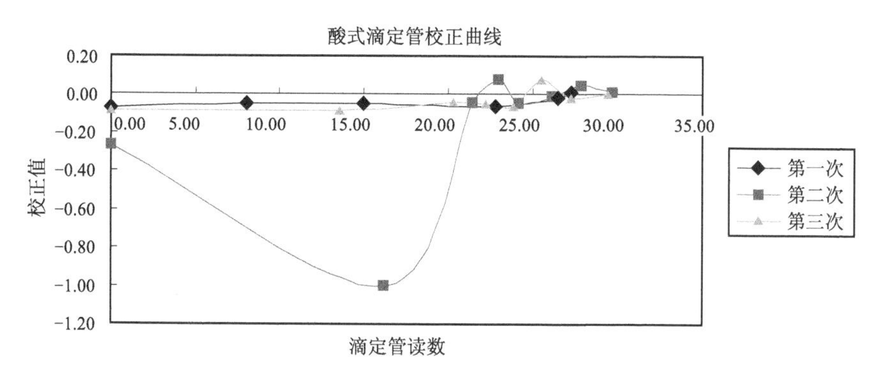

图3-11　酸式滴定管校正曲线

由图3-11中得出：酸式滴定管滴定时会出现±0.06 mL的绝对误差，在20～30 mL时误差的变化值较大。在用此酸性滴定管时，可利用图3-11进行读数的修正。

2. 碱式滴定管的校正

参见酸式滴定管的计算，将碱式滴定管的校准数据归纳得出，并将相关数据填入表3-11～表3-12中。

表3-11　碱式滴定管第一次校正数据

初读数/mL	读出体积/mL	瓶＋水质量/g	实际水质量/g	实际体积/mL	校正值	总校正值

表 3-12 碱式滴定管第二次校正数据

初读数/mL	读出体积/mL	瓶+水质量/g	实际水质量/g	实际体积/mL	校正值	总校正值
43.60	6.57	96.932	6.54	6.55	-0.02	-0.10

将表 3-11～表 3-12 中的数据绘制在图 3-12 中。

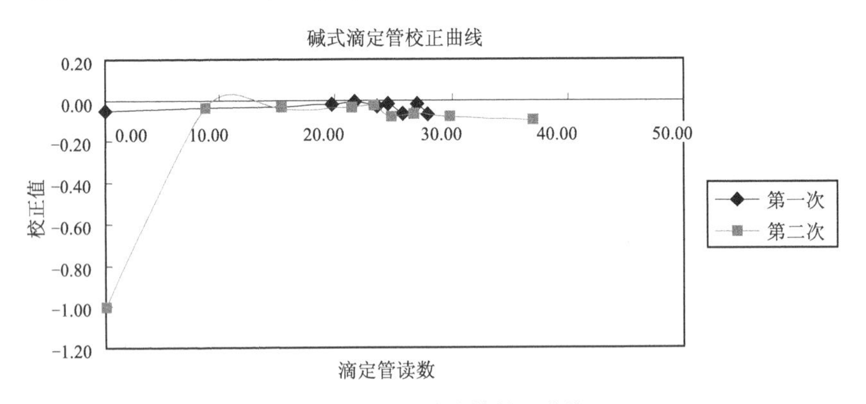

图 3-12 碱式滴定管校正曲线

由图 3-12 中得出：碱式滴定管滴定时会出现 ±0.06 mL 的绝对误差，在 20～30 mL 时误差的变化值较大。在用此碱式滴定管时，可利用图 3-12 进行读数的修正。

结论：通过本次实验了解到玻璃量器在量体积时会产生误差，以及校正玻璃仪器的一般方法。了解了酸式滴定管以及碱式滴定管的校正过程，并画出了滴定管校正曲线。

实验五　酸碱标准溶液的配制和浓度的比较

一、实验目的

（1）掌握 NaOH、HCl 标准溶液的配制、保存方法。

（2）通过练习滴定操作，初步掌握半滴操作和用甲基橙、酚酞指示剂确定终点的方法。

二、实验原理

1. NaOH 和 HCl 标准溶液的配制

标准溶液是指已知准确浓度的溶液。由于 NaOH 固体易吸收空气中的 CO_2 和水分，浓盐酸易挥发，故只能选用标定法（间接法）来配制，即先配成近似浓度的溶液，再用基准物质或已知准确浓度的标准溶液标定其准确浓度。其浓度一般为 0.01 ~ 1 mol/L，通常配制 0.1 mol/L 的溶液。

2. 配制不含 CO_3^{2-} 的 NaOH 溶液

方法：

（1）用小烧杯于台秤上称取较理论计算量稍多的 NaOH，用不含 CO_2 蒸馏水迅速冲洗两次，溶解并稀释到规定体积。

（2）制备饱和 NaOH（50%，Na_2CO_3 基本不溶），待 Na_2CO_3 下沉后，取上层清液用不含 CO_2 的蒸馏水稀释。

（3）于 NaOH 溶液中，加少量 $Ba(OH)_2$ 或 $BaCl_2$，取上层清液用不含 CO_2 的蒸馏水稀释。

3. 0.1 mol/L HCl 和 0.1 mol/L NaOH 的相互滴定

$$H^+ + OH^- \longrightarrow H_2O$$

滴定的突跃范围：pH = 4.3 ~ 9.7；

指示剂：甲基橙（pH = 3.1（红色）~ 4.4（黄色））或酚酞（pH = 8.0（无色）~ 9.6（红色））。

当指示剂一定时，用一定浓度的 HCl 和 NaOH 相互滴定，指示剂变色时，所消耗的体积比 $V(HCl)/V(NaOH)$ 不变，与被滴定溶液的体积无关。借此可检验滴定操作技术和判断终点的能力。

三、仪器和试剂

浓 HCl、HCl 溶液（6 mol/L）、固体 NaOH、甲基橙溶液（1 g/L）、酚酞（2 g/L 乙醇溶液）、500 mL 试剂瓶 2 个（一个带玻璃塞，另一个带橡胶塞）。

四、实验内容

1. 0.1 mol/L HCl 和 0.1 mol/L NaOH 标准溶液的配制

（1）0.1 mol/L HCl 500 mL：

计算：V(浓 HCl) = 0.1 × 500/12 = 4.2（mL）

用 10 mL 的洁净量筒量取约 4.5 mL 浓 HCl（为什么？因为浓盐酸易挥发，实际浓度小于 12 mol/L，故应量取稍多于计算量的 HCl）倒入盛有 400 mL 水的试剂瓶中，加蒸馏水至 500 mL，盖上玻璃塞，充分摇匀。贴好标签，写好试剂名称、浓度（空一格，留待填写准确浓度）、配制日期、班级、姓名等项。

（2）0.1 mol/L NaOH 500 mL：

计算：m(NaOH) = 0.1 × 0.5 × 40 = 2.0（g）

用台秤迅速称取约 2.1 g NaOH 于 100 mL 小烧杯中，加约 30 mL 无 CO_2 的去离子水溶解，然后转移至试剂瓶中，用去离子水稀释至 500 mL，摇匀后，用橡皮塞塞紧。贴好标签，备用。

2. 酸碱溶液的相互滴定

洗净酸式、碱式滴定管，检查不漏水。

（1）用 0.1 mol/L NaOH 溶液润洗碱式滴定管 2 ~ 3 次（每次用量 5 ~ 10 mL），装入 NaOH 溶液至“0”刻度线以上，排除管尖的气泡，调整液面至 0.00 刻度或稍下处，静置 1 min 后，记录初始读数，并记录在报告本上。

（2）用 0.1 mol/L HCl 润洗酸式滴定管 2 ~ 3 次，装入 HCl 溶液，排除管尖的气泡，调零并记录初始读数。

（3）从碱式滴定管放出 20.00 mL NaOH 溶液于 250 mL 锥形瓶中，向锥形瓶中加入 2 ~ 3 滴甲基橙指示剂，用 HCl 滴定至锥形瓶内，溶液由黄色变为橙色。反复练习至熟练。

（4）从碱式滴定管放出 20.00 mL NaOH 溶液（10 mL/min）于 250 mL 锥形瓶中，用 HCl 滴定至锥形瓶内，溶液由黄色变为橙色，记录读数，计算

$V(HCl)/V(NaOH)$。平行做 3 份（颜色一致），要求相对平均偏差不大于 0.4%。

（5）从酸式滴定管中放出 0.1 mol/L HCl 放入 250 mL 锥形瓶，用 0.1 mol/L NaOH 滴定至微红色（30 s 内不褪色），记录读数，平行做 3 份，要求最大 $V(NaOH) \leqslant 0.04$ mL。

注意：（1）体积读数要读至小数点后两位。

（2）滴定速度：不要成流水线。

（3）近终点时，则半滴操作，洗瓶冲洗。

五、数据记录与结果的处理

将相关数据记录于表 3-13、表 3-14 中。

表 3-13　HCl 滴定 NaOH（指示剂：甲基橙）

平行测定次数 记录项目	1	2	3
$V(NaOH)$ /mL			
$V(HCl)$ /mL			
$V(HCl)/V(NaOH)$			
$V(HCl)/V(NaOH)$ 的平均值			
相对偏差/%			
平均相对偏差/%			

表 3-14　NaOH 滴定 HCl（指示剂：酚酞）

平行测定次数 记录项目	1	2	3
$V(NaOH)$ /mL			
$V(HCl)$ /mL			
$V(NaOH)$ 的平均值/mL			
n 次间 $V(NaOH)$ /mL 最大绝对差值			

六、思考题

（1）配制 NaOH 溶液时，应选用何种天平称取试剂？为什么？

（2）HCl 和 NaOH 溶液能直接配制准确浓度吗？为什么？

（3）在滴定分析实验中，滴定管和移液管为何需用滴定剂和待移取的溶液润洗几次？锥形瓶是否也要用滴定剂润洗？

（4）HCl 和 NaOH 溶液定量反应完全后，生成 NaCl 和水，为什么用 HCl 滴定 NaOH 时，采用甲基橙指示剂，而用 NaOH 滴定 HCl 时，使用酚酞或其他合适的指示剂？

实验六　称量分析法基本操作练习——废水悬浮物测定

一、实验目的

（1）掌握悬浮物的测定方法。

（2）明确物理指标对水质评价的影响。

二、实验原理

悬浮性固体的测定：悬浮性固体系指剩余残留在滤纸上并于 103 ℃ ~105 ℃烘至恒重的固体。测定的方法是将水样通过滤纸后，烘干固体残留物及滤纸，将所称量质量减去滤纸质量即为悬浮性固体的质量。

三、仪器与药品

烘箱、电子天平、干燥器、内径为 50 mm 的称量瓶、玻璃棒、100 mL 量筒、0.45 μm/60 mm 中速定量滤纸、玻璃漏斗、三角瓶、蒸馏水。

四、实验内容

悬浮性固体测定：

（1）将滤纸放入称量瓶中，在烘箱内于 103 ℃ ~105 ℃烘至恒重（两次之差≤0.2 mg），取出后在干燥器内冷却后称其质量，为 B（g）。

（2）剧烈振荡水样，迅速用量筒量取 100 mL 水样，使其全部通过恒重的滤纸过滤。如果悬浮性物质太少，可增加取样体积。

（3）将滤纸及悬浮物放在原称量瓶中，放入烘箱，在 103 ℃ ~105 ℃下至少烘 1 小时，放入干燥期内冷却并称重，反复烘干至恒重（两次称重之差≤

0.4 mg)，其质量为 A (g)。

五、数据记录与结果处理

$$悬浮性固体\ (mg/L) = \frac{(A - B) \times 1\ 000 \times 1\ 000}{V}$$

式中　A——滤纸加残渣重，g；

B——滤纸重，g；

V——水样体积，mL。

六、注意事项

测定前应摇匀水样。

实验七　称量分析法基本操作练习——食品中水分、灰分的测定

一、实验目的

(1) 训练文献查阅及实验方案、具体实验方法设计的综合能力。

(2) 培养分工合作，团结一致的团队精神。

(3) 巩固食品中水分、灰分分析方法的基本原理和有关操作。

二、实验原理

在一定的温度（95 ℃～105 ℃）和压力（常压）下，将样品放在烘箱中加热干燥，蒸发掉水分，干燥前后样品的质量之差即为样品的水分含量。食品经灼烧后所残留的无机物质称为灰分。灰分采用灼烧重量法测定。

三、仪器和药品

扁形称量瓶、高温炉、瓷坩埚、干燥器、分析天平、酒精灯。

四、实验内容

1. 水分的测定

（固体样品）取洁净铝制或玻璃制的扁形称量瓶，置于100 ℃ ±5 ℃干燥

箱中，瓶盖斜支于瓶边，加热 0.5 ~ 1.0 h，取出，盖好，置干燥器内冷却 0.5 h，称量，并重复干燥至恒量 m_3。称取 2.00 ~ 10.0 g 切碎或磨细的样品，放入此称量瓶中，样品厚度约为 5 mm。加盖，精密称量 m_1后，置于 100 ℃ ± 5 ℃干燥箱中，瓶盖斜支于瓶边，干燥 2 ~ 4 h 后，盖好取出，放入干燥器内冷却 0.5 h 后称量。然后放入 100 ℃ ±5 ℃干燥箱中干燥 1 h 左右，取出，放入干燥器内冷却 0.5 h 后再称量 m_2。至前后两次质量差不超过 2 mg，即为恒量 m_2。

2. 灰分的测定

（1）取大小适宜的瓷坩埚置于高温炉中，在 600 ℃下灼烧 0.5 h，冷至 200 ℃以下后，取出，放入干燥器中冷至室温，精密称量，并重复灼烧至恒量 w_2。

（2）加入 2 ~3 g 固体样品或 5 ~ 10 g 液体样品后，精密称量 w_3。

（3）固体或蒸干后的样品，先以小火加热使样品充分炭化至无烟，然后置于高温炉中，在 550 ℃ ~600 ℃灼烧至无炭粒，即灰化完全。冷至 200 ℃以下后取出放入干燥器中冷却至室温，称量。重复灼烧至前后两次称量相差不超过 0.5 mg，即为恒量 w_1。

五、实验结果和数据处理

（1）水分：

$$水分 = \frac{m_1 - m_2}{m_1 - m_3} \times 100\%$$

式中 m_1——干燥前样品和称量瓶质量，g；

m_2——干燥后样品和称量瓶质量，g；

m_3——称量瓶质量，g。

（2）灰分：

$$X = \frac{w_1 - w_2}{w_3 - w_2} \times 100\%$$

式中 X——样品中灰分的含量，%；

w_1——坩埚和灰分的质量，g；

w_2——坩埚的质量，g；

w_3——坩埚和样品的质量，g。

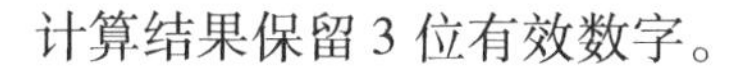

计算结果保留3位有效数字。

六、思考题

（1）干燥器有何作用？怎样正确地维护和使用干燥器？

（2）为什么经加热干燥的称量瓶要迅速放到干燥器内？为什么要冷却后再称量？

§3.2　滴定分析用标准溶液的配制与标定

实验八　盐酸标准溶液的配制与标定

一、目的要求

（1）掌握减量法准确称取基准物的方法。

（2）掌握滴定操作并学会正确判断滴定终点的方法。

（3）学会配制和标定盐酸标准溶液的方法。

二、实验原理

由于浓盐酸容易挥发，不能用它们来直接配制具有准确浓度的标准溶液，因此，配制 HCl 标准溶液时，只能先配制成近似浓度的溶液，然后用基准物质标定它们的准确浓度，或者用另一已知准确浓度的标准溶液滴定该溶液，再根据它们的体积比计算该溶液的准确浓度。

标定 HCl 溶液的基准物质常用的是无水 Na_2CO_3，其反应式如下：

$$Na_2CO_3 + 2HCl \xlongequal{\quad} 2NaCl + CO_2\uparrow + H_2O$$

滴定至反应完全时，溶液 pH 为 3.89，通常选用溴甲酚绿－甲基红混合液作指示剂。

三、仪器和药品

（1）浓盐酸（相对密度 1.19）。

（2）溴甲酚绿－甲基红混合液指示剂：量取 30 mL 溴甲酚绿乙醇溶液（2 g/L），加入 20 mL 甲基红乙醇溶液（1 g/L），混匀。

四、实验内容

1. 0.1 mol/L HCl 溶液的配制

通过计算求出配制 1 000 mL 0.1 mol/L HCl 溶液所需浓盐酸（相对密度 1.19，约 12 mol/L）的体积。考虑到浓盐酸的挥发性，配制时所取的量应比计算的量适当多些，用量筒量取浓盐酸，倒入预先盛有适量水的试剂瓶中，加水稀释至 1 000 mL，摇匀，贴上标签。

2. 盐酸溶液浓度的标定

用减量法准确称取约 0.15 g 在 270 ℃ ~300 ℃干燥至恒量的基准无水碳酸钠 0.15~0.28 g，3 份，置于 250 mL 锥形瓶中，加入 50 mL 水使之溶解，再加 10 滴溴甲酚绿－甲基红混合液指示剂，用配制好的 HCl 溶液滴定至溶液由绿色转变为紫红色，然后煮沸 2 min，冷却至室温，继续滴定至溶液由绿色变为暗紫色。由 Na_2CO_3的质量及实际消耗的 HCl 溶液的体积，计算 HCl 溶液的准确浓度。

五、实验结果与数据处理

$$c(\mathrm{HCl}) = \frac{m(\mathrm{Na_2CO_3}) \times 1\,000}{V(\mathrm{HCl}) \times M\left(\frac{1}{2}\mathrm{Na_2CO_3}\right)}$$

式中 $c(\mathrm{HCl})$ ——HCl 标准滴定溶液的浓度，mol/L；

$V(\mathrm{HCl})$ ——HCl 标准滴定溶液的体积，mL；

$m(\mathrm{Na_2CO_3})$ ——Na_2CO_3基准物质的质量，g；

$M\left(\frac{1}{2}\mathrm{Na_2CO_3}\right)$——$\frac{1}{2}Na_2CO_3$基准物质的摩尔质量，g/mol；

数据记录格式如表 3-15 所示。

表 3-15 0.1 mol/L HCl 标准滴定溶液的标定

项目 次数	1	2	3
称量瓶＋碳酸钠质量/g			
倾样前			
倾样后			

续表

项目 次数	1	2	3
碳酸钠质量/g			
D 盐酸溶液终读数/mL			
盐酸溶液始读数/mL			
盐酸溶液体积/mL			
c(HCl) / (mol · L^{-1})			
相对偏差			
平均浓度 c(HCl) / (mol · L^{-1})			

六、注意事项

（1）干燥至恒重的无水碳酸钠有吸湿性，因此在标定中精密称取基准无水碳酸钠时，宜采用“减量法”称取，并应迅速将称量瓶加盖密闭。

（2）在滴定过程中产生的二氧化碳，使终点变色不够敏锐。因此，在溶液滴定进行至临近终点时，应将溶液加热煮沸，以除去二氧化碳，待冷至室温后，再继续滴定。

七、思考题

（1）作为标定的基准物质应具备哪些条件？

（2）欲溶解 Na_2CO_3基准物质时，加水 50 mL 应以量筒量取还是用移液管吸取？为什么？

（3）本实验中所使用的称量瓶、烧杯、锥形瓶是否必须都烘干？为什么？

（4）标定 HCl 溶液时为什么要称 0. 15 g 左右 Na_2CO_3基准物？称得过多或过少有何不好？

实验九　氢氧化钠标准溶液的配制与标定

一、实验目的

（1）学会配制标准溶液和基准物质标定标准溶液浓度的方法。

（2）基本掌握滴定操作和滴定终点的判断。

二、实验原理

氢氧化钠容易吸收空气中的 CO_2 而使配得的溶液中含有少量碳酸钠，经过标定的含碳酸盐的标准碱溶液用来测定酸含量时，若使用与标定时相同的指示剂，则对测量结果无影响；若标定与测定不是用相同的指示剂，则将发生一定的误差。因此，应配制不含碳酸盐的标准碱溶液进行滴定。

配制不含碳酸钠的标准氢氧化钠溶液的方法很多，最常见的是用氢氧化钠饱和水溶液（120∶100）配制。碳酸钠在饱和氢氧化钠溶液中不溶解，待碳酸钠沉淀后，量取上层澄清液，再稀释至所需浓度，即得到不含碳酸钠的氢氧化钠溶液。

饱和氢氧化钠溶液含量约为52%（g/g），相对密度约为1.56。用来配制氢氧化钠溶液的水应加热煮沸，放冷除取其中的 CO_2。

标定碱溶液用的基准物质很多，如草酸、苯甲酸、氨基磺酸、邻苯二甲酸氢钾等，目前常用的是邻苯二甲酸氢钾，其滴定反应如下：

$$C_6H_4(COOH)(COOK) + NaOH \rightleftharpoons C_6H_4(COOHa)(COOK) + H_2O$$

计量点时由于弱酸盐的水解，溶液呈微碱性，应用酚酞为指示剂。

三、仪器和药品

氢氧化钠固体（A.R. 或 C.P.）、邻苯二甲酸氢钾基准试剂（105 ℃ ~110 ℃干燥至恒重）、酚酞指示液（10 g/L 乙醇溶液）。

四、实验内容

1. 氢氧化钠溶液的配制

量取氢氧化钠饱和溶液5.6 mL，加新煮沸过的冷蒸馏水至1 000 mL，摇匀，即得0.1 mol/L 氢氧化钠溶液。

2. 0.1 mol/L 氢氧化钠溶液的标定

精密称取干燥至恒重的基准物质邻苯二甲酸氢钾0.5 ~0.6 g，3 份（精确至0.000 2 g），分别置于250 mL 锥形瓶中，各加50 mL 不含二氧化碳的蒸馏水使之溶解。加酚酞指示剂2滴，用上述0.1 mol/L NaOH溶液滴定，至溶液由无色变为浅粉色30 s不褪色即为终点。记录滴定消耗NaOH溶液的体积，平行测定3次。

五、实验结果与数据处理

$$c(\text{NaOH}) = \frac{m(\text{KHC}_8\text{H}_4\text{O}_4) \times 1\ 000}{V(\text{NaOH}) \times M(\text{KHC}_8\text{H}_4\text{O}_4)}$$

式中　$c(\text{NaOH})$——NaOH标准滴定溶液的浓度，mol/L；

$m(\text{KHC}_8\text{H}_4\text{O}_4)$——$\text{KHC}_8\text{H}_4\text{O}_4$基准物质的质量，g；

$M(\text{KHC}_8\text{H}_4\text{O}_4)$——$\text{KHC}_8\text{H}_4\text{O}_4$基准物质的摩尔质量，204.2 g/mol；

$V(\text{NaOH})$——滴定消耗NaOH标准滴定溶液的体积，mL。

数据记录格式如表3-16所示。

表3-16　0.1 mol/L NaOH标准溶液的标定

次数 项目	1	2	3
称量瓶+邻苯二甲酸氢钾质量（倾样前）/g			
称量瓶+邻苯二甲酸氢钾质量（倾样后）/g			
邻苯二甲酸氢钾质量/g			
初始$V(\text{NaOH})$读数/mL			
终点$V(\text{NaOH})$读数/mL			
$V(\text{NaOH})$/mL			
$c(\text{NaOH})$/($\text{mol} \cdot \text{L}^{-1}$)			
$c(\text{NaOH})$平均/($\text{mol} \cdot \text{L}^{-1}$)			
相对平均偏差			

六、思考题

（1）本实验中，氢氧化钠和邻苯二甲酸氢钾两种标准溶液的配制方法有何不同？为什么？

（2）本实验中哪些数据需要精确测定？各用什么仪器？

实验十　EDTA 标准溶液的配制和标定

一、实验目的

（1）了解 EDTA 标准溶液标定的原理。

（2）掌握配制和标定 EDTA 标准溶液的方法。

二、实验原理

乙二胺四乙酸二钠盐（习惯上称 EDTA）是一种有机络合剂，能与大多数金属离子形成稳定的1∶1 螯合物，常用作配位滴定的标准溶液。

EDTA 在水中的溶解度为 120 g/L，可以配成浓度为 0.3 mol/L 以下的溶液。EDTA 标准溶液一般不用直接法配制，而是先配制成大致浓度的溶液，然后标定。用于标定 EDTA 标准溶液的基准试剂较多，如 Zn、ZnO、$CaCO_3$、Bi、Cu、$MgSO_4 \cdot 7H_2O$、Ni、Pb 等。

用氧化锌作基准物质标定 EDTA 溶液浓度时，以铬黑 T 作指示剂，用 pH = 10的氨缓冲溶液控制滴定时的酸度，滴定到溶液由紫色转变为纯蓝色，即为终点。

三、仪器和药品

（1）乙二胺四乙酸二钠盐（EDTA）。

（2）氨水 - 氯化铵缓冲液（pH = 10）：称取 5.4 g 氯化铵，加适量水溶解后，加入 35 mL 氨水，再加水稀释至 100 mL。

（3）铬黑 T 指示剂：称取 0.1 g 铬黑 T，加入 10 g 氯化钠，研磨混合。

（4）40% 氨水溶液：量取 40 mL 氨水，加水稀释至 100 mL。

（5）氧化锌（基准试剂）。

（6）盐酸。

四、实验内容

1. 0.01 mol/L EDTA 溶液的配制

称取乙二胺四乙酸二钠盐（$Na_2H_2Y \cdot 2H_2O$）4 g，加入 1 000 mL 水，加

热使之溶解，冷却后摇匀，如混浊应过滤后使用。置于玻璃瓶中，避免与橡皮塞、橡皮管接触。然后将玻璃瓶贴上标签。

2. 锌标准溶液的配制

准确称取约0.16 g于800 ℃灼烧至恒量的基准ZnO，置于小烧杯中，加入0.4 mL盐酸，溶解后移入200 mL容量瓶，加水稀释至刻度，混匀。

3. EDTA溶液浓度的标定

吸取30.00～35.00 mL锌标准溶液于250 mL锥形瓶中，加入70 mL水，用40%氨水中和至pH为7～8，再加10 mL氨水－氯化铵缓冲液（pH＝10），加入少许铬黑T指示剂，用配好的EDTA溶液滴定至溶液自紫色转变为纯蓝色。记下所消耗的EDTA溶液的体积，根据消耗的EDTA溶液的体积，计算其浓度。

五、实验结果与数据处理

1. 锌标准溶液的浓度

$$c(Zn^{2+})=\frac{m(ZnO)}{M(ZnO)\times V(Zn^{2+})\times 10^{-3}}$$

式中　$c(Zn^{2+})$ ——Zn^{2+}标准滴定溶液的浓度，mol/L；

$m(ZnO)$ ——基准物质ZnO的质量，g；

$M(ZnO)$ ——基准物质ZnO的摩尔质量，100.0 g/mol。

数据记录格式见表3-17。

表3-17　锌标准溶液的浓度

次数 项目	1
称量瓶＋$m(ZnO)$（倾样前）/g	
称量瓶＋$m(ZnO)$（倾样后）/g	
$m(ZnO)$ /g	
$V(Zn^{2+})$ /mL	
$c(Zn^{2+})$ /（$mol\cdot L^{-1}$）	

2. EDTA 溶液浓度的标定

$$c(\text{EDTA})=\frac{c(\text{Zn}^{2+})\times V(\text{Zn}^{2+})}{V(\text{EDTA})}$$

式中 c(EDTA) ——EDTA 标准滴定溶液的浓度，mol/L；

$c(\text{Zn}^{2+})$ ——Zn^{2+}标准滴定溶液的浓度，mol/L；

$V(\text{Zn}^{2+})$ ——Zn^{2+}标准滴定溶液的体积，mL；

V(EDTA) ——滴定终点时消耗 EDTA 标准滴定溶液的体积，mL。

数据记录格式见表 3-18。

表 3-18　EDTA 溶液浓度的标定

次数 项目	1	2	3
$c(\text{Zn}^{2+})$ / (mol·L^{-1})			
$V(\text{Zn}^{2+})$ /mL			
初始 V (EDTA) /mL			
终点 V(EDTA) /mL			
V(EDTA) /mL			
c(EDTA) / (mol·L^{-1})			
c(EDTA) 平均/ (mol·L^{-1})			

六、思考题

（1）用铬黑 T 指示剂时，为什么要控制 pH = 10？

（2）配位滴定法与酸碱滴定法相比，有哪些不同？操作中应注意哪些问题？

实验十一　高锰酸钾标准溶液的配制和标定

一、实验目的

（1）掌握高锰酸钾标准滴定溶液的配制、标定和保存方法。

（2）掌握以草酸钠为基准物标定高锰酸钾的基本原理、反应条件、操作方法和计算。

二、实验原理

高锰酸钾（$KMnO_4$）为强氧化剂，易和水中的有机物和空气中的尘埃等还原性物质作用；$KMnO_4$溶液还能自行分解，见光时分解更快，因此$KMnO_4$标准溶液的浓度容易改变，必须正确地配制和保存。

$KMnO_4$溶液的标定常采用草酸钠（$Na_2C_2O_4$）作基准物，因为$Na_2C_2O_4$不含结晶水，容易精制，操作简便。$KMnO_4$和$Na_2C_2O_4$反应如下：

$$5C_2O_4^{2-}+2MnO_4^{-}+16H^{+}=2Mn^{2+}+10CO_2\uparrow+8H_2O$$

以$KMnO_4$自身为指示剂。

滴定温度控制在70 ℃～80 ℃，不应低于60 ℃，否则反应速度太慢，但温度太高，草酸又将分解。

三、仪器和药品

（1）基准试剂$Na_2C_2O_4$。

（2）3 mol/L H_2SO_4溶液。

四、实验内容

1. 0.02 mol/L $KMnO_4$标准溶液的配制

称取1.6 g $KMnO_4$固体，置于500 mL烧杯中，加蒸馏水520 mL使之溶解，盖上表面皿，加热至沸，并缓缓煮沸15 min，并随时加水补充至500 mL。冷却后，在暗处放置数天（至少2～3天），然后用微孔玻璃漏斗或玻璃棉过滤除去MnO_2沉淀。滤液储存在干燥棕色瓶中，摇匀。若溶液煮沸后在水浴上保持1 h，冷却，经过滤可立即标定其浓度。

2. $KMnO_4$标准溶液的标定

准确称取在130 ℃烘干的$Na_2C_2O_4$ 0.15～0.20 g，置于250 mL锥形瓶中，加入蒸馏水40 mL及H_2SO_4 10 mL，加热至75 ℃～80 ℃（瓶口开始冒气，不可煮沸），立即用待标定的$KMnO_4$溶液滴定至溶液呈粉红色，并且在30 s内不褪色，即为终点。标定过程中要注意滴定速度，必须待前一滴溶液褪色后再加第二滴，此外还应使溶液保持适当的温度。

根据称取的 $Na_2C_2O_4$质量和耗用的 $KMnO_4$溶液的体积，计算 $KMnO_4$标准溶液的准确浓度。

五、实验结果与数据处理

$KMnO_4$标准滴定溶液浓度按下式计算：

$$c(KMnO_4)=\frac{2m(Na_2C_2O_4)}{5M(Na_2C_2O_4)\times V(KMnO_4)\times 10^{-3}}$$

式中　$c(KMnO_4)$ ——$KMnO_4$标准滴定溶液的浓度，mol/L；

$V(KMnO_4)$ ——$KMnO_4$标准滴定溶液的体积，mL；

$m(Na_2C_2O_4)$ ——$Na_2C_2O_4$基准物质的质量，g；

$M(Na_2C_2O_4)$ ——$Na_2C_2O_4$基准物质的摩尔质量，134.00 g/mol。

数据记录格式见表 3-19。

表 3-19　$KMnO_4$标准滴定溶液的标定

项目 \ 次数	1	2	3
称量瓶＋草酸钠质量（倾样前）/g			
称量瓶＋草酸钠质量（倾样前）/g			
$m(Na_2C_2O_4)$ /g			
初始 $V(KMnO_4)$ /mL			
终点 $V(KMnO_4)$ /mL			
$V(KMnO_4)$ /mL			
$c(KMnO_4)$ / $(mol\cdot L^{-1})$			
$c(KMnO_4)$ 平均/ $(mol\cdot L^{-1})$			
相对平均偏差			

六、思考题

（1）配制 $KMnO_4$标准溶液时，为什么要把 $KMnO_4$溶液煮沸一定时间和放置数天？为什么还要过滤？是否可用滤纸过滤？

（2）用 $Na_2C_2O_4$标定 $KMnO_4$溶液浓度时，H_2SO_4加入量的多少对标定有何影响？可否用盐酸或硝酸来代替？

（3）用 $Na_2C_2O_4$标定 $KMnO_4$溶液浓度时，为什么要加热？温度是否越高越好，为什么？

（4）本实验的滴定速度应如何掌握为宜，为什么？试解释溶液褪色的速度越来越快的现象。

（5）滴定管中的 $KMnO_4$溶液，应怎样准确地读取读数？

实验十二　重铬酸钾标准溶液的配制和标定

一、实验目的

掌握直接法配制 $K_2Cr_2O_7$标准溶液的原理、方法和操作技术。

二、实验原理

$K_2Cr_2O_7$标准滴定溶液可用基准试剂 $K_2Cr_2O_7$直接配制。基准试剂 $K_2Cr_2O_7$经预处理后，用直接法配制标准滴定溶液。

三、试剂和药品

（1）基准物 $K_2Cr_2O_7$于 120 ℃烘干至恒重。

（2）$K_2Cr_2O_7$固体。

四、实验步骤

直接法配制 $c\left(\frac{1}{6}K_2Cr_2O_7\right)=0.01$ mol/L 的 $K_2Cr_2O_7$标准滴定溶液：准确称取基准物质 $K_2Cr_2O_7$ 0.12～0.14 g，放于小烧杯中，加入少量水，加热溶解，经移液、洗涤（2～3 次）、移液后，定量转入 250 mL 容量瓶中，用水稀释至刻度，摇匀，计算其准确浓度。

五、实验结果与数据处理

直接法配制溶液，浓度计算：

$$c\left(\frac{1}{6}K_2Cr_2O_7\right)=\frac{m(K_2Cr_2O_7)}{M\left(\frac{1}{6}K_2Cr_2O_7\right)\times V(K_2Cr_2O_7)\times 10^{-3}}$$

式中 $c\left(\frac{1}{6}K_2Cr_2O_7\right)$——$K_2Cr_2O_7$标准滴定溶液的浓度，mol/L；

$m(K_2Cr_2O_7)$——$K_2Cr_2O_7$基准物质的质量，g；

$M\left(\frac{1}{6}K_2Cr_2O_7\right)$——$\frac{1}{6}K_2Cr_2O_7$基准物质的摩尔质量，49.03 g/mol；

$V(K_2Cr_2O_7)$——$K_2Cr_2O_7$标准滴定溶液的体积，mL。

数据记录格式见表3-20。

表3-20 $K_2Cr_2O_7$标准滴定溶液

项目 \ 次数	1
称量瓶 + $K_2Cr_2O_7$质量（倾样前）/g	
称量瓶 + $K_2Cr_2O_7$质量（倾样后）/g	
$m(K_2Cr_2O_7)$ /g	
$V(K_2Cr_2O_7)$ /mL	
$c(K_2Cr_2O_7)$ /（mol · L^{-1}）	

六、思考题

什么规格的试剂可以用直接法配制$K_2Cr_2O_7$标准溶液？如何配制$c\left(\frac{1}{6}K_2Cr_2O_7\right)=0.100\ 0$ mol/L的$K_2Cr_2O_7$标准溶液200 mL？

实验十三 硫代硫酸钠标准溶液的配制和标定

一、实验目的

（1）掌握硫代硫酸钠标准滴定溶液的配制、标定和保存方法。

（2）掌握以碘酸钾为基准物间接碘量法标定硫代硫酸钠的基本原理、反应条件、操作方法和计算。

二、实验原理

$Na_2S_2O_3 \cdot 5H_2O$ 容易风化、潮解，且易受空气和微生物的作用而分解，因此不能直接配制成准确浓度的溶液，但其在微碱性的溶液中较稳定。当标准溶液配制后亦要妥善保存。

标定 $Na_2S_2O_3$溶液通常是选用 KIO_3、$KBrO_3$或 $K_2Cr_2O_7$等氧化剂作为基准物，定量地将 I^-氧化为 I_2，再用 $Na_2S_2O_3$溶液滴定，其反应如下：

$$IO_3^- + 5I^- + 6H^+ = 3I_2 + 3H_2O$$

$$BrO_3^- + 6I^- + 6H^+ = 3I_2 + 3H_2O + Br^-$$

$$Cr_2O_7^{2-} + 6I^- + 14H^+ = 2Cr^{3+} + 3I_2 + 7H_2O$$

$$I_2 + 2Na_2S_2O_3 = Na_2S_4O_6 + 2NaI$$

上述几种基准物中一般使用 KIO_3和 $KBrO_3$较多，因为不会污染环境。

三、仪器和药品

（1）基准试剂 KIO_3。

（2）20% KI 溶液。

（3）0.5 mol/L H_2SO_4溶液。

（4）5 g/L 淀粉溶液：0.5 g 可溶性淀粉放入小烧杯中，加水 10 mL，使成糊状，在搅拌下倒入 90 mL 沸水中，继续微沸 2 min，冷却后转移至试剂瓶中。

四、实验内容

1. 0.1 mol/L $Na_2S_2O_3$标准溶液的配制

称取 13 g $Na_2S_2O_3 \cdot 5H_2O$ 置于 400 mL 烧杯中，加入 200 mL 新煮沸经冷却的蒸馏水，待完全溶解后，加入 0.1 g Na_2CO_3，然后用新煮沸经冷却的蒸馏水稀释至 500 mL，保存于棕色瓶中，在暗处放置 7～14 天后标定。

2. $Na_2S_2O_3$标准溶液的标定

准确称取基准试剂 KIO_3约 0.9 g 于 250 mL 烧杯中，加入少量蒸馏水溶解后，移入 250 mL 容量瓶中，用蒸馏水稀释至刻度，摇匀。

用移液管吸取上述 KIO_3 标准溶液 25 mL 置于 250 mL 锥形瓶中，加入 KI 溶液 5 mL 和 H_2SO_4 溶液 5 mL，以水稀释至 100 mL，立即用待标定的 $Na_2S_2O_3$ 溶液滴定至淡黄色；再加入 5 mL 淀粉溶液，继续用 $Na_2S_2O_3$ 溶液滴定至蓝色恰好消失，即为终点。根据消耗的 $Na_2S_2O_3$ 溶液的毫升数及 KIO_3 的量，计算 $Na_2S_2O_3$ 溶液的准确浓度。

若选用 $KBrO_3$ 作基准物时其反应较慢，为加速反应需增加酸度，因而改为取 1 mol/L H_2SO_4 溶液 5 mL，并需在暗处放置 5 min，使反应进行完全，并且改用碘量瓶。

五、实验结果与数据处理

$Na_2S_2O_3$ 标准滴定溶液浓度按下式计算：

$$c(Na_2S_2O_3)=\frac{6m(KIO_3)\times 25/250}{M(KIO_3)\times V(Na_2S_2O_3)\times 10^{-3}}$$

式中 $c(Na_2S_2O_3)$ ——$Na_2S_2O_3$ 标准滴定溶液的浓度，mol/L；

$m(KIO_3)$ ——基准试剂 KIO_3 的质量，g；

$V(Na_2S_2O_3)$ ——移取 $Na_2S_2O_3$ 标准滴定溶液的体积，mL；

$M(KIO_3)$ ——基准试剂 KIO_3 的摩尔质量，214.00 g/mol。

数据记录格式见表 3-21。

表 3-21 $Na_2S_2O_3$ 标准滴定溶液浓度

次数 项目	1	2	3
称量瓶 + KIO_3 质量（倾样前）/g			
称量瓶 + KIO_3 质量（倾样后）/g			
$m(KIO_3)$ /g			
初始 $V(Na_2S_2O_3)$ /mL			
终点 $V(Na_2S_2O_3)$ /mL			
$V(Na_2S_2O_3)$ /mL			
$c(Na_2S_2O_3)$ / $(mol\cdot L^{-1})$			
$c(Na_2S_2O_3)$ 平均/ $(mol\cdot L^{-1})$			

六、注意事项

（1）配制 $Na_2S_2O_3$溶液时，需要用新煮沸（除去 CO_2和杀死细菌）并冷却了的蒸馏水，或将 $Na_2S_2O_3$试剂溶于蒸馏水中，煮沸 10 min 后冷却，加入少量 Na_2CO_3使溶液呈碱性，以抑制细菌生长。

（2）配好的 $Na_2S_2O_3$溶液储存于棕色试剂瓶中，放置两周后进行标定。硫代硫酸钠标准溶液不宜长期储存，使用一段时间后要重新标定，如果发现溶液变浑浊或析出硫，应过滤后重新标定，或弃去再重新配制溶液。

（3）用 $Na_2S_2O_3$滴定生成 I_2时应保持溶液呈中性或弱酸性。所以常在滴定前用蒸馏水稀释，降低酸度。用基准物 $K_2Cr_2O_7$标定时，通过稀释，还可以减少 Cr^{3+}绿色对终点的影响。

（4）滴定至终点后，经过 5～10 min，溶液又会出现蓝色，这是由于空气氧化 I^-所引起的，属正常现象。若滴定到终点后，很快又转变为 I_2与淀粉反应的蓝色，则可能是由于酸度不足或放置时间不够使 $KBrO_3$或 $K_2Cr_2O_7$与 KI 的反应未完全，此时应弃去重做。

七、思考题

（1）在配制 $Na_2S_2O_3$标准溶液时，所用的蒸馏水为何要先煮沸并冷却后才能使用？为什么将溶液煮沸 10 min？为什么常加入少量 Na_2CO_3？为什么放置两周后标定？

（2）为什么可以用 KIO_3作基准物来标定 $Na_2S_2O_3$溶液？为提高准确度，滴定中应注意哪些问题？

（3）溶液被滴定至淡黄色，说明了什么？为什么在这时才可以加入淀粉指示剂？如果用 I_2溶液滴定 $Na_2S_2O_3$溶液时应何时加入淀粉指示剂？

（4）配制 0.1 mol/L 的硫代硫酸钠溶液 500 mL，应称取多少克无水 $Na_2S_2O_3$？

（5）在碘量法中若选用 $KBrO_3$作基准物时，为什么使用碘量瓶而不使用普通锥形瓶？

实验十四　碘标准溶液的配制和标定（选做）

一、实验目的

（1）掌握碘标准滴定溶液的配制和保存方法。

（2）掌握碘标准滴定溶液的标定方法、基本原理、反应条件、操作步骤和计算。

二、实验原理

碘可以通过升华法制得纯试剂，但因其升华及对天平有腐蚀性，故不宜用直接法配制 I_2 标准溶液而采用间接法。

可以用基准物质 As_2O_3 来标定 I_2 溶液。As_2O_3 难溶于水，可溶于碱溶液中，与 NaOH 反应生成亚砷酸钠，用 I_2 溶液进行滴定。反应式为：

$$As_2O_3 + 6NaOH = 2Na_3AsO_3 + 3H_2O$$

$$Na_3AsO_3 + I_2 + H_2O \rightleftharpoons Na_3AsO_4 + 2HI$$

该反应为可逆反应，在中性或微碱性溶液中（pH 约为 8），反应能定量地向右进行，可加固体 $NaHCO_3$ 以中和反应生成的 H^+，保持 pH 在 8 左右。

由于 As_2O_3 为剧毒物，实际工作中常用已知浓度的硫代硫酸钠标准滴定溶液标定碘溶液（用 $Na_2S_2O_3$ 标准溶液“比较”），即用 I_2 溶液滴定一定体积的 $Na_2S_2O_3$ 标准溶液。反应式为：

$$I_2 + 2S_2O_3^{2-} = 2I^- + S_4O_6^{2-}$$

以淀粉为指示剂，终点由无色到蓝色。

三、仪器和药品

（1）固体试剂 I_2（分析纯）。

（2）固体试剂 KI（分析纯）。

（3）淀粉指示液（5 g/L）。

（4）硫代硫酸钠标准滴定溶液（0.1 mol/L）。

四、实验内容

1. 碘溶液的配制

配制浓度为 0.05 mol/L 的碘溶液 500 mL：称取 6.5 g 碘放于小烧杯中，再称取 17 g KI，准备蒸馏水 500 mL，将 KI 分 4 ~ 5 次放入装有碘的小烧杯中，每次加水 5 ~ 10 mL，用玻璃棒轻轻研磨，使碘逐渐溶解，溶解部分转入棕色试剂瓶中，如此反复直至碘片全部溶解为止。用水多次清洗烧杯并转入试剂瓶中，剩余的水全部加入试剂瓶中稀释，盖好瓶盖，摇匀，待标定。

2. 碘溶液的标定（用 $Na_2S_2O_3$ 标准溶液“比较”）

用移液管移取已知浓度的 $Na_2S_2O_3$ 标准溶液 25 mL 于锥形瓶中，加水 25 mL，加 5 mL 淀粉溶液，以待标定的碘溶液滴定至溶液呈稳定的蓝色为终点。记录消耗 I_2 标准滴定溶液的体积 V_2。

五、实验结果与数据处理

碘标准滴定溶液浓度按下式计算：

$$c\left(\frac{1}{2}I_2\right)=\frac{c(Na_2S_2O_3)\times V(Na_2S_2O_3)}{V(I_2)}$$

式中　$c(Na_2S_2O_3)$ ——$Na_2S_2O_3$ 标准滴定溶液的浓度，mol/L；

$V(Na_2S_2O_3)$ ——移取 $Na_2S_2O_3$ 标准滴定溶液的体积，mL；

$V(I_2)$ ——滴定消耗 I_2 标准溶液的体积，mL。

数据记录格式见表 3-22。

表 3-22　碘标准滴定溶液的标定

项目＼次数	1	2	3
$c(Na_2S_2O_3)$ / (mol·L^{-1})			
初始 $V(Na_2S_2O_3)$ /mL			
终点 $V(Na_2S_2O_3)$ /mL			
$V(Na_2S_2O_3)$ /mL			
$V(I_2)$ /mL			
$c(I_2)$ / (mol·L^{-1})			
$c(I_2)$ 平均/ (mol·L^{-1})			

六、思考题

（1）碘溶液应装在何种滴定管中？为什么？

（2）配制 I_2 溶液时为什么要加 KI？

（3）配制 I_2 溶液时，为什么要在溶液非常浓的情况下将 I_2 与 KI 一起研磨，当 I_2 和 KI 溶解后才能用水稀释？如果过早地稀释会发生什么情况？

实验十五　硝酸银标准溶液的配制和标定（选做）

一、实验目的

（1）掌握硝酸银标准滴定溶液的配制、标定和保存方法。

（2）掌握以氯化钠为基准物标定硝酸银的基本原理、反应条件、操作方法和计算。

（3）学会以 K_2CrO_4 为指示剂判断滴定终点的方法。

二、实验原理

$AgNO_3$ 标准滴定溶液可以用经过预处理的基准试剂 $AgNO_3$ 直接配制。但非基准试剂 $AgNO_3$ 中常含有杂质，如金属银、氧化银、游离硝酸、亚硝酸盐等，因此用间接法配制。先配成近似浓度的溶液后，用基准物质 NaCl 标定。

以 NaCl 作为基准物质，溶样后，在中性或弱碱性溶液中，用 $AgNO_3$ 溶液滴定，以 K_2CrO_4 作为指示剂，其反应如下：

$$Ag^+ + Cl^- \longrightarrow AgCl\downarrow \quad（白色，K_{SP}=1.8\times10^{-10}）$$

$$2Ag^+ + CrO_4^{2-} \longrightarrow Ag_2CrO_4\downarrow \quad（砖红色，K_{SP}=2.0\times10^{-12}）$$

达到化学计量点时，微过量的 Ag^+ 与 CrO_4^{2-} 反应析出砖红色 Ag_2CrO_4 沉淀，指示滴定终点。

三、仪器和药品

（1）固体试剂 $AgNO_3$（分析纯）。

（2）固体试剂 NaCl（基准物质，在 500 ℃ ~600 ℃灼烧至恒重）。

（3）K_2CrO_4 指示液（50 g/L，即5%）。配制：称取5 g K_2CrO_4 溶于少量水中，滴加 $AgNO_3$ 溶液至红色不褪，混匀。放置过夜后过滤，将滤液稀释至 100 mL。

四、实验内容

1. 配制 0.1 mol/L $AgNO_3$ 溶液

称取 8.5 g $AgNO_3$ 溶于 500 mL 不含 Cl^- 的蒸馏水中，储存于带玻璃塞的棕

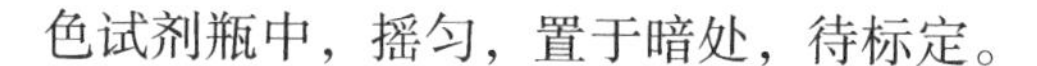

色试剂瓶中，摇匀，置于暗处，待标定。

2. 标定 $AgNO_3$溶液

准确称取基准试剂 NaCl 0.12 ~0.159 g，放于锥形瓶中，加 50 mL 不含 Cl^-的蒸馏水溶解，加 K_2CrO_4指示液 1 mL，在充分摇动下，用配好的 $AgNO_3$溶液滴定至溶液呈微红色，即为终点。记录消耗 $AgNO_3$标准滴定溶液的体积。平行测定 3 次。

五、实验结果与数据处理

$AgNO_3$标准滴定溶液浓度按下式计算：

$$c(AgNO_3) = \frac{m(NaCl)}{M(NaCl) \times V(AgNO_3)}$$

式中　$c(AgNO_3)$ ——$AgNO_3$标准滴定溶液的浓度，mol/L；

$m(NaCl)$ ——称取基准试剂 NaCl 的质量，g；

$M(NaCl)$ ——NaCl 的摩尔质量，58.44g/mol；

$V(AgNO_3)$ ——$AgNO_3$标准滴定溶液的体积，mL。

数据记录格式见表 3-23。

表 3-23　$AgNO_3$标准滴定溶液浓度

次数 项目	1	2	3
称量瓶 + NaCl 质量（倾样前）/g			
称量瓶 + NaCl 质量（倾样后）/g			
$m(NaCl)$ /g			
初始 $V(AgNO_3)$ /mL			
终点 $V(AgNO_3)$ /mL			
$V(AgNO_3)$ /mL			
$c(AgNO_3)$ /（$mol \cdot L^{-1}$）			
$c(AgNO_3)$ 平均/（$mol \cdot L^{-1}$）			
相对平均偏差			

六、注意事项

（1）$AgNO_3$试剂及其溶液具有腐蚀性，破坏皮肤组织，注意切勿接触皮肤及衣服。

（2）配制 $AgNO_3$标准溶液的蒸馏水应无 Cl^-，否则配成的 $AgNO_3$溶液会出现白色浑浊，不能使用。

（3）实验完毕后，盛装 $AgNO_3$溶液的滴定管应先用蒸馏水洗涤 2 ~ 3 次后，再用自来水洗净，以免 AgCl 沉淀残留于滴定管内壁。

七、思考题

（1）莫尔法标定 $AgNO_3$溶液，用 $AgNO_3$滴定 NaCl 时，滴定过程中为什么要充分摇动溶液？如果不充分摇动溶液，对测定结果有何影响？

（2）莫尔法中，为什么溶液的 pH 需控制在 6.5 ~ 10.5？

（3）配制 K_2CrO_4指示液时，为什么要先加 $AgNO_3$溶液？为什么放置后要进行过滤？K_2CrO_4指示液的用量太大或太小对测定结果有何影响？

§3.3　酸碱滴定法的应用

实验十六　工业硫酸纯度的测定

一、实验目的

（1）掌握浓硫酸中硫酸的测定方法。

（2）掌握硫酸含量的测定。

二、实验原理

用酚酞指示剂作指示剂，用氢氧化钠标准滴定溶液中和滴定以测得硫酸含量。

三、仪器和药品

（1）氢氧化钠标准溶液：$c(NaOH) = 2.000$ mol/L。

（2）酚酞指示剂：10 g/L。

（3）250 mL 锥形瓶、100 mL 量筒、25 mL 碱式滴定管、分析天平。

四、实验内容

用已称量的带磨口盖的小称量瓶，称取约 0.7 g 试样（0.000 1 g），小心移入盛有 50 mL 水的 250 mL 锥形瓶中，冷却至室温，备用。

给上述试液中加 2～3 滴酚酞指示剂，用氢氧化钠标准滴定液滴定至溶液粉色时作为终点。

五、实验结果与数据处理

1. 以质量百分数表示的硫酸（H_2SO_4）含量

$$w(H_2SO_4)=\frac{c(NaOH)\times V(NaOH)\times M(H_2SO_4)\times 10^{-3}}{2m}\times 100\%$$

式中　$c(NaOH)$ ——NaOH 标准滴定溶液的浓度，mol/L；

$V(NaOH)$ ——NaOH 标准滴定溶液的体积，mL；

$M(H_2SO_4)$ ——H_2SO_4的摩尔质量，g/mol；

m——试样的质量，g。

2. 测量结果

将测量数据填入表 3-24 中。

表 3-24　NaOH 标准溶液滴定 H_2SO_4

称取硫酸的质量/g	滴定 NaOH 标准溶液的体积/mL	NaOH 标准溶液的浓度/（$mol\cdot L^{-1}$）	滴定结果/%

实验十七　铵盐中氮含量的测定

一、实验目的

（1）学会用甲醛法测定氮含量，掌握间接滴定的原理。

（2）学会 NH_4^+ 的强化，掌握试样消化操作。

（3）掌握容量瓶、移液管的正确操作，熟练滴定操作，熟悉滴定终点的判断。

二、实验原理

常用的含氮化肥有 NH_4Cl、$(NH_4)_2SO_4$、NH_4NO_3、NH_4HCO_3 和尿素等，其中 NH_4Cl、$(NH_4)_2SO_4$ 和 NH_4NO_3 是强酸弱碱盐。由于 NH_4^+ 的酸性太弱（$K_a=5.6\times10^{-10}$），因此不能直接用 NaOH 标准溶液滴定，但用甲醛法可以间接测定其含量。尿素通过处理也可以用甲醛法测定其含氮量。甲醛与 NH_4^+ 作用，生成质子化的六次甲基四胺（$K_a=7.1\times10^{-6}$）和 H^+，其反应式如下：

$$4NH_4^+ + 6HCHO = (CH_2)_6N_4H^+ + 3H^+ + 6H_2O$$

所生成的 H^+ 和 $(CH_2)_6N_4H^+$ 可用 NaOH 标准溶液滴定，采用酚酞作指示剂。

三、仪器和药品

容量瓶（250 mL）、移液管（20 mL）、锥形瓶（250 mL）、碱式滴定管、$(NH_4)_2SO_4$ 试样（s）、浓硫酸、甲基红指示剂（0.2%水溶液）、酚酞（0.2%乙醇溶液）、甲醛溶液（1:1）、NaOH（0.1 mol/L 标准溶液）。

四、实验内容

（1）准确称取 1.6～2.0 g $(NH_4)_2SO_4$ 试样于小烧杯中，用少量蒸馏水溶解，然后完全转移至 250 mL 容量瓶中，用水稀释至刻度，摇匀。

（2）用移液管移取 20.00 mL 上述试液于 250 mL 锥形瓶中，加水 20 mL，加 1～2 滴甲基红指示剂，溶液呈红色，用 0.1 mol/L NaOH 溶液中和至红色转变成金黄色；然后加入 10 mL 已中和的 1:1 甲醛溶液和 1～2 滴酚酞指示剂，摇匀，静置 2 min 后，用 0.1 mol/L NaOH 标准溶液滴定至溶液呈淡红色，持续半分钟不褪色即为终点，记下读数，计算试样中氮的百分含量，以 N% 表示。平行测定 3 次，要求相对平均偏差不大于 5%。

五、实验结果与数据处理

$$w(N)=\frac{c(NaOH)\times(V_2-V_1)\times10^{-3}\times M(N)}{m\times\frac{25}{250}}\times100\%$$

式中　$w(N)$ ——氨盐中 N 的含量,%；

$c(NaOH)$ ——NaOH 标准滴定溶液的浓度，mol/L；

V_1——甲基红作指示剂滴定终点时消耗 NaOH 标准滴定溶液的体积，mL；

V_2——酚酞作指示剂滴定终点时消耗 NaOH 标准滴定溶液的体积，mL；

$M(N)$ ——N 的摩尔质量，g/mol；

m——试样质量，g。

数据记录格式见表 3-25。

表 3-25　氨盐中 N 含量的测定

项目＼次数	1	2	3
$c(NaOH)$ / ($mol \cdot L^{-1}$)			
$V_1(NaOH)$ /mL			
$V_2(NaOH)$ /mL			
试样质量 m/g			
$w(N)$ /%			
$w(N)$ 平均/%			

六、思考题

（1）尿素为有机碱，为什么不能用标准酸溶液直接滴定？尿素经消化转为 NH_4^+，为什么能用 NaOH 溶液直接滴定？

（2）NH_4HCO_3中的含氮量能否用甲醛法测定？NH_4NO_3中的含氮量如何计算？

实验十八　混合碱的分析（双指示剂法）

一、实验目的

（1）学会用双指示剂法测定混合碱中各组分的含量，掌握酸碱分步滴定的原理。

（2）学会混合碱的总碱度测定方法及计算。

（3）进一步掌握酸式滴定管的使用，熟悉容量瓶、移液管的使用方法。

二、实验原理

混合碱是 Na_2CO_3 与 NaOH 或 Na_2CO_3 与 $NaHCO_3$ 的混合物，可采用双指示剂法进行分析，测定各组分的含量。

在混合碱的试液中加入酚酞指示剂，用 HCl 标准溶液滴定至溶液呈微红色。此时试液中所含 NaOH 完全被中和，Na_2CO_3 也被滴定成 $NaHCO_3$，反应式如下：

$$NaOH + HCl = NaCl + H_2O$$

$$Na_2CO_3 + HCl = NaCl + NaHCO_3$$

设滴定体积为 V_1 mL。再加入甲基橙指示剂，继续用 HCl 标准溶液滴定至溶液由黄色变为橙色，即为终点。此时 $NaHCO_3$ 被中和成 H_2CO_3，反应式为：

$$NaHCO_3 + HCl = NaCl + H_2O + CO_2\uparrow$$

设此时消耗 HCl 标准溶液的体积为 V_2 mL。根据 V_1 和 V_2 可以判断出混合碱的组成。设试液的体积为 V mL。

当 $V_1 > V_2$ 时：试液为 NaOH 和 Na_2CO_3 的混合物，NaOH 和 Na_2CO_3 的含量（以质量浓度 g/L 表示）可由下式计算：

$$w(NaOH) = \frac{(V_1 - V_2) \times c(HCl) \times M(NaOH)}{V}$$

$$w(Na_2CO_3) = \frac{2V_2 \times c(HCl) \times M(Na_2CO_3)}{2V}$$

当 $V_1 < V_2$ 时：试液为 Na_2CO_3 和 $NaHCO_3$ 的混合物，NaOH 和 Na_2CO_3 的含量（以质量浓度 g/L 表示）可由下式计算：

$$w(Na_2CO_3) = \frac{2V_1 \times c(HCl) \times M(Na_2CO_3)}{2V}$$

$$w(NaHCO_3) = \frac{(V_2 - V_1) \times c(HCl) \times M(NaHCO_3)}{V}$$

式中　$c(HCl)$ ——HCl 标准滴定溶液的浓度，mol/L；

V_1——酚酞终点消耗 HCl 标准滴定溶液的体积，mL；

V_2——甲基橙终点消耗 HCl 标准滴定溶液的体积，mL；

$M(NaOH)$ ——NaOH 的摩尔质量，g/mol；

$M(Na_2CO_3)$ ——Na_2CO_3的摩尔质量，g/mol；

m——试样质量，g；

$w(NaOH)$ ——NaOH 的含量，g/L；

$w(Na_2CO_3)$ ——Na_2CO_3的含量，g/L。

三、仪器和药品

（1）0.1 mol/L HCl 标准溶液。

（2）甲基橙 1 g/L 水溶液。

（3）酚酞 2 g/L 乙醇溶液。

四、实验内容

1. 试液的配制

准确称取混合碱试样 1.5 ~ 2.0 g 于小烧杯中，加 30 mL 去离子水使其溶解，必要时适当加热。冷却后，将溶液定量转移至 250 mL 容量瓶中，稀释至刻度并摇匀。

2. 混合碱中各组分含量的测定

准确移取 25.00 mL 上述试液于锥形瓶中，加入 2 滴酚酞指示剂，用 HCl 标准溶液滴定［边滴加边充分摇动，以免局部 Na_2CO_3 直接被滴至 H_2CO_3（CO_2和 H_2O）］至溶液由红色变为无色，此时即为第一个终点，记下所用 HCl 体积 V_1（用酚酞指示剂作终点时，最好以 $NaHCO_3$溶液滴入相等量指示剂作对照确定）。再加 1 ~ 2 滴甲基橙指示剂，继续用 HCl 滴定溶液由黄色变为橙色，即为第二个终点，记下所用 HCl 溶液的体积 V_2。计算各组分的含量。测定相对平均偏差小于 0.4%。

附：混合碱总碱量的测定

准确移取 25.00 mL 上述试液于锥形瓶中，加入 1 ~ 2 滴甲基橙指示剂，用 HCl 标准溶液滴定至溶液由黄色变为橙色即为终点。计算混合碱的总碱度 $w(Na_2O)$。测定相对平均偏差小于 0.4%。

五、实验记录与数据处理

数据记录格式见表 3-26。

表 3-26　混合碱中各组分含量的测定

HCl 标准溶液浓度/ $(mol \cdot L^{-1})$			
混合碱体积/mL	20.00	20.00	20.00
滴定初始读数/mL			
第一终点读数/mL			
第二终点读数/mL			
V_1/mL			
V_2/mL			
平均 V_1/mL			
平均 V_2/mL			
$w(NaOH)$ / $(g \cdot L^{-1})$			
$w(Na_2CO_3)$ / $(g \cdot L^{-1})$			
$w(NaHCO_3)$ / $(g \cdot L^{-1})$			

六、思考题

（1）何谓“双指示剂法”？混合碱的测定原理是什么？

（2）采用双指示剂法测定混合碱时，在同一份溶液中测定，试判断下列 5 种情况中混合碱的成分各是什么？

①$V_1=0$，$V_2>0$；②$V_1=V_2>0$；③$V_1>0$，$V_2=0$；④$V_1>V_2$；⑤$V_2>V_1$。

（3）用 HCl 滴定混合碱液时，将试液在空气中放置一段时间后滴定，将会给测定结果带来什么影响？若到达第一化学计算点前，滴定速度过快或摇动不均匀，对测定结果有何影响？

七、注意事项

（1）混合碱系 NaOH 和 Na_2CO_3 组成时，酚酞指示剂可适当多加几滴，否则常因滴定不完全使 NaOH 的测定结果偏低，Na_2CO_3 的测定结果偏高。

（2）最好用 $NaHCO_3$ 的酚酞溶液（浓度相当）作对照。

（3）近终点时，一定要充分摇动，以防形成 CO_2 的过饱和溶液而使终点提前到达。

实验十九　硼酸纯度的测定（强化法）

一、实验目的

（1）掌握强化法测定硼酸的原理和方法。

（2）熟悉硼酸试样的干燥方法。

（3）熟练滴定分析操作技术。

二、实验原理

硼酸是一种极弱的酸（$K_a^{\ominus}=5.7\times10^{-10}$），因此不能直接用 NaOH 标准溶液滴定。但硼酸能与一些多元醇如甘油（丙三醇）、甘露醇等配位而生成较强的庞大的配位酸，这种配酸的解离常数为 10^{-6}左右，使 H^+ 的离解能力大大增强，因此就可以用碱标准溶液滴定。

对于 $c\cdot K_a>10^{-8}$的极弱酸，无法在水溶液中直接测定，但可以利用某些化学反应使其转变为较强的酸，再进行滴定，即为强化法。

甘油和硼酸反应式如下：

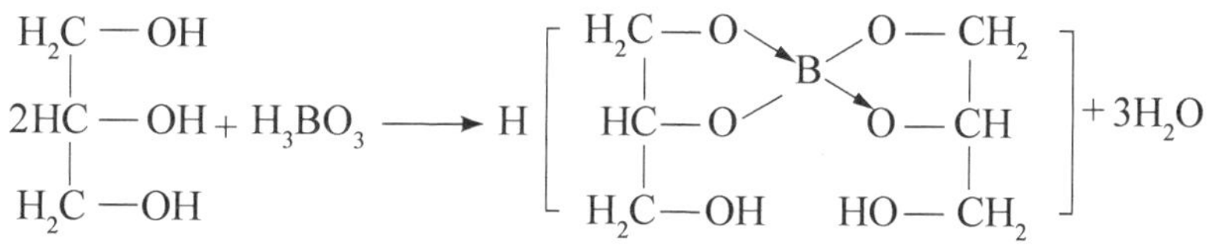

$$\begin{array}{l} H_2C-OH \\ \quad | \\ 2HC-OH \\ \quad | \\ H_2C-OH \end{array} + H_3BO_3 \longrightarrow H\left[\begin{array}{ccc} H_2C-O & & O-CH_2 \\ | & B & | \\ HC-O & & O-CH \\ | & & | \\ H_2C-OH & & HO-CH_2 \end{array}\right] + 3H_2O$$

滴定反应式为：

$$H\left[\begin{array}{ccc} H_2C-O & & O-CH_2 \\ | & B & | \\ HC-O & & O-CH \\ | & & | \\ H_2C-OH & & HO-CH_2 \end{array}\right] + NaOH \longrightarrow Na\left[\begin{array}{ccc} H_2C-O & & O-CH_2 \\ | & B & | \\ HC-O & & O-CH \\ | & & | \\ H_2C-OH & & HO-CH_2 \end{array}\right] + H_2O$$

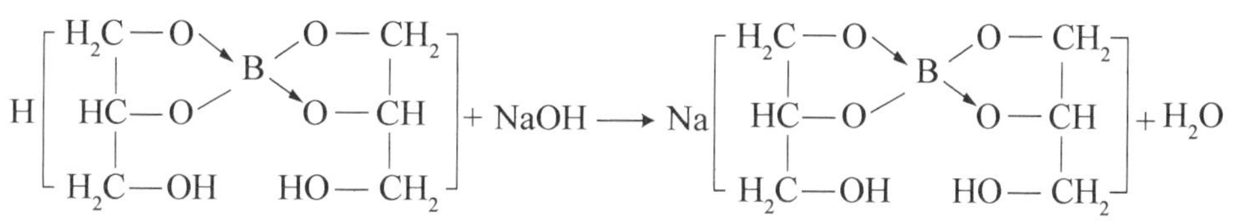

化学计量点时 pH 为 9 左右，可用酚酞或百里酚酞作指示剂。

三、仪器和药品

（1）水（新沸后放置至室温）。

（2）甘露醇。

(3) 氢氧化钠滴定液(0.5 mol/L)。

① 配制：取氢氧化钠适量，加水振摇使溶解成饱和溶液，冷却后，置聚乙烯塑料瓶中，静置数日，澄清后备用。取澄清的氢氧化钠饱和溶液28 mL，加新沸过的冷水使成1 000 mL，摇匀。

② 标定：取在105 ℃干燥至恒重的基准邻苯二甲酸氢钾约3 g，精密称定，加新沸过的冷水50 mL，振摇，使其尽量溶解，加酚酞指示液2滴，用本液滴定，在接近终点时，应使邻苯二甲酸氢钾完全溶解，滴定至溶液显粉红色。每1 mL氢氧化钠滴定液(0.5 mol/L)相当于102.1 mg的邻苯二甲酸氢钾。根据本液的消耗量与邻苯二甲酸氢钾的取用量，算出本液的浓度。

(4) 酚酞指示液。

取酚酞1 g，加乙醇100 mL使溶解。

(5) 基准邻苯二甲酸氢钾。

四、实验内容

取本品约0.5 g，精密称定，加甘露醇5 g于新沸过的冷水25 mL，微温使溶解，迅即放冷至室温，加酚酞指示液3滴，用氢氧化钠滴定液(0.5 mol/L)滴定至显粉红色。

每1 mL氢氧化钠滴定液(0.5 mol/L)相当于30.92 mg的H_3BO_3，计算，即得。

五、实验记录与数据处理

$$w(H_3BO_3)=\frac{c(NaOH)\times V(NaOH)\times 10^{-3}\times M(H_3BO_3)}{m}\times 100\%$$

式中 $w(H_3BO_3)$ ——H_3BO_3的质量分数,%;

$c(NaOH)$ ——NaOH标准滴定溶液的浓度，mol/L;

$V(NaOH)$ ——NaOH标准滴定溶液的体积，mL;

$M(H_3BO_3)$ ——H_3BO_3的摩尔质量，g/mol;

m——试样质量，g。

数据记录格式见表3-27。

表 3-27　H_3BO_3的质量分数

项目＼次数	1	2	3
c(NaOH) /(mol·L^{-1})			
初始 V(NaOH) /mL			
终点 V(NaOH) /mL			
V(NaOH) /mL			
试样质量 m/g			
$w(H_3BO_3)$ /%			
$w(H_3BO_3)$ 平均/%			

六、思考题

（1）H_3BO_3能否直接用 NaOH 标准滴定溶液滴定？本实验为什么叫强化法？

（2）除甘油外，还有哪些物质能使 H_3BO_3强化？

§3.4　配位滴定法的应用

实验二十　自来水总硬度的测定

一、实验目的

（1）学会用配位滴定法测定水的总硬度，掌握配位滴定的原理，了解配位滴定的特点。

（2）学会 EDTA 标准溶液的配制、标定及稀释。

（3）学会 KB 指示剂、铬黑 T 指示剂的使用及终点颜色变化的观察，掌握配位滴定操作。

二、实验原理

常水中含有较多的钙盐和镁盐，所以称为硬水，其中钙、镁离子含量用硬度表示。水的硬度包括永久硬度和暂时硬度。在水中以碳酸氢盐存在的钙、镁盐，加热后被分解，析出沉淀而除去。这类盐形成的硬度成为暂时硬度。

$$Ca(HCO_3)_2 \xrightarrow{\triangle} CaCO_3 \downarrow H_2O + CO_2 \uparrow$$

而钙、镁的硫酸盐或氯化物等所形成的硬度称为永久硬度。

常水用作锅炉用水，经常要进行硬度分析，测定水的总度就是测定水中钙、镁的总量。

在 pH = 10 时，以铬黑 T 为指示剂，用 0.01 mol/L 的 EDTA 标准溶液直接滴定水中的 Ca^{2+}、Mg^{2+}。

滴定前：

$$\begin{matrix} Ca^{2+} \\ Mg^{2+} \end{matrix} + HIn \rightleftharpoons \begin{matrix} CaIn^{-} \\ MgIn^{-} \end{matrix} + H^{+}$$

终点时：

$$MgIn^{-} + H_2Y^{2-} \rightleftharpoons MgY^{2-} + HIn^{2-} + H^{+}$$

表示硬度常用的两种方法如下：

(1) 将测得的 Ca^{2+}、Mg^{2+} 以每升溶液中含 CaO 的毫克数表示硬度，1 mg CaO/L 可写作 1 ppm。

(2) 将测得的 Ca^{2+}、Mg^{2+} 折算为 CaO 的质量。以每升水中含 10 mg CaO 为 1°（德国度）表示硬度。

三、仪器和药品

(1) 0.005 mol/L EDTA 溶液的配制：精密移取 0.02 mol/L EDTA 标准溶液 20 mL，稀释至 100 mL 容量瓶中，摇匀。

(2) 铬黑 T 指示剂。

(3) 氨 - 氯化铵缓冲溶液。

四、实验内容

1. 0.02 mol/L EDTA 标准溶液的配制和标定

(1) 配制在台秤上称取 4.0 g EDTA 于烧杯中，用少量水加热溶解，冷却后转入 500 mL 试剂瓶中加去离子水稀释至 500 mL。长期放置时应贮于聚乙烯瓶中。

（2）标定准确称取 $CaCO_3$ 基准物0.50～0.55 g，置于100 mL烧杯中，用少量水先润湿，盖上表面皿，慢慢滴加1∶1 HCl 10 mL，待其溶解后，用少量水洗表面皿及烧杯内壁，洗涤液一同转入250 mL容量瓶中，用水稀释至刻度，摇匀。

移取25.00 mL Ca^{2+} 溶液于250 mL锥形瓶中，加入20 mL氨性缓冲溶液，2～3滴KB指示剂。用0.02 mol/L EDTA溶液滴定至溶液由紫红变为蓝绿色，即为终点。平行标定3次，计算EDTA溶液的准确浓度。

2. 工业用水总硬度的测定

取水样100 mL于250 mL锥形瓶中，加入5 mL 1∶1三乙醇胺（若水样中含有重金属离子，则加入1 mL 2% Na_2S 溶液掩蔽），5 mL氨性缓冲溶液，2～3滴铬黑T（EBT）指示剂，0.005 mol/L EDTA标准溶液（用0.02 mol/L EDTA标准溶液稀释）滴定至溶液由紫红色变为纯蓝色，即为终点，记录EDTA标准溶液的体积 V_1。注意接近终点时应慢滴多摇。平行测定3次，计算水的总硬度。

3. 钙硬度和镁硬度的测定

取水样100 mL于250 mL锥形瓶中，加入2 mL 6 mol/L的NaOH溶液，摇匀，再加入0.01 g钙指示剂，摇匀后用0.005 mol/L EDTA标准溶液滴定至溶液由酒红色变为纯蓝色即为终点，记录EDTA标准溶液的体积 V_2。计算钙硬度。由总硬度和钙硬度求出镁硬度。

五、实验记录与数据处理

$$\text{总硬度（以 10 mg CaO/L）} = \frac{c(\text{EDTA}) \times V_1 \times M(\text{CaO})}{V} \times 100$$

$$\text{钙硬度（以 10 mg CaO/L）} = \frac{c(\text{EDTA}) \times V_2 \times M(\text{CaO})}{V} \times 100$$

式中　总硬度——水样的总硬度，mg/L；

钙硬度——水样的钙硬度，mg/L；

$c(\text{EDTA})$——EDTA标准滴定溶液的浓度，mol/L；

V_1——测定总硬度时消耗EDTA标准滴定溶液的体积，mL；

V_2——测定钙硬度时消耗EDTA标准滴定溶液的体积，mL；

V——所取水样的体积，mL；

$M(CaO)$ ——CaO 的摩尔质量，g/mol。

数据记录格式见表 3-28。

表 3-28 总硬度、钙硬度和镁硬度的测定

项目＼次数	1	2	3
$c(EDTA)$ /mol/L			
$V_1(EDTA)$ /mL			
$V_2(EDTA)$ /mL			
V（水）/mL			
总硬度/（$mg \cdot L^{-1}$）			
总硬度平均值/（$mg \cdot L^{-1}$）			
钙硬度/（$mg \cdot L^{-1}$）			
钙硬度平均值/（$mg \cdot L^{-1}$）			
镁硬度/（$mg \cdot L^{-1}$）			

注释：铬黑 T 与 Mg^{2+} 显色灵敏度高，与 Ca^{2+} 显色灵敏度低，当水样中 Ca^{2+} 含量高而 Mg^{2+} 很低时，得到不敏锐的终点，可采用 KB 混合指示剂。

水样中含铁量超过 10 mg/mL 时用三乙醇胺掩蔽有困难，需用蒸馏水将水样稀释到 Fe^{3+} 不超过 10 mg/mL 即可。

六、注意事项

滴定时，因反应速度较慢，在接近终点时，标准溶液慢慢加入，并充分摇动。

七、思考题

（1）配制 $CaCO_3$ 溶液和 EDTA 溶液时，各采用何种天平称量？为什么？

（2）铬黑 T 指示剂是怎样指示滴定终点的？

（3）以 HCl 溶液溶解 $CaCO_3$ 基准物质时，操作中应注意些什么？

（4）配位滴定中为什么要加入缓冲溶液？

（5）用 EDTA 法测定水的硬度时，哪些离子的存在有干扰？如何消除？

（6）配位滴定与酸碱滴定法相比，有哪些不同点？操作中应注意哪些问题？

（7）什么叫水的硬度？硬度有哪几种表示方法？

实验二十一 胃舒平药片中铝和镁的测定

一、实验目的

（1）学习药剂测定的前处理方法。

（2）学习用返滴定法测定铝的方法。

（3）掌握沉淀分离的操作方法。

二、实验原理

胃舒平主要成分为氢氧化铝、三硅酸铝及少量中药颠茄流浸膏，在制成片剂时还加了大量糊精等赋形剂。药片中 Al 和 Mg 的含量可用 EDTA 配位滴定法测定。

首先溶解样品，分离除去水不溶物质，然后分取试液加入过量的 EDTA 溶液，调节 pH 至 4 左右，煮沸使 EDTA 与 Al 配位完全，再以二甲酚橙为指示剂，用 Zn 标准溶液返滴过量的 EDTA，测出 Al 含量。另取试液，调节 pH 将 Al 沉淀分离后在 pH 为 10 的条件下以铬黑 T 作指示剂，用 EDTA 标准溶液滴定滤液中的 Mg。

三、仪器和药品

滴定管、容量瓶、移液管、EDTA 标准溶液（0.02 mol/L）、Zn^{2+} 标准溶液（0.02 mol/L）、六次甲基四胺溶液（20%）、三乙醇胺溶液（1∶2）、氨水（1∶1）、盐酸（1∶1）、甲基红指示剂（0.2% 乙醇溶液）、铬黑 T 指示剂、二甲酚橙指示剂（0.2%）、NH_3-NH_4Cl 缓冲溶液（pH＝10）、NH_4Cl 固体。

四、实验步骤

1. 样品处理

称取胃舒平药片 10 片，研细后从中称出药粉 2 g 左右，加入 20 mL HCl（1∶1），加蒸馏水 100 mL，煮沸，冷却后过滤，并以水洗涤沉淀，收集滤液及洗涤液于 250 mL 容量瓶中，稀释至刻度，摇匀。

2. 铝的测定

准确吸取上述试液 5.00 mL，加水至 25 mL 左右，滴加 1∶1 $NH_3 \cdot H_2O$ 溶液至刚出现浑浊，再加 1∶1 HCl 溶液至沉淀恰好溶解，准确加入 EDTA 标准溶液 25.00 mL，再加入 10 mL 六次甲基四胺溶液，煮沸 10 min 并冷却后，加入二甲酚橙指示剂 2 ~3 滴，以 Zn^{2+} 标准溶液滴定至溶液由黄色变为红色，即为终点。根据 EDTA 加入量与 Zn^{2+} 标准溶液滴定体积，计算每片药片中 $Al(OH)_3$ 的质量分数。

3. 镁的测定

吸取试液 25.00 mL，滴加 1∶1 $NH_3 \cdot H_2O$ 溶液至刚出现沉淀，再加 1∶1 HCl 溶液至沉淀恰好溶解，加入 2 g 固体 NH_4Cl，滴加六次甲基四胺溶液至沉淀出现并过量 15 mL，加热至 80 ℃，维持 10 ~ 15 min，冷却后过滤，以少量蒸馏水洗涤沉淀数次，收集滤液与洗涤液于 250 mL 锥形瓶中，加入三乙醇胺溶液 10 mL、NH_3-NH_4Cl 缓冲溶液 10 mL 及甲基红指示剂 1 滴，铬黑 T 指示剂少许，用 EDTA 标准溶液滴定至试液由暗红色转变为蓝绿色，即为终点。计算每片药片中 Mg 的质量分数（以 MgO 表示）。

五、实验记录与数据处理

$$w[Al(OH)_3] = \frac{c(Zn^{2+}) \times V(Zn^{2+}) \times 10^{-3} \times M[Al(OH)_3]}{m \times \frac{5}{250}} \times 100\%$$

$$w(MgO) = \frac{c(EDTA) \times V(EDTA) \times 10^{-3} \times M(MgO)}{m \times \frac{25}{250}} \times 100\%$$

式中 $w[Al(OH)_3]$ ——胃舒平中 $Al(OH)_3$ 的质量分数,%；

$w(MgO)$ ——胃舒平中 MgO 的质量分数,%；

$c(Zn^{2+})$ ——Zn^{2+} 标准滴定溶液的浓度，mol/L；

$V(Zn^{2+})$ ——终点消耗 Zn^{2+} 标准滴定溶液的体积，mL；

$c(EDTA)$ ——EDTA 标准滴定溶液的浓度，mol/L；

$V(EDTA)$ ——终点消耗 EDTA 标准滴定溶液的体积，mL；

$M[Al(OH)_3]$ ——$Al(OH)_3$ 的摩尔质量，g/mol；

$M(MgO)$ ——MgO 的摩尔质量，g/mol；

m——试样质量，g。

1. 铝的测定

数据记录格式见表3-29。

表3-29　药片中 $Al(OH)_3$ 的质量分数

项目 \ 次数	1	2	3
m_1(药片) /g			
m_2(药粉) /g			
V(试液) /mL	5.00		
始点 $V(Z_n^{2+})$/mL			
终点 $V(Z_n^{2+})$/mL			
$V(Z_n^{2+})$/mL			
$w(Al(OH)_3)$ /%			
$w(Al(OH)_3)$ 平均值/%			

2. 镁的测定

数据记录格式见表3-30。

表3-30　药片中 MgO 的质量分数

项目 \ 次数	1	2	3
m_1(药片) /g			
m_2(药粉) /g			
V(试液) /mL	25.00		
始点 V(EDTA) /mL			
终点 V(EDTA) /mL			
V(EDTA) /mL			
w(MgO) /%			
w(MgO) 平均值/%			

六、注意事项

（1）为使测定结果具有代表性，应取较多样品，研细后再取部分进行分析。

（2）测定镁时加入甲基红一滴可使终点更为敏锐。

七、思考题

（1）本实验为什么要称取大样后，再分取部分试液进行滴定？

（2）在分离铝后的滤液中测定镁，为什么要加三乙醇胺？

实验二十二　铋铅混合液中铋、铅含量的测定

一、实验目的

（1）进一步熟练滴定操作和滴定终点的判断。

（2）掌握铅、铋测定的原理、方法和计算。

（3）能描述连续滴定过程中，锥形瓶中颜色变化过程和变色原因。

（4）掌握借控制溶液的酸度来进行多种金属离子连续测定的络合滴定方法和原理。

（5）熟悉二甲酚橙指示剂的应用。

二、实验原理

Bi^{3+}、Pb^{2+}离子均能与 EDTA 形成稳定的络合物，其稳定性又有相当大的差别（它们的 $\lg K$ 值分别为 27.94 和 18.04），因此可以利用控制溶液酸度来进行连续滴定。

在测定中，均以二甲酚橙为指示剂。二甲酚橙属于三苯甲烷指示剂，易溶于水，它有 7 级酸式离解，其中 H_7In 至 H_3In^{4-} 呈黄色、H_2In^{5-} 至 In^{7-} 呈红色。所以它在溶液中的颜色随酸度而变，在溶液 $pH < 6.3$ 时呈黄色，$pH > 6.3$ 时呈红色。二甲酚橙与 Bi^{3+} 离子及 Pb^{2+} 离子的络合物呈紫红色，它们的稳定性与 Bi^{3+}、Pb^{2+} 离子和 EDTA 所成络合物的相比要弱一些。

测定时，先调节溶液的酸度至 pH≈1，进行 Bi^{3+} 离子的滴定，溶液由紫红色变为亮黄色，即为终点。然后再用六次甲基四胺为缓冲剂，控制溶液 pH≈5 ~6，进行 Pb^{2+} 离子的滴定。此时溶液再次呈现紫红色，以 EDTA 溶液继续滴定至突变为亮黄色，即为终点。

三、仪器和药品

（1）EDTA 标准溶液，c(EDTA) =0.02 mol/L。

（2）ZnO（A. R.）。

（3）1∶1 HCl 溶液。

（4）二甲酚橙指示液（2 g/L）。

（5）六次甲基四胺缓冲溶液（20%）。

（6）0.1 mol/L HNO_3。

（7）0.5 mol/L NaOH，配制：称取 8 g NaOH，溶于水后稀释至 100 mL。

（8）精密 pH 试纸。

（9）Bi^{3+}、Pb^{2+} 混合液（各约 0.02 mol/L），配制：称取 $Pb(NO_3)_2$ 6.6 g、$Bi(NO_3)_3$ 9.7 g，放入已盛有 30 mL HNO_3 烧杯中，在电炉上微热后，稀释至 1 000 mL。

四、实验内容

1. EDTA 的标定

（1）Zn^{2+} 标准溶液的配制。准确称取 ZnO 基准物 0.5 ~0.6 g 于 250 mL 烧杯中，用数滴水润湿后，盖上表面皿，从烧杯嘴中滴加数滴 1∶1 盐酸，待完全溶解后冲洗表面皿和烧杯内壁，定量转移至 250 mL 容量瓶中，加水稀释至刻度，摇匀，计算其准确浓度。

（2）EDTA 标准溶液的标定。用移液管移取 Zn^{2+} 标准溶液 25.00 mL 于 250 mL 锥形瓶中，加水 30 mL，加两滴二甲酚橙指示剂，然后滴加六次甲基四胺溶液直至溶液呈现稳定的紫红色，再多加 3 mL，用 EDTA 溶液滴至溶液由紫红色刚变为亮黄色即达到终点。

2. Bi^{3+} 的测定

用移液管移取 25.00 mL Bi^{3+}、Pb^{2+} 混合试液于 250 mL 锥形瓶中，加入

10 mL 0.10 mol/L HNO_3、2 滴二甲酚橙，用 EDTA 标准溶液滴定溶液由紫红色突变为亮黄色，即为终点，记取体积 V_1。

3. Pb^{2+} 的测定

在滴定 Bi^{3+} 后的溶液中，加入 10 mL 200 g/L 六次甲基四胺溶液，溶液变为紫红色，继续用 EDTA 标准溶液滴定溶液由紫红色突变为亮黄色，即为终点，记下体积 V_2。

五、实验记录与数据处理

1. EDTA 的标定

$$c(\mathrm{EDTA}) = \frac{m(\mathrm{ZnO})}{10V(\mathrm{EDTA}) \times M(\mathrm{ZnO})}$$

式中 $c(\mathrm{EDTA})$ ——EDTA 标准滴定溶液的浓度，mol/L；

$V(\mathrm{EDTA})$ ——EDTA 标准滴定溶液的体积，mL；

$M(\mathrm{ZnO})$ ——ZnO 的摩尔质量，g/mol；

$m(\mathrm{ZnO})$ ——ZnO 的质量，g。

2. Bi^{3+}、Pb^{2+} 的测定

$$\rho(\mathrm{Bi}^{3+}) = \frac{c(\mathrm{EDTA}) \times V_1 \times M(\mathrm{Bi})}{V}$$

$$\rho(\mathrm{Pb}^{2+}) = \frac{c(\mathrm{EDTA}) \times V_2 \times M(\mathrm{Pb})}{V}$$

式中 $\rho(\mathrm{Bi}^{3+})$ ——混合液中 Bi^{3+} 的质量浓度，g/L；

$\rho(\mathrm{Pb}^{2+})$ ——混合液中 Pb^{2+} 的质量浓度，g/L；

$c(\mathrm{EDTA})$ ——EDTA 标准滴定溶液的浓度，mol/L；

V_1——滴定 Bi^{3+} 时消耗 EDTA 标准滴定溶液的体积，mL；

V_2——滴定 Pb^{2+} 时消耗 EDTA 标准滴定溶液的体积，mL；

V——所取 Bi^{3+}、Pb^{2+} 混合液的体积，mL；

$M(\mathrm{Bi})$ ——Bi 的摩尔质量，g/mol；

$M(\mathrm{Pb})$ ——Pb 的摩尔质量，g/mol。

数据记录格式见表 3-31 ~ 表 3-33。

表 3-31　EDTA 的标定 [M(ZnO) = 81.38 g/mol]

项目＼次数	1	2	3	4
始点 V(EDTA) /mL				
终点 V(EDTA) /mL				
V(EDTA) /mL				
c(EDTA) / ($mol \cdot L^{-1}$)				
c(EDTA) 平均相对偏差				

表 3-32　Bi^{3+} 的测定

项目＼次数	1	2	3	4
始点 V(EDTA) /mL				
终点 V(EDTA) /mL				
V(EDTA) /mL				
$\rho(Bi^{3+})$ / ($g \cdot L^{-1}$)				
$\rho(Bi^{3+})$ 平均相对偏差				

表 3-33　Pb^{2+} 的测定

项目＼次数	1	2	3	4
始点 V(EDTA) /mL				
终点 V(EDTA) /mL				
V(EDTA) /mL				
$\rho(Pb^{2+})$ / ($g \cdot L^{-1}$)				
$\rho(Pb^{2+})$ 平均相对偏差				

六、思考题

（1）滴定 Bi^{3+}、Pb^{2+}离子时溶液酸度各控制在什么范围？怎样调节？为什么？

（2）能否在同一份试液中先滴定 Pb^{2+} 离子，而后滴定 Bi^{3+} 离子？

七、注意事项

（1）按本实验操作，滴定 Bi^{3+} 的起始酸度没有超过滴定 Bi^{3+} 的最高酸度。随着滴定的进行，溶液 pH≈1。加入 10 mL 200 g/L 六次甲基四胺后，溶液的 pH =5 ~6。

（2）在选择缓冲溶液时，不仅要考虑它的缓冲范围或缓冲容量，还要注意可能引起的副反应。再滴定 Pb^{2+} 时，若用 NaAc 调酸度时，Ac^- 能与 Pb^{2+} 形成络合物，影响 Pb^{2+} 的准确滴定，所以此处用六次甲基四胺调酸度。

§3.5　氧化还原滴定法的应用

3.5.1　高锰酸钾法

实验二十三　过氧化氢含量的测定

一、实验目的

（1）掌握高锰酸钾法测定过氧化氢的原理。

（2）学习高锰酸钾标准溶液的配制。

（3）掌握滴定终点的判断。

二、实验原理

1. 高锰酸钾溶液的配制和标定

$KMnO_4$是氧化还原滴定中最常用的氧化剂之一。$KMnO_4$具有很强的氧化能力，其标准溶液不能直接配制，通常需要粗略地配制成所需浓度的 $KMnO_4$ 溶液，放置 7 ~10 天，待溶液稳定后，除去生成的 MnO_2，再用基准物质标定其准确浓度。用于标定 $KMnO_4$溶液的基准物质有 $Na_2C_2O_4$、$Na_2C_2O_4 \cdot 2H_2O$、As_2O_3、纯铁丝等，其中 $Na_2C_2O_4$不含结晶水，易精制，无吸湿性，是标定

$KMnO_4$最常用的基准物质。滴定反应式为：

$$2MnO_4^- + 5C_2O_4^{2-} + 16H^+ = 2Mn^{2+} + 10CO_2\uparrow + 8H_2O$$

因为 $KMnO_4$溶液本身具有特殊的紫红色，极易察觉，故用它作为滴定液时，不需要另加指示剂。

注意事项：

（1）反应要在酸性、较高温度（75 ℃ ~85 ℃）和有 Mn^{2+}作催化剂的条件下进行。滴定初期，反应很慢，$KMnO_4$溶液必须逐滴加入，如滴加过快，部分 $KMnO_4$在热溶液中分解而造成误差。

$$4KMnO_4 + 2H_2SO_4 = 4MnO_2 + 2K_2SO_4 + 2H_2O + 3O_2$$

（2）温度不能太高，否则草酸钠在酸性溶液中分解。

（3）滴定反应过程中消耗 H^+，如溶液酸度不够，会产生 MnO_2沉淀，并及时加硫酸进行补救，如果终点已经到了，则加硫酸无效，应重作。

2. 过氧化氢的含量测定

H_2O_2是医药上的消毒剂，它在酸性溶液中很容易被 $KMnO_4$氧化而生成氧气和水，其反应式如下：

$$5H_2O_2 + 2MnO_4^- + 6H^+ = 2Mn^{2+} + 8H_2O + 5O_2$$

根据 $KMnO_4$溶液的浓度和滴定所耗用的体积，可以算得溶液中过氧化氢的含量。在生物化学中，常利用此法间接测定过氧化酶的活性。例如，血液中存在的过氧化氢酶能使过氧化氢分解，所以用一定量的过氧化氢与其作用，然后在酸性条件下用标准 $KMnO_4$溶液滴定残余的过氧化氢，就可以了解酶的活性。

市售的 H_2O_2约为30%的水溶液，极不稳定，滴定前需先用水稀释到一定浓度，以减少取样误差。在要求较高的测定中，由于市售 H_2O_2中常加有稳定剂，如乙酰苯胺、尿素、丙乙酰胺等，这时会造成误差，可改用碘量法测定。

三、仪器和药品

（1）$KMnO_4$固体（分析纯 A. R.）。

（2）$Na_2C_2O_4$固体（A. R. 或基准试剂）。

（3）3 mol/L H_2SO_4溶液。

（4）H_2O_2样品。

四、实验内容

1. 0.02 mol/L $KMnO_4$溶液的配制和标定

（1）配制：在台秤上称取 2.0 g $KMnO_4$，加入适量蒸馏水使其溶解，稀释到500 mL，加热煮沸 20～30 min（随时加水以补充因蒸发而损失的水）。冷却后在暗处放置 7～10 天后，其上层的溶液用玻璃砂芯漏斗过滤除去 MnO_2 等杂质。滤液储存于玻塞棕色瓶中，待标定。

如果将溶液加热煮沸并保持微沸 1 h，冷却后过滤，则不必长期放置，就可以标定其浓度。

（2）标定：准确称取 0.2 g 左右预先干燥过的 $Na_2C_2O_4$三份，分别置于 250 mL 锥形瓶中，各加入 40 mL 蒸馏水和 10 mL 3 mol/L H_2SO_4溶液使其溶解，慢慢加热直到蒸气冒出（为 75 ℃～85 ℃）。趁热用待标定的 $KMnO_4$溶液进行滴定，开始滴定时，速度宜慢，在第一滴 $KMnO_4$溶液滴入后，不断摇动溶液，当紫红色褪去后再滴入第二滴。待溶液中有 Mn^{2+} 产生后，反应速度快，滴定速度也就可适当加快，但也决不可使 $KMnO_4$溶液连续流下。接近终点时，紫红色褪去很慢，应减慢滴定速度，同时充分摇匀，以防超过终点。最后滴加半滴，在摇匀后半分钟内仍保持微红色不褪，表明已达到终点。记下终读数并计算 $KMnO_4$溶液的浓度 $c(KMnO_4)$。

2. H_2O_2含量的测定

用吸量管吸取 1.00 mL H_2O_2样品（浓度约为 30%）于 250 mL 容量瓶中，用去离子水定容，摇匀，用移液管移取 25 mL 稀释液 3 份，分别置于 3 个 250 mL锥形瓶中，各加 5 mL 3 mol/L 的 H_2SO_4溶液，用 $KMnO_4$标准溶液滴定至溶液呈微红色在半分钟内不褪色，即为终点。

五、实验记录与数据处理

1. 0.02 mol/L $KMnO_4$溶液的标定

$$c\left(\frac{1}{5}KMnO_4\right)=\frac{m(Na_2C_2O_4)}{V(KMnO_4)\times M\left(\frac{1}{2}Na_2C_2O_4\right)\times 10^{-3}}$$

式中 $c\left(\frac{1}{5}KMnO_4\right)$——$KMnO_4$标准滴定溶液的浓度，mol/L；

$V(KMnO_4)$ ——$KMnO_4$标准滴定溶液的体积，mL；

$M(Na_2C_2O_4)$ ——以$\frac{1}{2}Na_2C_2O_4$为基本单元的$Na_2C_2O_4$的摩尔质量，g/mol；

$m(Na_2C_2O_4)$ ——基准物$Na_2C_2O_4$的质量，g。

数据记录格式见表3-34。

表3-34　0.02 mol/L $KMnO_4$溶液的标定

项目＼次数	1	2	3
$m(Na_2C_2O_4)$ /g			
$V(KMnO_4)$ /mL			
$c\left(\frac{1}{5}KMnO_4\right)$/（mol·L^{-1}）			
$c\left(\frac{1}{5}KMnO_4\right)$平均值/（mol·L^{-1}）			
相对偏差			
平均相对偏差			

2. H_2O_2含量的测定

$$w(H_2O_2)=\frac{c\left(\frac{1}{5}KMnO_4\right)\times V(KMnO_4)\times 10^{-3}\times M\left(\frac{1}{2}H_2O_2\right)}{m\times\frac{25}{250}}\times 100\%$$

式中　$w(H_2O_2)$ ——过氧化氢的质量分数,%；

$m(H_2O_2)$ ——过氧化氢试样质量，g；

$c\left(\frac{1}{5}KMnO_4\right)$——$KMnO_4$标准滴定溶液的浓度，mol/L；

$V(KMnO_4)$ ——$KMnO_4$标准滴定溶液的体积，mL；

$M\left(\frac{1}{2}H_2O_2\right)$——以$\frac{1}{2}H_2O_2$为基本单元的$H_2O_2$的摩尔质量，g/mol；

$m(Na_2C_2O_4)$ ——基准物$Na_2C_2O_4$的质量，g。

数据记录格式见表3-35。

表 3-35 H_2O_2 含量的测定

项目 \ 次数	1	2	3
$V(H_2O_2)$ /mL			
$c\left(\frac{1}{5}KMnO_4\right)$/ (mol · L^{-1})			
$V(KMnO_4)$ /mL			
$w(H_2O_2)$ /%			
$w(H_2O_2)$ (平均值) /%			
相对偏差			
平均相对偏差			

六、思考题

(1) 配制 $KMnO_4$标准溶液时为什么要把 $KMnO_4$溶液煮沸一定时间（或放置数天）？配好的 $KMnO_4$溶液为什么要过滤后才能保存？过滤时是否能用滤纸？

(2) 用 $Na_2C_2O_4$为基准物质标定 $KMnO_4$溶液时，应注意哪些重要的反应条件？

(3) 用 $KMnO_4$法测定 H_2O_2时，能否用 HNO_3或 HCl 来控制酸度？为什么？

实验二十四　绿矾中 $FeSO_4 \cdot 7H_2O$ 含量的测定

一、实验目的

(1) 掌握用 $KMnO_4$标准溶液直接滴定测定绿矾中 $FeSO_4 \cdot 7H_2O$ 含量的基本原理、方法和计算。

(2) 熟练掌握 $KMnO_4$法滴定终点的确定。

二、实验原理

将绿矾试样用稀硫酸溶解，用 $KMnO_4$标准溶液直接滴定 Fe^{2+} 试液，反应式为：

$$5Fe^{2+} + MnO_4^- + 8H^+ \longequal Mn^{2+} + 5Fe^{2+} + 4H_2O$$

以 $KMnO_4$ 为自身指示剂。

三、仪器和药品

（1）$KMnO_4$ 标准滴定溶液，$c\left(\frac{1}{5}KMnO_4\right) = 0.1$ mol/L。

（2）H_2SO_4 溶液，$c\left(\frac{1}{2}H_2SO_4\right) = 2$ mol/L。配制：28 mL 浓 H_2SO_4 缓缓注入 200 mL 蒸馏水中，边加边搅拌，冷却后稀释至 500 mL。

（3）磷酸。

（4）绿矾试样。

四、实验内容

准确称取绿矾试样 0.6 ~ 0.7 g，放于 250 mL 锥形瓶中，加入 $c\left(\frac{1}{2}H_2SO_4\right) = 2$ mol/L 的 H_2SO_4 溶液 15 mL，浓磷酸 2 mL 及煮沸并冷却的蒸馏水 50 mL，轻摇使样品溶解，立即以 $c\left(\frac{1}{5}KMnO_4\right) = 0.1$ mol/L 的 $KMnO_4$ 标准滴定溶液滴定至溶液呈淡粉色并保持 30 s 不褪色为终点。记录消耗 $KMnO_4$ 标准滴定溶液的体积。平行测定 3 次。

五、实验记录与数据处理

$$w(FeSO_4 \cdot 7H_2O) = \frac{c\left(\frac{1}{5}KMnO_4\right) \times V(KMnO_4) \times 10^{-3} \times M(FeSO_4 \cdot 7H_2O)}{m} \times 100\%$$

式中　$w(FeSO_4 \cdot 7H_2O)$ ——$FeSO_4 \cdot 7H_2O$ 的质量分数，%；

$c\left(\frac{1}{5}KMnO_4\right)$ ——$KMnO_4$ 标准滴定溶液的浓度，mol/L；

$V(KMnO_4)$ ——滴定消耗 $KMnO_4$ 标准滴定溶液的体积，mL；

$M(FeSO_4 \cdot 7H_2O)$ ——$FeSO_4 \cdot 7H_2O$ 的摩尔质量，g/mol；

m——绿矾试样的质量，g。

数据记录格式见表 3-36。

表 3-36 测定绿矾中 $FeSO_4 \cdot 7H_2O$ 的质量分数

项目 \ 次数	1	2	3
$c\left(\frac{1}{5}KMnO_4\right)/(mol \cdot L^{-1})$			
$V(KMnO_4)$ /mL			
$w(FeSO_4 \cdot 7H_2O)$ /%			
$w(FeSO_4 \cdot 7H_2O)$（平均值）/%			
相对偏差			
平均相对偏差			

六、思考题

（1）以 $c\left(\frac{1}{5}KMnO_4\right)=0.1$ mol/L 的 $KMnO_4$ 标准滴定溶液测定绿矾中 $FeSO_4 \cdot 7H_2O$ 含量时，每份绿矾试样的称样量为多少克？通过计算说明。

（2）说明实验中加入 H_2SO_4 和 H_3PO_4 的目的。

实验二十五 软锰矿中 MnO_2 含量的测定

一、实验目的

（1）掌握 $KMnO_4$ 返滴法测定软锰矿中二氧化锰含量的基本原理、方法和计算。

（2）掌握软锰矿的溶样方法。

（3）熟练滴定分析操作技术，提高平行测定的精密度。

二、实验原理

在酸性溶液中，将 MnO_2 和过量的 $Na_2C_2O_4$ 加热溶解，然后用 $KMnO_4$ 标准滴定溶液返滴剩余的 $5C_2O_4^{2-}$，以 $KMnO_4$ 为自身指示剂。从而测得 MnO_2 的含量。反应方程式为：

$$MnO_2 + C_2O_4^{2-} + 4H^+ = Mn^{2+} + 2CO_2\uparrow + 2H_2O$$

$$2MnO_4^- + 5C_2O_4^{2-}（剩余） + 16H^+ = 2Mn^{2+} + 10CO_2\uparrow + 8H_2O$$

三、仪器和药品

（1）$Na_2C_2O_4$固体。

（2）H_2SO_4溶液，$c(H_2SO_4) = 3$ mol/L。

（3）$KMnO_4$标准滴定溶液，$c\left(\frac{1}{5}KMnO_4\right) = 0.1$ mol/L。

（4）软锰矿试样。

四、实验内容

准确称取软锰矿试样约0.5 g，两份，分别放入400 mL烧杯中；再准确称取$Na_2C_2O_4$固体约0.7 g，两份，放入同一烧杯中，加入25 mL蒸馏水，再加入3 mol/L H_2SO_4溶液50 mL，盖上表面皿，缓慢加热至试样完全溶解（无CO_2气体生成，残渣内无黑色颗粒为止）。冲洗表面皿，将溶液用蒸馏水稀释至200 mL，加热至75 ℃～85 ℃，趁热用$c\left(\frac{1}{5}KMnO_4\right) = 0.1$ mol/L的$KMnO_4$标准滴定溶液滴定至粉红色在30 s内不褪色，即为终点，记录消耗的体积。

五、实验记录与数据处理

$$w(MnO_2) = \frac{\left[\dfrac{m(Na_2C_2O_4)}{M\left(\frac{1}{2}Na_2C_2O_4\right)} - c\left(\frac{1}{5}KMnO_4\right) \times V(KMnO_4) \times 10^{-3}\right] \times M\left(\frac{1}{2}MnO_2\right)}{m} \times 100\%$$

式中　$w(MnO_2)$——MnO_2的质量分数，%；

$m(Na_2C_2O_4)$——$Na_2C_2O_4$的质量，g；

$M\left(\frac{1}{2}Na_2C_2O_4\right)$——以$\frac{1}{2}Na_2C_2O_4$为基本单元的$Na_2C_2O_4$的摩尔质量，g/mol；

$c\left(\frac{1}{5}KMnO_4\right)$——$KMnO_4$标准滴定溶液的浓度，mol/L；

$V(KMnO_4)$——滴定消耗$KMnO_4$标准滴定溶液的体积，mL；

$M\left(\frac{1}{2}MnO_2\right)$——以$\frac{1}{2}MnO_2$为基本单元的$MnO_2$的摩尔质量，g/mol；

m——软锰矿试样的质量，g。

数据记录格式见表3-37。

表3-37 软锰矿中二氧化锰的质量分数

项目＼次数	1	2	3
$c\left(\frac{1}{5}KMnO_4\right)$/（mol·L^{-1}）			
$m(Na_2C_2O_4)$ /g			
m(试样) /g			
$V(KMnO_4)$ /mL			
$w(MnO_2)$ /%			
$w(MnO_2)$（平均值）/%			
相对偏差			
平均相对偏差			

六、思考题

（1）溶解样品时能否用盐酸？为什么？

（2）试样完全溶解的标志是什么？若试样没有完全溶解，对分析结果有什么影响？

（3）用 $KMnO_4$ 滴定时，溶液的温度过低或过高对分析结果有什么影响？

实验二十六　水中化学需氧量（COD）测定

一、实验目的

（1）了解化学耗氧量反映水污染程度的基本概念、表示方法。

（2）掌握用高锰酸钾法测定水中耗氧量（COD）的原理和方法。

二、实验原理

化学耗氧量是指用适当氧化剂处理水样时，水中需氧污染物所消耗的氧化剂的量，通常以相应的氧量（mg/L）来表示。水的需氧量大小是水质污染程度的重要指标之一，它分为化学需氧量（COD）和生物需氧量（BOD）两种，COD反映了水体受还原性物质污染的程度，这些还原性物质包括有机物、亚硝酸盐、亚铁盐、硫化物等。水被有机物污染是很普遍的现象，因此COD也作为有机物相对含量的指标之一。

水样COD的测定，会因为加入氧化剂的种类和浓度、反应溶液的温度、酸度和时间以及催化剂的存在与否而得到不同的结果。因此，COD是一个条件性的指标，必须严格按操作步骤进行测定。COD的测定有几种方法，分为酸性高锰酸钾法、碱性高锰酸钾法和重铬酸钾法。

本实验采用酸性高锰酸钾法。水样加入硫酸酸化后，加入一定量的$KMnO_4$溶液，并在沸水浴中加热反应一定时间，然后加入过量的$Na_2C_2O_4$标准溶液，使之与剩余的$KMnO_4$充分利用。再用$KMnO_4$溶液回滴过量的$Na_2C_2O_4$，通过计算求得高锰酸钾的指数值，反应式如下：

$$2MnO_4^- + 5C_2O_4^{2-} + 16H^+ = 2Mn^{2+} + 10CO_2\uparrow + 8H_2O$$

以高锰酸钾为自身指示剂。

三、仪器和药品

（1）25.00 mL、10.00 mL移液管各一只。

（2）250 mL锥形瓶。

（3）50 mL酸式滴定管。

（4）水浴锅。

（5）$KMnO_4$标准滴定溶液，$c\left(\frac{1}{5}KMnO_4\right) = 0.01$ mol/L。

（6）$Na_2C_2O_4$标准溶液，$c\left(\frac{1}{2}Na_2C_2O_4\right) = 0.01$ mol/L。

（7）H_2SO_4溶液，$c(H_2SO_4) = 6$ mol/L。

四、实验内容

1. 化学耗氧量的测定

移取 100 mL 水样于锥形瓶中，加入 7.5 mL 6 mol/L H_2SO_4溶液，摇匀。准确加入 10.00 mL 0.01 mol/L $KMnO_4$标准滴定溶液（即 V_1），摇匀，立即放入沸水浴中加热 30 min（重新沸腾时，水浴沸水溶液面要高于反应溶液的液面）。趁热加入 15.00 mL $c\left(\frac{1}{2}Na_2C_2O_4\right)=0.01$ mol/L $Na_2C_2O_4$标准溶液，摇匀，加热至有蒸气冒出（为 75 ℃ ~85 ℃），立即用 $KMnO_4$标准滴定溶液滴定至溶液呈浅粉色 30 s 不褪色，即为终点。记下消耗 $KMnO_4$标准滴定溶液的体积（即 V_2），所用 $KMnO_4$标准滴定溶液的总体积 $V=V_1+V_2$。平行滴定 3 次。

2. $KMnO_4$溶液的滴定

将上述步骤中已滴定完毕的溶液加热至65 ℃ ~85 ℃，准确加入 15.00 mL $Na_2C_2O_4$标准溶液，再用 $KMnO_4$标准滴定溶液滴定至溶液呈微红色，记下 $KMnO_4$标准滴定溶液消耗的体积 V_3。则每毫升 $KMnO_4$标准滴定溶液相当于 $Na_2C_2O_4$标准溶液的体积（mL）为：

$$K=15.00/V_3$$

平行测定 3 次。

五、实验记录与数据处理

$$\mathrm{COD}(O_2,\ \mathrm{mg/L})=\frac{[(V_1+V_2)K-15.00]\times c\left(\frac{1}{2}Na_2C_2O_4\right)\times M\left(\frac{1}{4}O_2\right)}{100}\times 1\,000$$

式中 $c\left(\frac{1}{2}Na_2C_2O_4\right)$——$Na_2C_2O_4$标准溶液的浓度，mol/L；

V_1+V_2——滴定消耗 $KMnO_4$标准滴定溶液的总体积，mL；

15.00——测定水样时，加入的 $Na_2C_2O_4$ 标准溶液的体积，mL；

$M\left(\frac{1}{4}O_2\right)$——以$\frac{1}{4}O_2$为单元时 O_2的摩尔质量，g/mol；

m——软锰矿试样的质量，g。

数据记录格式见表 3-38。

表3-38　水中化学耗氧量的测定

项目＼次数	1	2	3
$c\left(\frac{1}{5}KMnO_4\right)/(mol \cdot L^{-1})$			
$c\left(\frac{1}{2}Na_2C_2O_4\right)/(mol \cdot L^{-1})$			
V_1/mL			
V_2/mL			
V_1+V_2/mL			
COD(O_2，mg/L)			
COD(O_2，mg/L) 平均值			
相对偏差			
平均相对偏差			

六、思考题

（1）水样中加入高锰酸钾溶液煮沸时，如果褪到无色，说明什么？

（2）按照本次实验步骤，在计算分析结果时，是否要已知高锰酸钾溶液的准确浓度？为什么？

3.5.2　重铬酸钾法

实验二十七　硫酸亚铁铵中亚铁含量的测定

一、实验目的

（1）掌握重铬酸钾法测定亚铁盐中铁含量的原理和方法。

（2）了解氧化还原指示剂的作用原理和使用方法。

（3）滴定操作的熟练应用；产品分析程序、氧化还原指示剂的应用。

（4）氧化还原指示剂作用原理与终点的确定。

二、实验原理

$K_2Cr_2O_7$在酸性介质中可将 Fe^{2+} 离子定量地氧化，其本身被还原为 Cr^{3+}，反应式为：

$$Cr_2O_7^{2-} + 6Fe^{2+} + 14H^+ = 2Cr^{3+} + 6Fe^{3+} + 7H_2O$$

滴定在 $H_3PO_4 - H_2SO_4$混合酸介质中进行，以二苯胺磺酸钠为指示剂，滴定至溶液无色经绿色到呈紫红色，即为终点。

三、仪器和药品

（1）分析天平。

（2）容量瓶（250 mL）。

（3）烧杯（100 mL、250 mL）、量筒（10 mL）。

（4）移液管（25 mL）。

（5）锥形瓶（250 mL）。

（6）滴定管（50 mL）。

（7）目视比色管。

（8）硫酸亚铁铵（学生自制）。

（9）$K_2Cr_2O_7$（A. R.）。

（10）二苯胺磺酸钠（0.2%）。

（11）H_3PO_4（85%）。

（12）H_2SO_4溶液（20%）。

（13）固体 $(NH_4)_2SO_4 \cdot FeSO_4 \cdot 6H_2O$ 试样。

四、实验内容

1. 0.01 mol/L $K_2Cr_2O_7$标准溶液配制

用差减法准确称取基准物质 $K_2Cr_2O_7$ 0.12 ~ 0.14 g，放于小烧杯中，加入少量水，加热溶解，经移液、洗涤（2 ~ 3 次）、移液，定量转入 250 mL 容量瓶中，用水稀释至刻度，摇匀，计算其准确浓度。

2. 硫酸亚铁铵中 Fe（II）的测定

准确称取 1～1.5 g $(NH_4)_2SO_4 \cdot FeSO_4 \cdot 6H_2O$ 样品，置于 250 mL 烧杯中，加入 8 mL 20% H_2SO_4溶液防止水解，加入已除去氧的蒸馏水加热溶解，定量转入 250 mL 容量瓶中，用无氧水稀释至刻度，充分摇匀（将容量瓶中的 $K_2Cr_2O_7$标准溶液倒入试剂瓶后，不用将洗涤容量瓶的水倒入试剂瓶中，否则会改变 $K_2Cr_2O_7$标准溶液的浓度）。

准确平行移取 3 份 25.00 mL 上述样品溶液分别置于 3 个锥形瓶中，各加入 50 mL 无氧水，10 mL 20% H_2SO_4溶液，再加入 5～6 滴二苯胺磺酸钠指示剂，摇匀后用 $c\left(\frac{1}{6}K_2Cr_2O_7\right)=0.01$ mol/L 的 $K_2Cr_2O_7$标准滴定溶液滴定，至溶液出现深绿色时，加 5.0 mL 85% H_3PO_4溶液，继续滴至溶液呈紫色或蓝紫色。记录消耗 $K_2Cr_2O_7$标准滴定溶液的体积。平行测定 3 次，计算试液中 Fe 的含量。

五、实验记录与数据处理

1. $K_2Cr_2O_7$标准滴定溶液的浓度

$$c\left(\frac{1}{6}K_2Cr_2O_7\right)=\frac{m(K_2Cr_2O_7)}{M\left(\frac{1}{6}K_2Cr_2O_7\right)\times V(K_2Cr_2O_7)\times 10^{-3}}$$

式中　$c\left(\frac{1}{6}K_2Cr_2O_7\right)$——$K_2Cr_2O_7$标准滴定溶液的浓度，mol/L；

$m(K_2Cr_2O_7)$——基准物质 $K_2Cr_2O_7$的质量，g；

$M\left(\frac{1}{6}K_2Cr_2O_7\right)$——$\frac{1}{6}K_2Cr_2O_7$基准物质的摩尔质量，g/mol；

$V(K_2Cr_2O_7)$——$K_2Cr_2O_7$标准滴定溶液的体积，mL。

2. 硫酸亚铁铵中铁含量测定

$$w(Fe^{2+})=\frac{c\left(\frac{1}{6}K_2Cr_2O_7\right)\times V(K_2Cr_2O_7)\times 10^{-3}\times M(Fe^{2+})}{m\times\frac{25}{250}}\times 100\%$$

数据记录格式见表 3-39。

表 3-39　硫酸亚铁铵中铁含量测定

项目＼次数	1	2	3
$c\left(\frac{1}{6}K_2Cr_2O_7\right)$/（mol·L^{-1}）			
m(试样）/g			
$V(K_2Cr_2O_7)$ /mL			
V(样品溶液）/mL	25.00	25.00	25.00
w(Fe）/%			
w(Fe）（平均值）/%			
相对偏差			
平均相对偏差			

六、思考题

（1）$K_2Cr_2O_7$为什么可用来直接配制标准溶液？

（2）加入 H_3PO_4的作用是什么？

实验二十八　铁矿石中铁含量的测定（无汞法）

一、实验目的

（1）学会 $K_2Cr_2O_7$标准滴定溶液的配制及使用。

（2）学习矿石试样的酸溶法和重铬酸钾法测定铁的原理及方法。

（3）了解二苯胺磺酸钠指示剂的作用原理。

二、实验原理

铁矿石中的铁以氧化物形式存在。试样经盐酸分解后，在热浓的盐酸溶液中用 $SnCl_2$将大部分 Fe^{3+}还原为 Fe^{2+}，加入钨酸钠作指示剂，剩余的 Fe^{3+}用 $TiCl_3$溶液还原为 Fe^{2+}，当完全 Fe^{3+}还原为 Fe^{2+}后，过量 1 滴 $TiCl_3$使钨酸钠的 W^{6+}化合物还原为蓝色的 W^{5+}化合物（俗称钨蓝），使溶液呈蓝色，滴加 $K_2Cr_2O_7$标准滴定溶液使钨蓝刚好褪色。最后，溶液中的 Fe^{2+}在硫酸、磷酸混合介质中，以二苯胺磺酸钠作指示剂，用 $K_2Cr_2O_7$ 标准溶液滴至紫色为终点。主要反应式如下。

（1）试样溶解：

$$Fe_2O_3 + 6HCl = 2FeCl_3 + 3H_2O$$

（2）Fe^{3+} 的还原：

$$2Fe^{3+} + SnCl_4^{2-} + 2Cl^- = 2Fe^{2+} + SnCl_6^{2-}$$

$$Fe^{3+} + Ti^{3+} + H_2O = Fe^{2+} + TiO^{2+} + 2H^+$$

（3）滴定：

$$6Fe^{2+} + Cr_2O_7^{2-} + 14H^+ = 6Fe^{3+} + 2Cr^{3+} + 7H_2O$$

滴定过程生成的 Fe^{3+} 呈黄色，影响终点的判断，可加入 H_3PO_4，使之与 Fe^{3+} 生成无色 $[Fe(PO_4)_2]^{3-}$，减小 Fe^{3+} 浓度。同时，可降低 Fe^{3+}/Fe^{2+} 电对的电极电位，使滴定终点时指示剂变色电位范围与反应物的电极电位更接近，获得更好的滴定效果。

重铬酸钾法是测铁的国家标准方法。在测定合金、矿石、金属盐及硅酸盐等的含铁量时具有很大的实用价值。

三、仪器和药品

（1）电子天平、称量瓶。

（2）烧杯、量筒。

（3）50 mL 酸式滴定管、移液管、干燥器。

（4）250 mL 容量瓶。

（5）浓盐酸，浓度为 1.19 g/cm^3。

（6）盐酸（1∶1）。

（7）10% $SnCl_2$ 溶液。

配制：将 10 g $SnCl_2 \cdot 2H_2O$ 溶解在 100 mL 盐酸（1∶1）中（临用前配制）。

（8）25% 的 Na_2WO_4 溶液。

配制：取 25 g Na_2WO_4 溶于 95 mL 水中（如浑浊，则需过滤），加 5 mL 磷酸混匀。

（9）1.5% 的 $TiCl_3$。

配制：取 10 mL $TiCl_3$ 试剂溶液，用盐酸（1∶4）稀释至 100 mL，存放于棕色试剂瓶中（临用前配制）。

（10）H_2SO_4-H_3PO_4（1∶1）混酸。

配制：在搅拌下将 100 mL 浓硫酸缓缓加入到 250 mL 水中，冷却后加入 150 mL 磷酸，混匀。

（11）0.5% 的二苯胺磺酸钠溶液。

配制：称取 0.5 g 二苯胺磺酸钠，溶于 100 mL 水中，加入 2 滴浓硫酸，混匀，存放于棕色试剂瓶中。

（12）基准物质 $K_2Cr_2O_7$。

四、实验内容

1. $K_2Cr_2O_7$ 标准滴定溶液的配制

准确称取 1.2 g ± 0.1 g 基准物质 $K_2Cr_2O_7$，放入干燥的小烧杯中，加水溶解后转移至 250 mL 容量瓶中，用水稀释至标线，摇匀，计算溶液的准确浓度。

2. 试样中铁含量的测定

（1）矿样预先在 120 ℃烘箱中烘 1～2 h，放入干燥器中冷却 30～40 min 后，准确称取 3 份 0.25～0.30 g 矿样于 250 mL 烧杯中，加少许水，使矿样全部润湿并散开，加入 10 mL 盐酸（1∶1），盖上表面皿，在通风橱中加热至微沸，并保持 15 min，使其溶解，稍冷，用少量水冲洗表面皿和杯壁。

（2）加热至近沸，趁热慢慢滴加 10% 的 $SnCl_2$ 溶液（不宜过量），将大部分 Fe^{3+} 还原为 Fe^{2+}，此时溶液由红棕色变为浅黄色，再加 10 mL 蒸馏水、10～15滴 25% 的 Na_2WO_4，滴加 1.5% 的 $TiCl_3$ 至出现稳定的“钨蓝”，用洗瓶冲洗杯壁（为 20～30 mL），滴加 $K_2Cr_2O_7$ 标准滴定溶液至蓝色刚刚消失（不计读数）。

（3）加入 10 mL H_2SO_4-H_3PO_4（1∶1）混酸，然后加入 3 滴 0.5% 的二苯胺磺酸钠溶液作指示剂，立即用 $K_2Cr_2O_7$ 标准溶液滴定至溶液呈现稳定的紫色，即为终点。记录消耗 $K_2Cr_2O_7$ 标准滴定溶液的体积，平行测定 2 次。计算试样中铁的质量分数。

矿样溶解完全后，应还原一份试样，立即滴定一份，不要同时还原好几份样品，以免在空气中暴露太久，被空气中的氧气氧化而影响结果。

3.5.3 碘量法

实验二十九 维生素 C 的测定

一、实验目的

（1）掌握直接碘量法测定维生素 C 的原理和方法。

（2）了解间接碘量法的原理。

二、实验原理

维生素 C 又称抗坏血酸 Vc，分子式 $C_6H_8O_6$。Vc 具有还原性，可被 I_2 定量氧化，因而可用 I_2 标准溶液直接测定。其滴定反应式为：

$$\text{HOH}_2\text{C—CH(OH)—CH—C(OH)=C(OH)—C(=O)—O (环)} + I_2 \longrightarrow \text{HOH}_2\text{C—CH(OH)—CH—C(=O)—C(=O)—C(=O)—O (环)} + 2HI$$

用直接碘量法可测定药片、注射液、饮料、蔬菜、水果等的 Vc 含量。

I_2 微溶于水而易溶于 KI 溶液，但在稀的 KI 溶液中溶解得很慢，所以配制 I_2 溶液时不能过早加水稀释，应先将 I_2 和 KI 混合，用少量水充分研磨，溶解完全后再加水稀释。

I 与 KI 间存在如下平衡：

$$I_2 + I^- \rightleftharpoons I^{3-}$$

游离 I_2 容易挥发损失，这是影响碘溶液稳定性的原因之一。因此溶液中应维持适当过量的 I^- 离子，以减少 I_2 的挥发。空气能氧化 I^- 离子，引起 I_2 浓度增加：

$$4I^- + O_2 + 4H^+ \xlongequal{} 2I_2 + 2H_2O$$

此氧化作用缓慢，但能为光、热及酸的作用而加速，因此 I_2 溶液应处于棕色瓶中置冷暗处保存。I_2 能缓慢腐蚀橡胶和其他有机物，所以 I 应避免与这类物质接触。

I_2 标准滴定溶液用 $Na_2S_2O_3$ 标定。而 $Na_2S_2O_3$ 一般含有少量杂质，在 pH = 9 ~ 10 间稳定，所以在 $Na_2S_2O_3$ 溶液中加入少量的 Na_2CO_3。$Na_2S_2O_3$ 见光易分

解，因此可用棕色瓶储于暗处，经8～14天，用$K_2Cr_2O_7$做基准物间接碘量法标定$Na_2S_2O_3$溶液的浓度。其过程为：$K_2Cr_2O_7$与KI先反应析出I_2，析出的I_2再用标准的$Na_2S_2O_3$溶液滴定，从而求得$Na_2S_2O_3$的浓度。这个标定$Na_2S_2O_3$的方法为间接碘量法。

碘量法的基本反应式为：

$$2S_2O_3^{2-}+I_2 \longleftrightarrow S_4O_6^{2-}+2I^-$$

标定$Na_2S_2O_3$溶液的反应方程式为：

$$6I^-+Cr_2O_7^{2-}+14H^+ \longleftrightarrow 2Cr^{3+}+3I_2+7H_2O$$

$$2S_2O_3^{2-}+I_2 \longleftrightarrow S_4O_6^{2-}+2I^-$$

$Na_2S_2O_3$标定时关系为：$n\left(\frac{1}{6}K_2Cr_2O_7\right)=n(Na_2S_2O_3)$。

由于Vc的还原性很强，较容易被溶液和空气中的氧氧化，在碱性介质中这种氧化作用更强，因此滴定宜在酸性介质中进行，以减少副反应的发生。考虑到I_2在强酸性中也易被氧化，故一般选在pH为3～4的弱酸性溶液中进行滴定。

三、仪器和药品

（1）I_2溶液（0.05 mol/L）：3.3 g I_2和5 g KI，置于研钵中加少量水，在通风橱中研磨。待I_2全部溶解后，将溶液转入棕色试剂瓶，加水稀释至250 mL，摇匀，放置暗处保存。

（2）$Na_2S_2O_3$标准溶液（0.01 mol/L）。

（3）淀粉溶液（5%）。

（4）HAc（1∶1）。

（5）固体Vc样品（维生素片剂）。

（6）重铬酸钾（A. R.）。

四、实验内容

1. $Na_2S_2O_3$标准溶液的标定

称取$Na_2S_2O_3\cdot 5H_2O$ 0.6～0.7 g溶于250 mL新煮沸的冷蒸馏水中，加0.005 g碳酸钠保存于棕色瓶中，置于暗处，一天后标定。

移取25.00 mL 0.02 mol/L $K_2Cr_2O_7$标准溶液于锥形瓶中，加入1 mol/L

$H_2SO_4$15 mL、10 mL 10% KI 溶液，于暗处放置 5 min，加蒸馏水 40 mL，用待标定的 $Na_2S_2O_3$溶液滴定至黄绿色，加入 3 mL 淀粉溶液，继续滴定至亮绿色，即为终点。平行标定 2 ~3 次，计算 $Na_2S_2O_3$溶液的准确浓度。

2. I_2的标定

用移液管移取 25.00 mL $Na_2S_2O_3$标准溶液于 250 mL 锥形瓶中，加 50 mL 蒸馏水，5 mL 0.5% 淀粉溶液，然后用 I_2溶液滴定至溶液呈浅蓝色，30 s 内不褪色即为终点。平行 3 次，计算 I_2溶液的浓度。

3. 维生素 C 的测定

准确称取约 0.2 g 研成粉末的维生素 C 药片，置于 250 mL 锥形瓶中，加入 100 mL 新煮沸过并冷却的蒸馏水，立即用 I_2标准溶液滴定至出现稳定的浅蓝色，30 s 内不褪色即为终点，记下 I_2溶液体积。平行 3 次，计算试样中维生素 C 的百分含量。

五、实验记录与数据处理

1. I_2标准滴定溶液的浓度

（1）$Na_2S_2O_3$标准溶液的浓度：

$$c(Na_2S_2O_3) = \frac{m(K_2Cr_2O_7) \times 1\,000}{V(Na_2S_2O_3) \times M\left(\frac{1}{6}K_2Cr_2O_7\right)}$$

式中 $c(Na_2S_2O_3)$ ——$Na_2S_2O_3$标准溶液的浓度，mol/L；

$V(Na_2S_2O_3)$ ——滴定消耗 $Na_2S_2O_3$标准滴定溶液的体积，mL；

$M\left(\frac{1}{6}K_2Cr_2O_7\right)$——以$\frac{1}{6}K_2Cr_2O_7$为基本单元的 $K_2Cr_2O_7$ 的摩尔质量，g/mol；

$m(K_2Cr_2O_7)$ ——基准物质 $K_2Cr_2O_7$的质量，g。

（2）I_2标准溶液的浓度：

$$c\left(\frac{1}{2}I_2\right) = \frac{V(Na_2S_2O_3) \times c(Na_2S_2O_3)}{V(I_2)}$$

式中 $c\left(\frac{1}{2}I_2\right)$——$I_2$标准溶液的浓度，mol/L；

$c(Na_2S_2O_3)$ ——$Na_2S_2O_3$标准溶液的浓度，mol/L；

$V(I_2)$ ——I_2标准滴定溶液的体积，mL；

$V(Na_2S_2O_3)$ ——滴定消耗 $Na_2S_2O_3$标准滴定溶液的体积，mL。

2. 维生素 C 的含量

$$w(\mathrm{Vc})=\frac{c\left(\frac{1}{2}\mathrm{I}_2\right)\times V(\mathrm{I}_2)\times 10^{-3}\times M\left(\frac{1}{2}\mathrm{Vc}\right)}{m}\times 100\%$$

式中　$c\left(\frac{1}{2}I_2\right)$——$I_2$标准溶液的浓度，mol/L；

$w(\mathrm{Vc})$ ——试样中维生素 C 的质量分数，%

$V(I_2)$ ——滴定消耗 I_2标准滴定溶液的总体积，mL；

$M\left(\frac{1}{2}\mathrm{Vc}\right)$——以$\frac{1}{2}$Vc 为基本单元的 Vc 的摩尔质量，g/mol；

m——维生素 C 试样的质量，g。

数据记录格式见表 3-41。

表 3-41　维生素 C 的含量

项目 \ 次数	1	2	3
维生素 C 试样质量 m/g			
$c\left(\frac{1}{2}I_2\right)$/（$mol \cdot L^{-1}$）			
初读数 $V_1(I_2)$ /mL			
终读数 $V_2(I_2)$ /mL			
$V(I_2)$ /mL			
$w(\mathrm{Vc})$ /%			
$w(\mathrm{Vc})$（平均值）/%			
相对偏差			
平均相对偏差			

六、思考题

（1）溶样时为什么要用新煮沸并冷却的蒸馏水？

（2）加醋酸的目的是什么？

实验三十　胆矾中 $CuSO_4 \cdot 5H_2O$ 含量的测定

一、实验目的

（1）掌握铜盐中铜的测定原理和碘量法的测定方法。

（2）学会 $Na_2S_2O_3$ 溶液的标定方法。

（3）学习终点的判断和观察。

二、实验原理

在以 HAc 为介质的酸性溶液中（pH = 3 ~ 4）Cu^{2+} 与过量的 I^- 作用生成不溶性的 CuI 沉淀并定量析出 I_2：

$$2Cu^{2+} + 4I^- = 2CuI\downarrow + I_2$$

生成的 I_2 用 $Na_2S_2O_3$ 标准溶液滴定，以淀粉为指示剂，滴定至溶液的蓝色刚好消失即为终点。

$$I_2 + 2S_2O_3^{2-} = 2I^- + S_4O_6^{2-}$$

由于 CuI 沉淀表面吸附 I_2，故分析结果偏低，为了减少 CuI 沉淀对 I_2 的吸附，可在大部分 I_2 被 $Na_2S_2O_3$ 溶液滴定后，再加入 KCN 或 KSCN，使 CuI 沉淀转化为更难溶的 CuSCN 沉淀。

$$CuI + SCN^- = CuSCN\downarrow + I^-$$

CuSCN 吸附 I_2 的倾向较小，因而可以提高测定结果的准确度。

根据 $Na_2S_2O_3$ 标准溶液的浓度、消耗的体积及试样的重量，计算试样中铜的含量。

三、仪器和药品

（1）硫酸溶液（1 mol/L）。

（2）KSCN 溶液（10%）。

（3）KI 溶液（10%）。

（4）0.5% 的淀粉溶液。

（5）碳酸钠（固体 A. R.）。

（6）重铬酸钾标准溶液。

（7）$Na_2S_2O_3$溶液（0.1 mol/L）：称取 $Na_2S_2O_3 \cdot 5H_2O$ 6.5 g 溶于 250 mL 新煮沸的冷蒸馏水中，加 0.05 g 碳酸钠保存于棕色瓶中，置于暗处，一天后标定。

四、实验内容

1. $Na_2S_2O_3$溶液的标定

移取 25.00 mL 0.02 mol/L $K_2Cr_2O_7$标准溶液于锥形瓶中，加入 1 mol/L H_2SO_4 15 mL、10 mL 10% KI 溶液，于暗处放置 5 min，加蒸馏水 40 mL，用待标定的 $Na_2S_2O_3$溶液滴定至黄绿色，加入 3 mL 淀粉溶液，继续滴定至亮绿色，即为终点。平行标定 2 ~3 次，计算 $Na_2S_2O_3$溶液的准确浓度。

2. 胆矾中铜的测定

准确称取胆矾试样 0.5 ~0.6 g，两份，分别置于锥形瓶中，加 3 mL 1 mol/L H_2SO_4溶液和 100 mL 水使其溶解，加入 10% KI 溶液 10 mL，立即用 0.1 mol/L $Na_2S_2O_3$溶液滴定至浅黄色，然后加入 3 mL 淀粉作指示剂，继续滴至浅蓝色。再加 10% KSCN 10 mL，摇匀后，溶液的蓝色加深，再继续用 $Na_2S_2O_3$标准溶液滴定至蓝色刚好消失即为终点。

五、实验记录与数据处理

1. $Na_2S_2O_3$标准溶液的标定

$$c(Na_2S_2O_3) = \frac{m(K_2Cr_2O_7) \times 1\,000}{V(Na_2S_2O_3) \times M\left(\frac{1}{6}K_2Cr_2O_7\right)}$$

2. 胆矾中铜的测定

$$w(CuSO_4 \cdot 5H_2O) = \frac{c(Na_2S_2O_3) \times V(Na_2S_2O_3) \times 10^{-3} \times M(CuSO_4 \cdot 5H_2O)}{m} \times 100\%$$

式中　$c(Na_2S_2O_3)$——$Na_2S_2O_3$标准溶液的浓度，mol/L；

$w(CuSO_4 \cdot 5H_2O)$——试样中 $CuSO_4 \cdot 5H_2O$ 的质量分数,%

$V(Na_2S_2O_3)$——滴定消耗 $Na_2S_2O_3$标准滴定溶液的总体积，mL；

$M(CuSO_4 \cdot 5H_2O)$——$CuSO_4 \cdot 5H_2O$ 的 Vc 的摩尔质量，g/mol；

m——胆矾试样的质量，g。

数据记录格式见表3-42。

表3-42 胆矾中 $CuSO_4 \cdot 5H_2O$ 的含量

项目＼次数	1	2	3
胆矾质量 m/g			
$c(Na_2S_2O_3)$ /（$mol \cdot L^{-1}$）			
初读数 $V_1(Na_2S_2O_3)$ /mL			
终读数 $V_2(Na_2S_2O_3)$ /mL			
$V(Na_2S_2O_3)$ /mL			
$w(CuSO_4 \cdot 5H_2O)$ /%			
$w(CuSO_4 \cdot 5H_2O)$（平均值）/%			
相对偏差			
平均相对偏差			

注：铜原子的摩尔质量 $M(CuSO_4 \cdot 5H_2O)$ = 249.68 g/mol。

六、思考题

（1）如何配制和保存 $Na_2S_2O_3$ 溶液？

（2）用 $K_2Cr_2O_7$ 作基准物质标定 $Na_2S_2O_3$ 溶液时，为什么要加入过量的 KI 和 HCl 溶液？为什么要放置一定时间后才能加水稀释？为什么在滴定前还要加水稀释？

（3）本实验加入 KI 的作用是什么？

（4）本实验为什么要加入 NH_4SCN？为什么不能过早地加入？

（5）若试样中含有铁，则加入何种试剂以消除铁对测定铜的干扰并控制溶液 pH 值。

实验三十一 食盐中含碘量的测定

一、实验目的

（1）要求学生准确、熟练地掌握滴定操作。

（2）要求学生准确、熟练地掌握硫代硫酸钠标准溶液的配制。

（3）要求学生掌握食盐中碘含量测定的方法和原理。

（4）巩固使用不同标准溶液浓度的温度补正值表和把测量体积校正为标准温度体积的方法。

二、实验原理

试样中的碘化物在酸性条件下用饱和溴水氧化成碘酸钾，再于酸性条件下氧化碘化钾而游离出碘，以淀粉作指示剂，用硫代硫酸钠标准溶液滴定，计算含量。反应方程式如下：

$$IO_3^- + 5I^- + 6H^+ \longrightarrow 3I_2 + 3H_2O$$

$$I_2 + 2S_2O_3^{2-} \longrightarrow 2I^- + S_4O_6^{2-}$$

食盐中碘含量测定：《食品卫生检验理化部分总则》GB/T 5009.42—2003。国家标准 GB 14880—1994 中规定加碘盐中碘含量应为 20 ~ 30 mg/kg。

三、仪器和药品

（1）分析天平。

（2）烘箱、电炉子、温度计。

（3）移液管、碘量瓶、容量瓶、大肚移液管。

（4）量筒、锥形瓶、烧杯、玻璃棒、100 mL 细口瓶。

（5）25 mL 碱式滴定管、漏斗、滤纸、洗瓶。

（6）KI（A. R.）。

（7）H_2SO_4溶液（1∶8）：吸取 10 mL 浓硫酸，慢慢倒入 80 mL 水中。

（8）$Na_2S_2O_3 \cdot 5H_2O$（固体）。

（9）Na_2CO_3（固体）。

（10）0.5%淀粉指示液：称取 0.5 g 可溶性淀粉，加 5 mL 水，搅匀后缓缓倒入 100 mL 沸水中（250 mL 烧杯），煮沸 2 min，放凉，备用。

（11）$K_2Cr_2O_7$（A. R. 或基准试剂）。

（12）磷酸。

（13）碘化钾溶液（50 g/L）：临用时配制。

（14）饱和溴水。

（15）硫代硫酸钠标准滴定溶液 $c(Na_2S_2O_3) = 0.1$ mol/L 的配制：称取

26 g硫代硫酸钠及0.2 g碳酸钠，加入适量新煮沸过的冷水使之溶解，并稀释至1 000 mL，混匀，避光放置一个月后过滤备用，待标定。

（16）食盐。

四、实验内容

1. 硫代硫酸钠标准溶液的标定

准确称取于120 ℃烘至恒重的基准 $K_2Cr_2O_7$ 0.15 g，置于500 mL碘量瓶中，加50 mL水溶解，加2 g KI轻轻振摇使之溶解，再加入20 mL H_2SO_4溶液（1∶8），盖上瓶塞摇匀，瓶口可封以少量蒸馏水，于暗处放置10 min。取出，用水冲洗瓶塞和瓶壁，共加250 mL蒸馏水。用 $c(Na_2S_2O_3)=0.1$ mol/L $Na_2S_2O_3$ 标准滴定溶液滴定，近终点时（溶液为浅黄绿色）加3 mL淀粉指示液，继续滴定至溶液由蓝色变为亮绿色即为终点，反应液及稀释用水的温度不应高于20 ℃，平行测定4次，计算 $Na_2S_2O_3$溶液的准确浓度。

2. 0.002 mol/L硫代硫酸钠标准溶液的配制

临用前取 $c(Na_2S_2O_3 \cdot 5H_2O)=0.1$ mol/L硫代硫酸钠标准溶液，加新煮沸过的冷水稀释50倍制成。

3. 食盐中含碘量的测定

称取10.00 g食盐样品，置于250 mL烧杯中，加水150 mL溶解，过滤，取100 mL滤液至250 mL锥形瓶中，加1 mL磷酸摇匀。滴加饱和溴水至溶液呈浅黄色（思考题），边滴边振摇至黄色不褪为止（约6滴），溴水不宜过多，在室温放置15 min（思考题），在放置期内，如发现黄色褪去，应再滴加溴水至淡黄色。

放入玻璃珠4～5粒，加热煮沸至黄色褪去（思考题），再继续煮沸5 min，立即冷却。加2 mL碘化钾溶液（50 g/L），摇匀，立即用硫代硫酸钠标准溶液（0.002 mol/L）滴定至浅黄色，加入1 mL淀粉指示剂（5 g/L），继续滴定至蓝色（思考题）刚消失即为终点。

4. 精密度

在重复性条件下获得的两次平行滴定液体积的绝对差值不得超过0.10 mL。

五、实验记录与数据处理

1. $Na_2S_2O_3$标准溶液的浓度

$$c(Na_2S_2O_3)=\frac{m(K_2Cr_2O_7)\times 1\ 000}{V(Na_2S_2O_3)\times M\left(\frac{1}{6}K_2Cr_2O_7\right)}$$

式中　$c(Na_2S_2O_3)$——$Na_2S_2O_3$标准溶液的浓度，mol/L；

$V(Na_2S_2O_3)$——滴定消耗$Na_2S_2O_3$标准滴定溶液的体积，mL；

$M\left(\frac{1}{6}K_2Cr_2O_7\right)$——以$\frac{1}{6}K_2Cr_2O_7$为基本单元的$K_2Cr_2O_7$的摩尔质量，g/mol；

$m(K_2Cr_2O_7)$——基准物质$K_2Cr_2O_7$的质量，g。

数据记录格式见表3-43。

表3-43　$Na_2S_2O_3$标准溶液的浓度

项目＼次数	1	2	3
$m(K_2Cr_2O_7)$ /g			
初读数 $V_1(Na_2S_2O_3\cdot 5H_2O)$ /mL			
终读数 $V_2(Na_2S_2O_3\cdot 5H_2O)$ /mL			
$V(Na_2S_2O_3\cdot 5H_2O$ 消耗) /mL			
$c(Na_2S_2O_3\cdot 5H_2O)$ / $(mol\cdot L^{-1})$			
$c(Na_2S_2O_3\cdot 5H_2O)$ 平均值/ $(mol\cdot L^{-1})$			
相对平均偏差			

2. 食盐中碘的含量

$$碘的含量=\frac{\frac{1}{6}\times c(Na_2S_2O_3)\times V(Na_2S_2O_3)\times M(I)}{m}\times 1\ 000$$

式中　碘的含量——样品中碘的含量，mg/kg；

$c(Na_2S_2O_3)$——$Na_2S_2O_3$标准溶液的浓度，mol/L；

$V(Na_2S_2O_3)$——滴定消耗$Na_2S_2O_3$标准滴定溶液的体积，mL；

$M(\mathrm{I})$ ——碘的摩尔质量，g/mol；

m——样品质量，g。

计算结果保留两位有效数字。数据记录格式见表3-44。

表3-44　食盐中碘的含量

项目＼次数	1	2	3
食盐质量 m/g			
$c(Na_2S_2O_3)$ /（mol·L^{-1}）			
初读数 $V_1(Na_2S_2O_3)$ /mL			
终读数 $V_2(Na_2S_2O_3)$ /mL			
$V(Na_2S_2O_3)$ /mL			
碘的含量/（mg·kg^{-1}）			
碘的含量（平均值）/（mg·kg^{-1}）			
相对偏差			
平均相对偏差			

六、思考题

（1）加入KI后为何要在暗处放置10 min？

（2）为什么不能在滴定一开始就加入淀粉指示液，而要在溶液呈黄绿色时加入？黄绿色是什么物质的颜色？

（3）碘量法滴定到终点后溶液很快变蓝说明什么问题？如果放置一些时间后变蓝又说明什么问题？

§3.6　沉淀滴定法的应用

实验三十二　氯化物中氯含量的测定（莫尔法）

一、实验目的

（1）掌握莫尔法测定氯离子的方法原理。

（2）掌握铬酸钾指示剂的正确使用。

二、实验原理

某些可溶性氯化物中氯含量的测定常采用莫尔法。此法是在中性或弱碱性溶液中，以 K_2CrO_4 为指示剂，用 $AgNO_3$ 标准溶液进行滴定。由于 AgCl 的溶解度比 Ag_2CrO_4 的小，因此溶液中首先析出 AgCl 沉淀，当 AgCl 定量析出后，过量一滴 $AgNO_3$ 溶液即与 CrO_4^{2-} 生成砖红色 Ag_2CrO_4 沉淀，表示达到终点。主要反应式如下：

$$Ag^+ + Cl^- \rightleftharpoons AgCl\downarrow \text{（白色）}（K_{SP}=1.8\times10^{-10}）$$

$$Ag^+ + CrO_4^{2-} \rightleftharpoons Ag_2CrO_4\downarrow \text{（砖红色）}（K_{SP}=2.0\times10^{-12}）$$

滴定必须在中性或在弱碱性溶液中进行，最适宜 pH 范围为 6.5～10.5，如有铵盐存在，溶液的 pH 值范围最好控制在 6.5～7.2。

指示剂的用量对滴定有影响，一般以 5.0×10^{-3} mol/L 为宜，凡是能与 Ag^+ 生成难溶化合物或配合物的阴离子都会干扰测定。如 AsO_4^{3-}、AsO_3^{3-}、S^{2-}、CO_3^{2-}、$C_2O_4^{2-}$ 等，其中 H_2S 可加热煮沸除去，将 SO_3^{2-} 氧化成 SO_4^{2-} 后不再干扰测定。大量 Cu^{2+}、Ni^{2+}、Co^{2+} 等有色离子将影响终点的观察。凡是能与 CrO_4^{2-} 指示剂生成难溶化合物的阳离子也干扰测定，如 Ba^{2+}、Pb^{2+} 能与 CrO_4^{2-} 分别生成 $BaCrO_4$ 和 $PbCrO_4$ 沉淀。Ba^{2+} 的干扰可加入过量 $Na_2S_2O_4$ 消除。

Al^{3+}、Fe^{3+}、Bi^{3+}、Sn^{4+} 等高价金属离子在中性或弱碱性溶液中易水解产生沉淀，也不应存在。

三、仪器和药品

（1）NaCl 基准试剂，在 500 ℃～600 ℃灼烧半小时后，放于干燥器中冷却。也可将 NaCl 置于带盖的瓷坩埚中，加热，并不断搅拌，待爆炸声停止后，将坩埚放入干燥器中冷却后使用。

（2）$AgNO_3$ 0.1 mol/L：溶解 8.5 g $AgNO_3$ 于 500 mL 不含 Cl^- 的蒸馏水中，将溶液转入棕色试剂瓶中，置暗处保存，以防止见光分解。

（3）K_2CrO_4 溶液（5%）。

四、实验内容

1. 0.1 mol/L $AgNO_3$ 溶液的标定

准确称取 0.45～0.5 g 基准 NaCl，置于小烧杯中，用蒸馏水溶解后，转入

100 mL 容量瓶中，加水稀释至刻度，摇匀。准确移取 25.00 mL NaCl 标准溶液注入锥形瓶中，加入 25 mL 水，加入 1 mL 5% K_2CrO_4，在不断摇动下，用 $AgNO_3$溶液滴定至呈现砖红色即为终点。

2. 氯化物中氯的含量测定

准确称取 1.3 g NaCl 试样置于烧杯中，加水溶解后，转入 250 mL 容量瓶中，用水稀释至刻度，摇匀。准确移取 25.00 mL NaCl 标准溶液注入锥形瓶中，加入 25 mL 水，加入 1 mL 5% K_2CrO_4，在不断摇动下，用 $AgNO_3$溶液滴定至呈现砖红色即为终点，平行测定 3 份。

根据试样的重量和滴定中消耗 $AgNO_3$标准溶液的体积计算试样中 Cl^-的含量，计算出算术平均偏差及相对平均偏差。

五、实验记录与数据处理

1. 硝酸银溶液的标定

$$c(AgNO_3)=\frac{m(NaCl)}{V(AgNO_3)\times M(NaCl)}$$

式中 $c(AgNO_3)$ ——$AgNO_3$标准溶液的浓度，mol/L;

$V(AgNO_3)$ ——滴定消耗 $AgNO_3$标准滴定溶液的体积，mL;

$m(NaCl)$ ——基准物质 NaCl 的质量，g;

$M(NaCl)$ ——NaCl 的摩尔质量，58.44 g/mol。

数据记录格式见表 3-45。

表 3-45　0.1 mol/L $AgNO_3$溶液的标定

次数 项目	1	2	3
$m(NaCl)$ /g			
初读数 $V_1(AgNO_3)$ /mL			
终读数 $V_2(AgNO_3)$ /mL			
$V(AgNO_3$消耗) /mL			
$c(AgNO_3)$ / $(mol\cdot L^{-1})$			
$c(AgNO_3)$ 平均值/ $(mol\cdot L^{-1})$			

2. 氯化物中氯的含量

$$w(\mathrm{Cl}) = \frac{c(\mathrm{AgNO_3}) \times V(\mathrm{AgNO_3}) \times M(\mathrm{Cl})}{m} \times 100\%$$

式中　$w(\mathrm{Cl})$ ——氯化物中氯的含量，%；

$c(\mathrm{AgNO_3})$ ——$AgNO_3$标准溶液的浓度，mol/L；

$V(\mathrm{AgNO_3})$ ——滴定消耗 $AgNO_3$标准滴定溶液的体积，mL；

$M(\mathrm{Cl})$ ——氯离子的摩尔质量，35.453 g/mol；

m——氯化物样品的质量，g。

数据记录格式见表3-46。

表3-46　氯化物中氯的含量

项目＼次数	1	2	3
称量瓶质量/g			
称量瓶+食盐的质量/g			
食盐质量 m/g			
$c(\mathrm{AgNO_3})$ / ($\mathrm{mol \cdot L^{-1}}$)			
$V(\mathrm{AgNO_3}$消耗) /mL			
$w(\mathrm{Cl})$ /%			
$w(\mathrm{Cl})$ (平均值) /%			
相对偏差			
平均相对偏差			

六、思考题

(1) 莫尔法测定 Cl^- 的酸度条件是什么？为什么？

(2) 说明莫尔法测定 Cl^- 的基本原理。

(3) 在实验中可能有哪些离子干扰氯的测定？如何消除干扰？

实验三十三　氯化物中氯含量的测定（佛尔哈德法）

一、实验目的

（1）学习 NH_4SCN 标准溶液的配制和标定。

（2）掌握用佛尔哈德返滴定法测定可溶性氯化物中氯含量的原理和方法。

二、实验原理

在含 Cl^- 的酸性试液中，加入一定量过量的 Ag^+ 标准溶液，定量生成 AgCl 沉淀后，过量 Ag^+ 以铁铵矾作指示剂，用 NH_4SCN 标准溶液回滴，由 $Fe(SCN)^{2+}$ 络离子的红色来指示滴定终点。主要包括下列沉淀反应和络合反应：

$$Ag^+ + Cl^- \rightleftharpoons AgCl\downarrow \text{（白色）} \quad (K_{SP} = 1.8\times10^{-10})$$

$$Ag^+ + SCN^- \rightleftharpoons AgSCN\downarrow \text{（白色）} \quad (K_{SP} = 1.0\times10^{-12})$$

$$Fe^{3+} + SCN^- \rightleftharpoons Fe(SCN)^{2+} \text{（白色）} \quad (K_1 = 138)$$

指示剂用量大小对滴定有影响，一般控制 Fe^{3+} 浓度为 0.015 mol/L 为宜。

滴定时，控制氢离子浓度为 0.1 ~ 1 mol/L，剧烈摇动溶液，并加入硝基苯（有毒）或石油醚保护 AgCl 沉淀，使其与溶液隔开，防止 AgCl 沉淀与 SCN^- 发生交换反应而消耗滴定剂。

测定时，能与 SCN^- 生成沉淀或生成络合物，或能氧化 SCN^- 的物质均有干扰。PO_4^{3-}、AsO_4^{3-}、CrO_4^{2-} 等离子，由于酸效应的作用而不影响测定。

佛尔哈德法常用于直接测定银合金和矿石中的银的质量分数。

三、仪器和药品

（1）$AgNO_3$（0.1 mol/L）：见实验三十二。

（2）NH_4SCN（0.1 mol/L）：称取 3.8 g NH_4SCN，用 500 mL 水溶解后转入试剂瓶中，摇匀，待标定。

（3）铁铵矾指示剂溶液（400 g/L）。

（4）（1∶1）HNO_3：若含有氮的氧化物而呈黄色时，应煮沸去除氮化合物。

（5）硝基苯。

（6）NaCl 试样：见实验三十二。

四、实验内容

1. NH_4SCN 溶液的标定

用移液管移取 $AgNO_3$ 标准溶液 25.00 mL 于 250 mL 锥形瓶中，加入 5 mL（1∶1）HNO_3，铁铵矾指示剂 1.0 mL，然后用 NH_4SCN 溶液滴定。滴定时，剧烈振荡溶液，当滴至溶液颜色为淡红色稳定不变时即为终点。平行标定 3 份。计算 NH_4SCN 溶液浓度。

2. 氯化物中氯含量的测定

准确称取约 2 g NaCl 试样于 50 mL 烧杯中，加水溶解后，定量转入 250 mL容量瓶中，稀释至刻度，摇匀。

用移液管移取 25.00 mL 试样溶液于 250 mL 锥形瓶中，加 25 mL 水，5 mL（1∶1）HNO_3，用滴定管加入 $AgNO_3$ 标准溶液至过量 5 ~ 10 mL（加入 $AgNO_3$溶液时，生成白色 AgCl 沉淀，接近计量点时，氯化银要凝聚，振荡溶液，再让其静置片刻，使沉淀沉降，然后加入几滴 $AgNO_3$ 到清液层，如不生成沉淀，说明 $AgNO_3$已过量，这时，再适当过量 5 ~ 10 mL $AgNO_3$溶液即可）。然后，加入 2 mL 硝基苯，用橡皮塞塞住瓶口，剧烈振荡 30 s，使 AgCl 沉淀进入硝基苯层而与溶液隔开，再加入铁铵矾指示剂 1.0 mL，用 NH_4SCN 标准溶液滴至出现的淡红色 $Fe(SCN)^{2+}$ 络合物稳定不变时即为终点。平行测定 3 份，计算 NaCl 试样中的氯的含量。

五、实验记录与数据处理

1. NH_4SCN 溶液的标定

$$c(NH_4SCN) = \frac{c(AgNO_3) \times V(AgNO_3)}{V(NH_4SCN)}$$

式中　$c(NH_4SCN)$ ——NH_4SCN 标准溶液的浓度，mol/L；

$V(NH_4SCN)$ ——滴定消耗 NH_4SCN 标准滴定溶液的体积，mL；

$c(AgNO_3)$ ——$AgNO_3$标准溶液的浓度，mol/L；

$V(AgNO_3)$ ——$AgNO_3$标准滴定溶液的体积，mL。

数据记录格式见表 3-47。

表 3-47　NH_4SCN 标准溶液的标定

项目 \ 次数	1	2	3
$c(AgNO_3)$ /（$mol \cdot L^{-1}$）			
$V(AgNO_3)$ /mL			
$V(NH_4SCN)$ /（$mol \cdot L^{-1}$）			
$V(NH_4SCN)$（平均值）/（$mol \cdot L^{-1}$）			
相对偏差			
平均相对偏差			

2. 氯化物中氯的含量

$$w(Cl) = \frac{[c(AgNO_3) \times V(AgNO_3) - c(NH_4SCN) \times V(NH_4SCN)] \times M(Cl)}{m} \times 100\%$$

式中　$w(Cl)$ ——氯化物中氯的含量,%；

$c(AgNO_3)$ ——$AgNO_3$标准溶液的浓度，mol/L；

$V(AgNO_3)$ ——滴定消耗 $AgNO_3$标准滴定溶液的体积，mL；

$c(NH_4SCN)$ ——NH_4SCN 标准溶液的浓度，mol/L；

$V(NH_4SCN)$ ——滴定消耗 NH_4SCN 标准滴定溶液的体积，mL；

$M(Cl)$ ——氯离子的摩尔质量，35.453 g/mol；

m——氯化物样品的质量，g。

数据记录格式见表 3-48。

表 3-48　氯化物中氯的含量

项目 \ 次数	1	2	3
$c(AgNO_3)$ /（$mol \cdot L^{-1}$）			
$V(AgNO_3$消耗）/mL			
$c(NH_4SCN)$ /（$mol \cdot L^{-1}$）			
$V(NH_4SCN)$ /mL			

续表

次数 项目	1	2	3
w(Cl)/%			
w(Cl)（平均值）/%			
相对偏差			
平均相对偏差			

六、思考题

（1）佛尔哈德法测氯时，为什么要加入石油醚或硝基苯？当用此法测定 Br^-、I^-时，还需加入石油醚或硝基苯吗？

（2）试讨论酸度对佛尔哈德法测定卤素离子含量的影响。

（3）本实验溶液为什么用 HNO_3酸化？可否用 HCl 溶液或 H_2SO_4酸化？为什么？

（4）银合金用 HNO_3溶解后，以铁铵矾作指示剂，可用 NH_4SCN 标准溶液滴定，即可以佛尔哈德法直接测定银合金中银的含量。试讨论方法原理及有关条件。

§3.7　称量分析

实验三十四　氯化钡中结晶水的测定

一、实验目的

（1）掌握重量分析法的基本操作。

（2）学会气化法测定氯化物中结晶水的方法。

二、实验原理

结晶水是水合结晶物质中结构内部的水，加热至一定温度，即可以失去。

失去结晶水的温度往往随物质的不同而异，如 $BaCl_2 \cdot 2H_2O$ 的结晶水加热到 120 ℃ ~125 ℃即可失去。

称取一定质量的结晶氯化钡，在上述温度下加热到质量不再改变时为止。试样减轻的质量就等于结晶水的质量。

三、仪器和试剂

（1）扁形称量瓶。

（2）电热烘箱。

（3）干燥器。

（4）$BaCl_2 \cdot 2H_2O$ 试样。

四、实验内容

1. 试样的称取

取两个称量瓶，仔细洗净后置于烘箱中（烘时应将瓶盖取下横搁于瓶口上），在 125 ℃温度下烘干，烘 1.5 ~2 h 后把称量瓶及盖一起放在干燥器中。冷却至室温，在电子天平上准确称取其质量。再将称量瓶放入烘箱中烘干、冷却、称量，重复进行，直至恒重。

称取 1.4 ~1.5 g 的 $BaCl_2 \cdot 2H_2O$ 两份，分别置于已恒重的称量瓶中，盖好盖子，再准确称其质量。在所得质量中减去称量瓶的质量，即得 $BaCl_2 \cdot 2H_2O$ 试样重。

2. 烘去结晶水

将盛有试样的称量瓶放入加热至 125 ℃的烘箱中，瓶盖仍横搁于瓶口上，保持约 2 h。然后用坩埚钳将称量瓶移入干燥器内；冷却至室温后把称量瓶盖好，准确称其质量。再在 125 ℃温度下烘半小时，取出放入干燥器中冷却，再准确称其质量，如此反复操作，直至恒重。

由称量瓶和试样质量中减去最后称出的质量（即称量瓶和 $BaCl_2$ 的质量），即得结晶水的质量。

五、实验记录与数据处理

（1）按下式计算结晶水的百分含量：

$$w(H_2O)=\frac{m_1-m_2}{m_{样}}\times 100\%$$

式中　$w(H_2O)$ ——水的质量分数,%；

m_1——烘干前氯化钡试样与称量瓶的质量，g；

m_2——烘干后氯化钡试样与称量瓶的质量，g；

$m_{样}$——试样的质量（烘干前氯化钡与称量瓶的质量减去称量瓶的质量），g。

（2）由 $w(H_2O)$ 计算氯化钡中结晶水的分子数 n：

$$1:n=\frac{1-w(H_2O)}{M(BaCl_2)}:\frac{w(H_2O)}{M(H_2O)}$$

$$n=\frac{M(BaCl_2)\times w(H_2O)}{M(H_2O)\times[1-w(H_2O)]}$$

式中　n——氯化钡中结晶水的分子数；

$w(H_2O)$ ——水的质量分数,%；

$M(BaCl_2)$ ——氯化钡的摩尔质量，208.2 g/mol；

$M(H_2O)$ ——水的摩尔质量，18.02 g/mol。

数据记录格式见表3-49。

表3-49　氯化钡中结晶水的含量

项目＼次数	1
称量瓶质量/g	
称量瓶+氯化钡的质量/g	
试样质量 $m_{样}$/g	
m_1/g	
m_2/g	
$w(H_2O)$ /%	
n	

六、注意事项

（1）温度不要高于125 ℃，否则 $BaCl_2$ 可能有部分挥发。

（2）在热的情况下，称量瓶盖子不要盖严，以免冷却后盖子不易打开。

（3）加热时间不能少于 1 h。

（4）两次质量之差在 0.2 mg 以下，即可认为达到恒重。

七、思考题

（1）加热的温度为什么要控制在 125 ℃以下？

（2）加热的时间应该控制多少？

（3）什么叫恒重，如何进行恒重的操作？

（4）在加热时应注意什么问题？

§3.8 电位法与伏安法

实验三十五 用 pH 计测定溶液的 pH 值

一、实验目的

（1）熟悉 pH 计（见图 3-13）的构造和测定原理。

（2）掌握用 pH 计测定溶液 pH 的步骤。

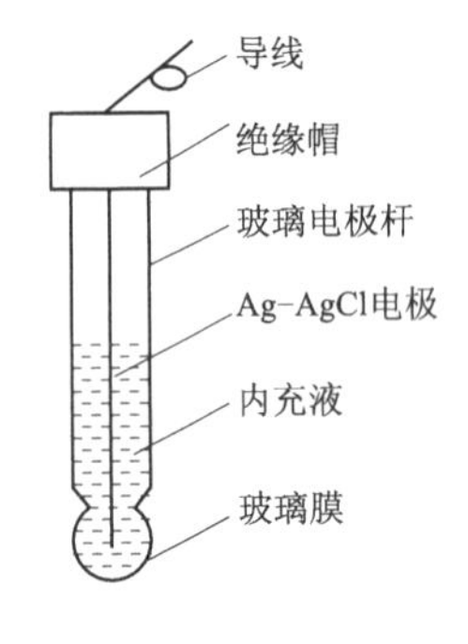

图 3-13 pH 计

二、实验原理

pH 电极的构造：玻璃电极使用前，必须在水溶液中浸泡，使之生成一个三层结构，即中间的干玻璃层和两边的水化硅胶层。浸泡后的玻璃膜示意图如图 3-14 所示。

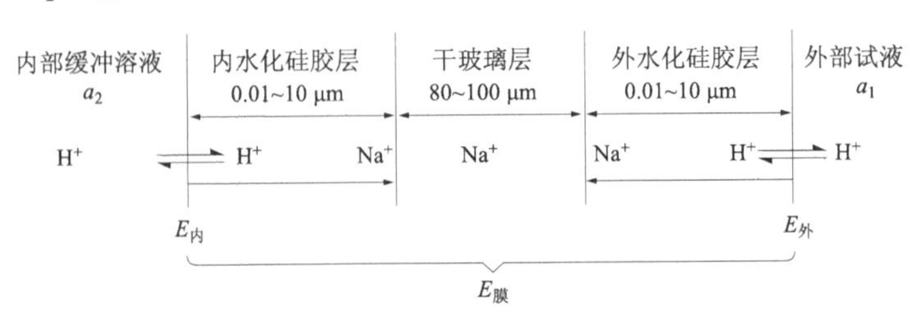

图 3-14 浸泡后的玻璃膜示意图

水化硅胶层具有界面，构成单独的一相，厚度一般为0.01～10 μm。在水化层，玻璃上的 Na^+ 与 H^+ 发生离子交换而产生相界电位，也即道南电位。

水化层表面可视作阳离子交换剂。溶液中 H^+ 经水化层扩散至干玻璃层，干玻璃层的阳离子向外扩散以补偿溶出的离子，离子的相对移动产生扩散电位。两者之和构成膜电位。

将浸泡后的玻璃电极放入待测溶液，水化硅胶层表面与溶液中的 H^+ 活度不同，形成活度差，H^+ 由活度大的一方向活度小的一方迁移，平衡时：

$$H^+_{溶液} = H^+_{硅胶}$$

$$E_{内} = k_1 + 0.059\ \lg\ (a_2/a'_2)$$

$$E_{外} = k_2 + 0.059\ \lg\ (a_1/a'_1)$$

式中 a_1，a_2——分别表示外部试液和电极内参比溶液的 H^+ 活度；

a'_1，a'_2——分别表示玻璃膜外、内水化硅胶层表面的 H^+ 活度；

k_1，k_2——由玻璃膜外、内表面性质决定的常数。

由于玻璃膜内、外表面的性质基本相同，则：

$$k_1 = k_2,\ a'_1 = a'_2$$

$$E_{膜} = E_{外} - E_{内} = 0.059\ \lg\ (a_1/a_2)$$

由于内参比溶液中的 H^+ 活度（a_2）是固定的，则：

$$E_{膜} = K' + 0.059\ \lg\ a_1 = K' - 0.059\ pH_{试液}$$

Ag | AgCl, HCl (0.1 mol · L^{-1}) | 玻膜 | 测量溶液 | KCl(饱和)，Hg_2Cl_2 | Hg

pH玻璃电极　　　　饱和甘汞电极

用电位法测定溶液的 pH 值时，$E_{电池} = K + 0.0592\ pH$。由于 K 是无法测量的，我们可以利用在相同条件下测 pH 值与之相近的标准缓冲溶液 $E_s = K + 0.0592\ pH$，再通过两式来消除 K，从而求得：

$$pH_x = pH_s + (E_s - E_x)/0.0592\ V$$

三、实验内容

打开电源开关，按“pH/mV”按钮，进入 pH 测定状态，按“温度”按钮，使显示溶液温度值（25 ℃），然后按“确认”键，仪器确定溶液温度后回到 pH 测量状态。

把蒸馏水清洗过的电极插入 pH = 6.86 的标准缓冲溶液中，待读数稳定后按“定位”键，（pH 指示灯慢闪烁，表明仪器在定位标定状态），调节读数为该溶液当时温度下的 pH 值，然后按“确认”键，仪器进入 pH 测定状态，pH 指示灯停止闪烁。将电极清洗后插入到 pH = 4.00 的缓冲溶液中，待读数稳定后，按“斜率”键，调至该温度下的 pH 值，按“确认”键，回到 pH 测定状态。校准结束。

把电极清洗后即可对被测溶液进行测量，如果被测溶液与标定溶液的温度不一致，用温度计测出被测溶液的温度，然后按“温度”键，使温度显示为被测溶液的温度，再按“温度”键，即可对被测溶液进行测量。

测量时，先测定与待测液 pH 值相近的缓冲溶液的 pH 值，然后清洗电极，测定待测液的 pH 值。

四、仪器使用中的注意事项

（1）仪器的输入端（包括玻璃电极插座与插头）必须保持干燥清洁。

（2）新玻璃 pH 电极或长期干储存的电极，在使用前应在 pH 浸泡液中浸泡 24 h 后才能使用。pH 电极在停用时，应将电极的敏感部分浸泡在 pH 浸泡液中。这对改善电极响应迟钝和延长电极寿命是非常有利的。

（3）pH 浸泡液的正确配制方法：取 pH = 4.00 的缓冲剂（250 mL）1 包，溶于 250 mL 纯水中，再加入 56 g 分析纯 KCl，适当加热，搅拌至完全溶解即成。

（4）在使用复合电极时，溶液一定要超过电极头部的陶瓷孔。电极头部若沾污，可用医用棉花轻擦。

（5）玻璃 pH 电极和甘汞电极在使用时，必须注意内电极与球泡之间及参比电极内陶瓷蕊附近是否有气泡存在，如有必须除去。

（6）用标准溶液标定时，首先要保证标准缓冲溶液的精度，否则将引起严重的测量误差。标准溶液可自行配制，但最好用国家传递的标准缓冲溶液。

（7）忌用浓硫酸或铬酸洗液洗涤电极的敏感部分。不可在无水或脱水的液体（如四氯化碳、浓酒精）中浸泡电极。不可在碱性或氟化物的体系、黏土及其他胶体溶液中放置时间过长，以致响应迟钝。

（8）常温电极一般在 5 ℃ ~60 ℃温度范围内使用。如果在低于 5 ℃或高于 60 ℃时使用，请分别选用特殊的低温电极或高温电极。

五、实验记录与数据处理

在 $t=25$ ℃时测定，其数据见表 3-50。

表 3-50　在 $t=25$ ℃时测定所得的数据

1	四硼酸钠	pH = 9.18
	NH_3-NH_4^+	pH = 9.25
2	邻苯二甲酸氢钾	pH = 4.00
	HCl-KCl	pH = 1.61
3	混合磷酸盐	pH = 6.86
	HAc-NaAc	pH = 4.47

§3.9　紫外－可见分光光度法

实验三十六　分光光度法测定铁含量

一、实验目的

（1）学会吸收曲线及标准曲线的绘制，了解分光光度法的基本原理。

（2）掌握用邻二氮菲分光光度法测定微量铁的方法原理。

（3）学会 722 型分光光度计的正确使用，了解其工作原理。

（4）学会数据处理的基本方法。

（5）掌握比色皿的正确使用。

二、实验原理

根据朗伯－比耳定律：$A=\varepsilon bc$，当入射光波长 λ 及光程 b 一定时，在一定浓度范围内，有色物质的吸光度 A 与该物质的浓度 c 成正比。只要绘出以吸光度 A 为纵坐标，浓度 c 为横坐标的标准曲线，测出试液的吸光度，就可以由标准曲线查得对应的浓度值，即未知样的含量。同时，还可应用相关的回归分析软件，将数据输入计算机，得到相应的分析结果。

用分光光度法测定试样中的微量铁，可选用的显色剂有邻二氮菲（又称邻菲罗啉）及其衍生物、磺基水杨酸、硫氰酸盐等。而目前一般采用邻二氮菲法，该法具有高灵敏度、高选择性，且稳定性好、干扰易消除等优点。

在 pH = 2 ~ 9 的溶液中，Fe^{2+} 与邻二氮菲（phen）生成稳定的橘红色配合物 $Fe(phen)_3^{2+}$。

此配合物的 $\lg K_{稳} = 21.3$，摩尔吸光系数 $\varepsilon_{510} = 1.1 \times 10^4\ L \cdot mol^{-1} \cdot cm^{-1}$，而 Fe^{3+} 能与邻二氮菲生成 3:1 配合物，呈淡蓝色，$\lg K_{稳} = 14.1$。所以在加入显色剂之前，应用盐酸羟胺（$NH_2OH \cdot HCl$）将 Fe^{3+} 还原为 Fe^{2+}，其反应式如下：

$$2Fe^{3+} + 2NH_2OH \cdot HCl \longrightarrow 2Fe^{2+} + N_2 + H_2O + 4H^+ + 2Cl^-$$

测定时控制溶液的酸度为 pH≈5 较为适宜。

三、仪器与药品

（1）722 型分光光度计。

（2）容量瓶（100 mL，50 mL）、吸量管。

（3）硫酸铁铵 $FeNH_4(SO_4)_2 \cdot 12H_2O(s)$（A. R.）。

（4）硫酸（3 mol/L）。

（5）盐酸羟胺（10%）。

（6）NaAc（1 mol/L）。

（7）邻二氮菲（0.15%）。

四、实验内容

1. 标准溶液的配制

（1）10 μg/mL 铁标准溶液的配制。

准确称取 0.863 4 g 硫酸铁铵 $NH_4Fe(SO_4)_2 \cdot 12H_2O$ 于 100 mL 烧杯中，加 60 mL 3 mol/L H_2SO_4 溶液，溶解后定容至 1 L，摇匀，得 100 μg/mL 储备液（可由实验室提供）。用时吸取 10.00 mL 稀释至 100 mL，得 10 μg/mL 工作液。

（2）系列标准溶液配制。

取 6 个 50 mL 容量瓶，分别加入铁标准溶液 0.00 mL、2.00 mL、4.00 mL、

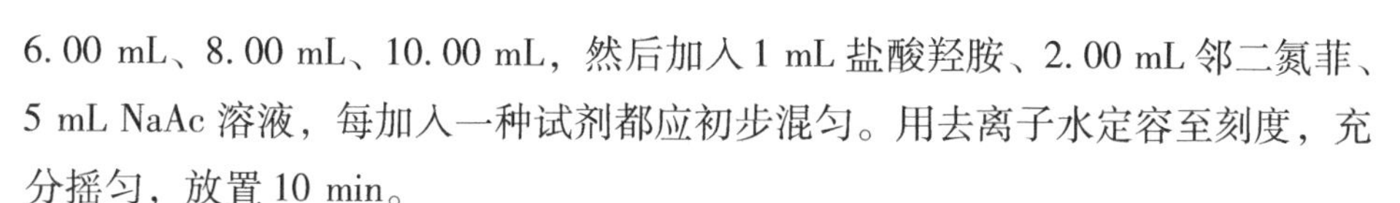

6.00 mL、8.00 mL、10.00 mL，然后加入1 mL盐酸羟胺、2.00 mL邻二氮菲、5 mL NaAc溶液，每加入一种试剂都应初步混匀。用去离子水定容至刻度，充分摇匀，放置10 min。

2. 吸收曲线的绘制

选用1 cm比色皿，以试剂空白为参比溶液，取4号容量瓶试液，选择440～560 nm波长，每隔10 nm测一次吸光度，其中在500～520 nm之间，每隔5 nm测定一次吸光度。以所得吸光度A为纵坐标，以相应波长λ为横坐标，在坐标纸上绘制A与λ的吸收曲线。从吸收曲线上选择测定Fe的适宜波长，一般选用最大吸收波长λ_{max}为测定波长。

3. 标准曲线（工作曲线）的绘制

用1 cm比色皿，以试剂空白为参比溶液，在选定波长下，测定各溶液的吸光度。在坐标纸上，以铁含量为横坐标，吸光度A为纵坐标，绘制标准曲线。

4. 试样中铁含量的测定

从实验教师处领取含铁未知液一份，放入50 mL容量瓶中，按以上方法显色，并测其吸光度。此步操作应与系列标准溶液显色、测定同时进行。

依据试液的A值，从标准曲线上即可查得其浓度，最后计算出原试液中含铁量（以μg/mL表示）。并选择相应的回归分析软件，将所得的各次测定结果输入计算机，得出相应的分析结果。

五、分光光度计（722型）的使用方法

分光光度计是根据物质对光的选择性吸收来测量微量物质浓度的。722型光栅分光光度计是数字显示的单光束、可见分光光度计。它具有灵敏度和准确度高、操作简便、快速等优点，允许测量的波长范围为330～800 nm，吸光度的显示范围为0～1.999，是在可见光区进行吸光光度分析的常用仪器。

1. 测量原理

一束单色光通过有色溶液时，一部分光线通过，一部分被吸收，一部分被器皿的表面反射。设I_0为入射光的强度，I为透过光的强度，则I/I_0称为透光度，用T表示。透光度越大，光被吸收越少。把$\lg(I_0/I)$定义为吸光度，用A表示。吸光度越大，溶液对光的吸收越多。吸光度A与透光度T之间的

关系为：

$$A = -\lg T$$

吸光度 A 与待测溶液的浓度 c（mol/L）和液层的厚度 b（cm）成正比，即：

$$A = \varepsilon bc$$

这是光的吸收定律，亦称朗伯－比耳定律。式中 ε 为比例常数，叫摩尔吸收系数，它与入射光的波长及溶液的性质、温度等因素有关。当入射光波长一定，溶液的温度和比色皿（溶液的厚度）均一定时，则吸光度 A 只与溶液浓度 c 成正比。将单色光通过待测溶液，并使通过光射在光电管上变为电信号，在数字显示器上可直接读出吸光度 A 或浓度 c。

2. 仪器构造

722 型分光光度计由光源室、单色器、试样室、光电管暗盒、电子系统及数字显示器等部件组成。

3. 使用方法

（1）取下防尘罩，将灵敏度调节旋钮置于“1”挡（信号放大倍率最小）。

（2）接通电源，按下仪器上的电源开关，指示灯即亮。将选择开关置于“T”挡（即透光度）。调节波长手轮使波长刻度盘中标线对准的波长为所需波长。仪器预热 20 min。

（3）打开试样室盖（光门自动关闭），调节 0% T 旋钮，使显示“00.0”。

（4）把盛参比溶液的比色皿放入试样架的第一格内，盛试样的比色皿放入第二、三、四格内，然后盖上试样室盖（光门打开，光电管受光）。推动试样架拉手把参比溶液推入光路，调节 100% T 旋钮，使之显示为“100.0”，若显示不到“100.0”，应增大灵敏度挡，但尽可能倍率置低挡使用，这样仪器将有更高的稳定性。改变灵敏度后，应按步骤（3）重新调“0”后再调节 100% T 旋钮，直至显示为“100.0”。

（5）重复步骤（3）和（4）操作，显示稳定后即可进行测定工作。

（6）吸光度 A 的测量：稳定地显示“100.0”透光度后，将选择开关置于“A”挡（即吸光度），此时吸光度显示应为“00.0”，若不是，则调节吸光度调零旋钮，使显示为“00.0”，然后将试样推入光路，这时的显示值即为

试样的吸光度。

（7）浓度 c 的测量：选择开关由“A”旋置“C”，将已标定浓度的样品放入光路，调节浓度旋钮，使得数字显示为标定值，将被测样品放入光路，即可读出被测样品的浓度值。

（8）测定完毕，关闭仪器电源开关（短时间不用，不必关闭电源，可打开试样室盖，即可停止照射光电管），将比色皿取出，洗干净，擦干，放回原处。拔下电源插头，待仪器冷却 10 min 后盖上防尘罩。

4. 注意事项

（1）测定过程中，不要将参比溶液拿出试样室，应将其随时推入光路以检查吸光度零点是否变化。如不为“00.0”，则不要先调节旋钮，而应将选择开关置于“T”挡，用100%旋钮调至“100.0”，再将选择开关置于“A”，这时如不为“00.0”，才可调节旋钮。

（2）为了避免光电管长时间受光照射引起的疲劳现象，应尽可能减少光电管受光照射的时间，不测定时应打开暗室盖，特别应避免光电管受强光照射。

（3）使用前若发现仪器上所附硅胶管已变红时则应及时更换硅胶。

（4）比色皿盛取溶液时只需装至比色皿的3/4即可，不要过满，避免在测定的拉动过程中溅出，使仪器受湿、被腐蚀。

（6）若大幅度调整波长，应稍等一段时间再测定，让光电管有一定的适应时间。

（7）每台仪器所配套的比色皿，不能与其他仪器上的比色皿单个调换。

（8）仪器上各旋钮应细心操作，不要用劲拧动，以免损坏机件。若发现仪器工作异常，应及时报告指导教师，不得自行处理。

六、思考题

（1）本实验中哪些试剂应准确加入？哪些不必严格准确加入？为什么？

（2）加入盐酸羟胺的目的是什么？

（3）配制 $NH_4Fe(SO_4)_2 \cdot 12H_2O$ 溶液时，能否直接用水溶解？为什么？

（4）如何正确使用比色皿？

（5）何谓“吸收曲线”“工作曲线”？绘制及目的各有什么不同？

实验三十七　分光光度法测定铬、锰的含量

一、实验目的

（1）了解吸光度加和性原理。

（2）掌握混合物光度法同时测定技术。

二、实验原理

本实验利用不同物质对光的吸收具有选择性的特征和吸光度加和性原理，实现合金钢中铬和锰的同时测定。$Cr_2O_7^{2-}$ 和 MnO_4^- 的吸收光谱曲线如图 3-15 所示。

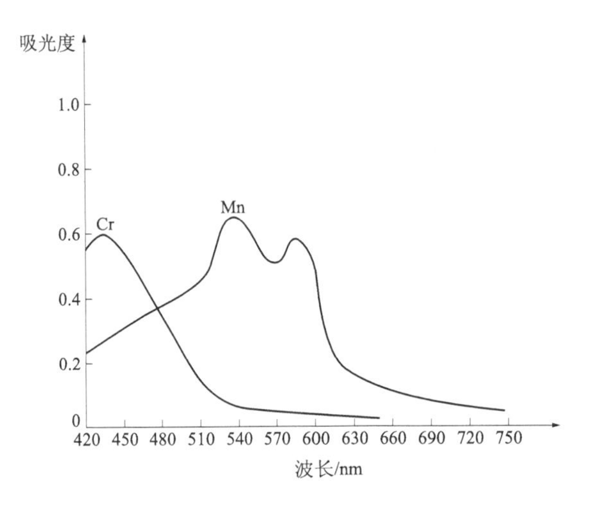

图 3-15　CrO_7^{2-} 和 MnO_4^- 的吸收光谱曲线

三、仪器与药品

（1）722 型分光光度计。

（2）50 mL 容量瓶 7 只。

（3）250 mL 容量瓶 1 只，5 mL 移液管 4 支。

（4）100 mL 烧杯 1 只，250 mL 锥形瓶 1 个，50 mL 烧杯 3 只，100 mL、10 mL 量筒各 1 个。

（5）酒精灯、三脚架、石棉网各 3 个。

（6）Cr标准溶液：准确称取 $K_2Cr_2O_7$ 1.414 4 g，溶解后，稀释至500 mL，此溶液含铬1.00 mg/mL。

（7）Mn标准溶液：准确称取 $MnC_2O_4 \cdot H_2O$ 0.832 4 g，溶于浓硫酸中，逐渐加水，稀释至500 mL，此溶液含锰0.50 mg/mL。

（8）H_3PO_4：相对密度为1.70，质量分数为85%。

（9）浓 H_2SO_4、浓 HNO_3。

（10）$K_2S_2O_8$（过硫酸钾）、KIO_4（高碘酸钾）。

（11）$AgNO_3$：0.1 mol/L。

四、实验内容

1. 吸光系数的测定

（1）用移液管分别吸取标准 $K_2Cr_2O_7$ 溶液3.00 mL、4.00 mL、5.00 mL于50 mL容量瓶中，各加入2.5 mL浓 H_2SO_4 和2.5 mL 85%的 H_3PO_4，稀释至刻度，摇匀，分别在440 nm及545 nm波长处测定各份溶液的吸光度，计算 $Cr_2O_7^{2-}$ 溶液在440 nm及545 nm波长处的吸光系数。

（2）用移液管分别吸取Mn标准溶液1.00 mL、2.00 mL、3.00 mL于50 mL烧杯中，各加入2.5 mL浓 H_2SO_4 和2.5 mL 85%的 H_3PO_4，将溶液稀释至约35 mL，加入0.5 g KIO_4，加热至沸，维持沸点约5 min，冷却，将此溶液移入50 mL容量瓶中，稀释至刻度，摇匀，分别在440 nm及545 nm波长处测定各份溶液的吸光度，计算 MnO_4^- 溶液在440 nm及545 nm波长处的吸光系数。

2. 合金钢中铬和锰的同时测定

取约1 g钢样，于100 mL烧杯中，加入40 mL水、10 mL浓 H_2SO_4 和3 mL 85%的 H_3PO_4，缓缓加热，直至钢样完全分解；稍冷，加入2 mL浓 HNO_3，煮沸，使碳化物完全分解，并除去 NO_2，冷却溶液，转移至250 mL容量瓶中，稀释至刻度，摇匀。

用移液管吸取钢样溶液1.00 mL于100 mL烧杯中，加入2.5 mL浓 H_2SO_4 和2.5 mL 85%的 H_3PO_4，将溶液稀释至约35 mL，并加入0.1 mol/L的 $AgNO_3$ 溶液5~7滴及3 g $K_2S_2O_8$，不断搅拌溶液，并缓缓加热，直至所有的盐完全溶解，加热至沸并维持沸点5~7 min，取下稍冷，加入0.3 g KIO_4，不断搅拌溶液，加热至沸，维持沸点 5 min，将溶液取下冷却，转移到 50 mL 容量瓶中，稀释至刻度，摇匀。

将溶液倒入吸收池中，用蒸馏水作空白，在 440 nm 及 545 nm 波长处测定其吸光度，并计算出铬和锰的含量。

五、实验记录与数据处理

铬和锰的含量根据实验数据按下式解联立方程组求得：

$$A_{440}{}^{Cr+Mn}=A_{440}{}^{Cr}+A_{440}{}^{Mn}=K_{440}{}^{Cr}C^{Cr}+K_{440}{}^{Mn}C^{Mn} \quad (1)$$

$$A_{545}{}^{Cr+Mn}=A_{545}{}^{Cr}+A_{545}{}^{Mn}=K_{545}{}^{Cr}C^{Cr}+K_{545}{}^{Mn}C^{Mn} \quad (2)$$

由（1）式导出：

$$C^{Mn}=(A_{440}{}^{Cr+Mn}-K_{440}{}^{Cr}C^{Cr})\ /K_{440}{}^{Mn} \quad (3)$$

将（3）式代入（2）式，则：

$$C^{Cr}=\frac{(K_{440}^{Mn}A_{545}^{Cr+Mn}-K_{545}^{Mn}A_{440}^{Cr+Mn})}{K_{545}^{Cr}K_{440}^{Mn}-K_{545}^{Mn}K_{440}^{Cr}}$$

六、思考题

双波长分光光度法测定混合组分的依据是什么？

§3.10　综合实验

实验三十八　水泥熟料全分析

一、实验目的

（1）了解重量法测定 SiO_2 含量的原理和利用重量法测定水泥熟料中 SiO_2 含量的方法。

（2）进一步掌握络合滴定法的原理，特别是通过控制试液的酸度、温度及选择适当的掩蔽剂和指示剂等，在铁、铝、钙、镁共存时直接分别测定它们的方法。

（3）掌握络合滴定的几种测定方法——直接滴定法、返滴定法和差减法，以及这几种测定法中的计算方法。

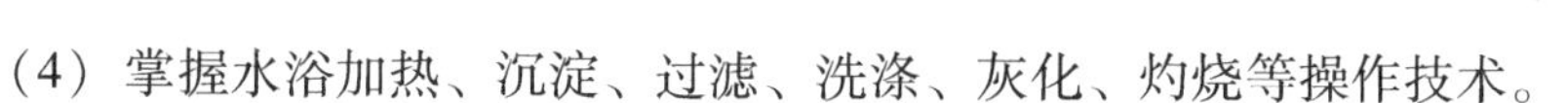

（4）掌握水浴加热、沉淀、过滤、洗涤、灰化、灼烧等操作技术。

二、实验原理

水泥熟料是调和生料经 1 400 ℃以上高温煅烧而成的。它的主要成分是 SiO_2、CaO、MgO、Fe_2O_3、Al_2O_3及少量的 K_2O、NaO 及 TiO_2等。

水泥熟料中碱性氧化物占 60% 以上，主要为硅酸三钙（$3CaO \cdot SiO_2$）、硅酸二钙（$2CaO \cdot SiO_2$）、铝酸三钙（$3CaO \cdot Al_2O_3$）和铁铝酸四钙（$4CaO \cdot Al_2O_3 \cdot Fe_2O_3$）等化合物的混合物，因此易为酸分解生成硅酸和可溶性盐。

$$2CaO \cdot SiO_2 + 4HCl = 2CaCl_2 + H_2SiO_3 + H_2O$$

$$3CaO \cdot SiO_2 + 6HCl = 3CaCl_2 + H_2SiO_3 + 2H_2O$$

$$3CaO \cdot Al_2O_3 + 12HCl = 3CaCl_2 + 2AlCl_3 + 6H_2O$$

$$4CaO \cdot Al_2O_3 \cdot Fe_2O_3 + 20HCl = 4CaCl_2 + 2AlCl_3 + 2FeCl_3 + 10H_2O$$

SiO_2用重量法测定。试样用 HCl 分解后，即析出无定形硅酸沉淀，但沉淀不完全，而且吸附严重。本实验中是将试样与 7 ~8 倍量固体 NH_4Cl 混匀后，再加 HCl 分解试样。此时，由于是在含有大量电解质的小体积溶液中析出硅酸，有利于硅酸的凝聚，沉淀也比较完全。硅酸的含水量少，结构紧密，吸附现象也有所减少。试样分解完全后，加入适量的水溶解可溶性盐类，过滤，将沉淀灼烧称量，即可测得 SiO_2的含量。

水泥熟料中的铁、铝、钙、镁等组分以离子形式存在于滤去 SiO_2的滤液中。它们都与 EDTA 形成稳定的络离子，但这些络离子的稳定性有较明显的差别。因此控制适当的酸度就可用 EDTA 分别滴定它们。调节溶液的 pH 值为 1.8 ~2.2，以磺基水杨酸作指示剂，用 EDTA 滴定 Fe^{3+}离子，然后加入一定量过量的 EDTA，煮沸待 Al^{3+}离子与 EDTA 络合后，再调节溶液的 pH≈4.2，以 PAN 作指示剂，用 $CuSO_4$标准溶液滴定过量的 EDTA，从而分别测得 Fe_2O_3和 Al_2O_3的含量。滤液中的 Ca^{2+}离子和 Mg^{2+}离子，按常法用三乙醇胺掩蔽 Fe^{3+}、Al^{3+}离子后在 pH≈10 时用 EDTA 滴定，测得钙和镁的总量；另取一份滤液在 pH >12 时，用 EDTA 滴定钙的含量。然后计算试样中 CaO 和 MgO 的含量。

三、实验内容

（1）0.01 mol/L EDTA 标准溶液的配制与标定。

（2）$CuSO_4$标准溶液对 EDTA 标准液体积比的测定。

（3）SiO_2的测定。

（4）Fe^{3+}的测定。

（5）Al^{3+}的测定。

（6）Ca^{2+}的测定。

（7）Mg^{2+}的测定。

四、实验要求与预期目标

（1）查阅有关文献，设计并确定一种可行的分析实验方案。

（2）完成实验内容，正确记录实验数据，并对实验数据进行正确的处理与分析。

（3）提交完整的研究报告 1 份（800 ~ 1 000 字）。

五、思考题

（1）熟料水泥全分析的基本原理是什么？

（2）熟料水泥全分析具有什么意义？

（3）本实验中，哪些物质是掩蔽剂？

实验三十九　水果中抗坏血酸（Vc）含量的测定

一、实验目的

（1）掌握测定水果中抗坏血酸（Vc）含量的各种方法及原理。

（2）熟练掌握各种分析方法的有关基本操作。

（3）复习巩固相关的理论知识，提高分析问题、解决问题的能力。

二、分析方法

1. 碘量法

（1）实验原理。

Vc 在水果中主要以还原型存在（还有氧化型及少量结合态），因此通常测定的是还原型 Vc。Vc 属于不稳定维生素，尤其是在液态时，易被热、碱、氧和光破坏，氧化型 Vc 更不稳定，在测定中易受杂质的干扰。采用二氯酶法测定 Vc 极不稳定，易受到还原性杂质的干扰，所以测定 Vc 的准确性很大程度上取决于分析技术。选择合适的提取剂可以延长 Vc 的稳定时间，提高 Vc 的提取效率。Vc 在酸性溶液中相对稳定，因此试验中采用 2% 的偏磷酸、2% 草酸、10% 三氯乙酸、2% 草酸 +10% 盐酸溶液作为提取剂，分别对 5 种水果中的 Vc 进行提取，并采用碘量法测定其含量。

（2）原料与试剂。

① 原料：草莓、鲜枣、香蕉、西瓜、桃。

② 试剂：1% 淀粉指示剂，0.01 mol/L 的碘溶液，2% 偏磷酸，2% 草酸，10% 三氯乙酸，2% 草酸 +10% 盐酸。

（3）工作原理。

碘可将 Vc 氧化，且两分子碘可氧化一分子 Vc，碘遇淀粉变蓝。

$$C_2H_8O_6+2I_2 = C_2H_4O_6+4HI$$

在提取的水果样液中加入淀粉指示剂，用 0.01 mol/L 碘标准溶液进行滴定。当样液变蓝且保持 15 s 不褪色时，记录所用碘液的体积，计算 Vc 的含量。

（4）实验内容。

① 样品的制备。取各水果样品 400 g，清洗、沥干，将每份样品平均分成 4 份，即每份 100 g，用破碎机破碎。在破碎的同时加入提取剂，以减少 Vc 损失。之后，用榨汁机榨汁，然后每份样品分别用 2% 偏磷酸、2% 草酸、10% 三氯乙酸和 2% 草酸 +10% 盐酸提取。

② Vc 含量的测定。在各份提取液中加入淀粉指示剂，用酸式滴定管装入碘标准溶液进行滴定，当溶液变蓝 15 s 不褪色时即为终点，记录碘液的体积。

（5）计算结果。

Vc 含量的计算公式为：

$$(176/2)\times 0.01\times V$$

将消耗 I_2 标准溶液的体积代入上式，得 Vc 含量。

（6）结论。

2. 2，4－二硝基苯肼比色法

（1）方法原理。

维生素 C 总量包括还原型 Vc、脱氢型 Vc 和二酮古乐糖酸，将样品中的还原型抗坏血酸氧化为脱氢抗坏血酸，进一步水解为二酮古乐糖酸。二酮古乐糖酸与2，4－二硝基苯肼偶联生成红色的脎。其呈色的强度与二酮古乐糖酸浓度成正比，可以比色定量。

（2）原料与试剂。

① 10 g/L 草酸，20 g/L 草酸。

② 酸处理活性炭：取活性炭200 g，加入1∶9 的 HCl 1 000 mL，煮沸后，抽气过滤，再用沸水 1 000 mL 煮沸过滤，重复用水洗至溶液中无 Fe^{2+} 离子（用10 g/L KSCN 溶液试验无红色），放在100 ℃～120 ℃烘干。

③ 20 g/L 2，4－二硝基苯肼溶液：称取2，4－二硝基苯肼（分析纯）2.00 g 溶解于100 mL 4.5mol/L H_2SO_4中。

④ 4.5 mol/L H_2SO_4溶液：量取浓 H_2SO_4（分析纯）250 mL，慢慢倒入750 mL 水中，边加边搅拌。

⑤ 100 g/L 硫脲溶液：用500 mL/L 酒精溶液溶解5.00 g 硫脲（分析纯），使其最终体积为50 mL。

⑥ H_2SO_4（9∶1）溶液：量取浓硫酸90 mL，慢慢倒入10 mL 水中。

⑦ 标准 Vc 溶液：称取维生素 C（$C_6H_8O_5$，分析纯）20 mg 溶解于10 g/L 草酸溶液中，移入100 mL 容量瓶中，并用10 g/L 草酸溶液定容。吸取此溶液50 mL，加入活性炭0.1 g，摇1 min，过滤。吸取此溶液5 mL 于100 mL 容量瓶中，用10 g/L 草酸溶液稀释定容。此 Vc 工作液为10 g/mL。

（3）实验内容。

① 样品处理：称取适量样品（m）加等质量的20 g/L 草酸溶液，在组织捣碎机中打成浆状。取浆状物20 g 用10 g/L 草酸溶液移入100 mL 容量瓶中，定容过滤。

② 样品中总 Vc 的测定：取滤渡10 mL，加入10 g/L 草酸10 mL（总 Vc 为1～10 g/mL），加一勺活性炭，摇1 min，静置过滤。

各取滤液2 mL 于样品管和样品空白管中，各管加入1 滴硫脲溶液①。于样品管中加入2，4－二硝基苯肼0.5 mL，两管都加上盖子，置于37 ℃保温箱中保温3 h。然后取出样品管放入冰水中（终止反应）。样品空白管取出后冷却至室温，然后加入2，4－二硝基苯肼0.5 mL。然后将样品管和样品空白管

① 硫脲可防止 Vc 被氧化，且可帮助脎的形成，最终溶液中硫脲的浓度应一致，否则影响色度。

皆置于冰浴中，从滴定管中滴加9∶1硫酸溶液2 mL于各管中，边滴边摇试管（防止溶液温度上升，溶液中糖炭化而转黑色）。

将各管从冰浴中取出，在室温下放置30 min后①，立即在分光光度计540 nm波长比色，读取吸收值，根据吸收值从标准曲线查出相应的含量。

（4）标准曲线的绘制。

吸取Vc标准工作液10 mL、20 mL、30 mL、40 mL、50 mL稀释至50 mL，即此系列含有2 g/mL、4 g/mL、6 g/mL、8 g/mL、10 g/mL的Vc标准溶液。各取2 mL于各标准管中，以下操作步骤同上样品测定。以上述Vc浓度系列为横坐标，以吸收值（A）为纵坐标作标准曲线。

（5）实验记录与数据处理。

$$\text{Vc 总量 (mg/kg)} = \times 20 \times \frac{1\ 000}{1\ 000} = \times 20$$

式中 Vc总量——从标准曲线查得的总抗坏血酸的含量，g/mL；

20——样品稀释倍数［$(2m/m)\times(100/20)\times(20/10)=20$］；

$\frac{1\ 000}{1\ 000}$——表示1 000 g样品中总Vc的含量和将g换算成mg。

实验四十 蛋壳中钙、镁含量的测定——酸碱滴定法、EDTA络合滴定法、高锰酸钾法

一、配合滴定法测定蛋壳中Ca、Mg总量

（一）实验目的

（1）进一步巩固掌握配合滴定分析的方法与原理。

（2）学习使用配合掩蔽排除干扰离子影响的方法。

（3）训练对实物试样中某组分含量测定的一般步骤。

（二）实验原理

鸡蛋壳的主要成分为$CaCO_3$，其次为$MgCO_3$、蛋白质、色素以及少量的Fe、Al。在pH = 10，用铬黑T作指示剂，EDTA可直接测量Ca^{2+}、Mg^{2+}总

---

① 加入H_2SO_4（9∶1）溶液后试管从冰水中取出，溶液颜色会继续变深，所以必须准确加入H_2SO_4后30 min内比色。

量，为提高配合选择性，在 pH = 10 时，加入掩蔽剂三乙醇胺使之与 Fe^{3+}、Al^{3+} 等离子生成更稳定的配合物，以排除它们对 Ca^{2+}、Mg^{2+} 离子测量的干扰。

（三）仪器和药品

（1）6 mol/L HCl。

（2）铬黑 T 指示剂。

（3）1∶2 三乙醇胺水溶液。

（4）NH_4Cl-$NH_3 \cdot H_2O$ 缓冲溶液（pH = 10）。

（5）0.01 mol/L EDTA 标准溶液。

（四）实验内容

（1）蛋壳预处理。先将蛋壳洗净，加水煮沸 5 ~ 10 min，去除蛋壳内表层的蛋白薄膜，然后把蛋壳放于烧杯中用小火烤干，研成粉末。

（2）自拟定蛋壳称量范围的试验方案。

（3）Ca、Mg 总量的测定。准确称取一定量的蛋壳粉末，小心滴加 6 mol/L HCl 4 ~ 5 mL，微火加热至完全溶解（少量蛋白膜不溶），冷却，转移至 250 mL 容量瓶，稀释至接近刻度线，若有泡沫，滴加 2 ~ 3 滴 95% 乙醇，泡沫消除后，滴加水至刻度线摇匀。

（4）吸取试液 25 mL；置于 250 mL 锥形瓶中，分别加去离子水 20 mL，三乙醇胺 5 mL，摇匀。再加 NH_4Cl-$NH_3 \cdot H_2O$ 缓冲液 10 mL，摇匀。放入少许铬黑 T 指示剂，用 EDTA 标准溶液滴定至溶液由酒红色恰变纯蓝色，即达终点。根据 EDTA 消耗的体积计算 Ca^{2+}、Mg^{2+} 总量，以 CaO 的含量表示。

（五）思考题

（1）如何确定蛋壳粉末的称量范围？（提示：先粗略确定蛋壳粉中钙、镁含量，再估计蛋壳粉的称量范围）

（2）蛋壳粉溶解稀释时为何加 95% 乙醇可以消除泡沫？

（3）试列出求钙镁总量的计算式（以 CaO 含量表示）。

二、酸碱滴定法测定蛋壳中 CaO 的含量

（一）实验目的

（1）学习用酸碱滴定方法测定 $CaCO_3$ 的原理及指示剂选择。

（2）巩固滴定分析基本操作。

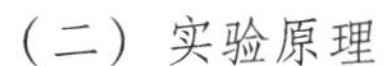

（二）实验原理

蛋壳中的碳酸盐能与 HCl 发生反应，即：

$$CaCO_3 + 2H^+ \longrightarrow Ca^{2+} + CO_2 \uparrow + H_2O$$

过量的酸可用标准 NaOH 回滴，据实际与 $CaCO_3$反应标准盐酸体积求得蛋壳中 CaO 含量，以 CaO 质量分数表示。

（三）仪器和药品

浓 HCl（A. R.）、NaOH（A. R.）、0. 1% 甲基橙。

（四）实验内容

（1）0. 5 mol/L NaOH 配制：称 10 g NaOH 固体于小烧杯中，加 H_2O 溶解后移至试剂瓶中用蒸馏水稀释至 500 mL，加橡皮塞，摇匀。

（2）0. 5 mol/L HCl 配制：用量筒量取浓盐酸 21 mL 于 500 mL 容量瓶中，用蒸馏水稀释至 500 mL，加盖，摇匀。

（3）酸碱标定：准确称取基准 3 份 Na_2CO_3 0. 55 ~ 0. 65 g 于锥形瓶中，分别加入 50 mL 煮沸去 CO_2并冷却的去离子水，摇匀，温热使溶解，后加入 1 ~ 2 滴甲基橙指示剂，用以上配制的 HCl 溶液滴定至橙色为终点。计算 HCl 溶液的精确浓度，再用该 HCl 标准溶液标定 NaOH 溶液的浓度。

（4）CaO 含量测定：准确称取经预处理的蛋壳 0. 3 g（精确到 0. 1 mg）左右，于 3 个锥形瓶内，用酸式滴定管逐滴加入已标定好的 HCl 标准溶液 40 mL左右（需精确读数），小火加热溶解，冷却，加甲基橙指示剂 1 ~ 2 滴，以 NaOH 标准溶液回滴至橙黄。

（五）实验记录与数据处理

按滴定分析记录格式作表格，记录数据，按下式计算 $w(\mathrm{CaO})$（质量分数）

$$w(\mathrm{CaO}) = \frac{[c(\mathrm{HCl}) \times V(\mathrm{HCl}) - c(\mathrm{NaOH}) \times V(\mathrm{NaOH})] \times \frac{56.08}{2\ 000}}{G_{样品}} \times 100\%$$

（六）注意事项

（1）蛋壳中钙主要以 $CaCO_3$形式存在，同时也有 $MgCO_3$，因此以 CaO 存量表示 Ca + Mg 总量。

（2）由于酸较稀，溶解时需加热一定时间，试样中有不溶物，如蛋白质之类，但不影响测定。

（七）思考题

（1）蛋壳称样量多少是依据什么估算？

（2）蛋壳溶解时应注意什么？

（3）为什么说 $w(\mathrm{CaO})$ 是表示 Ca 与 Mg 的总量？

三、高锰酸钾法测定蛋壳中 CaO 的含量

（一）实验目的

（1）学习间接氧化还原测定 CaO 的含量。

（2）巩固沉淀分离、过滤洗涤与滴定分析基本操作。

（二）实验原理

利用蛋壳中的 Ca^{2+} 与草酸盐形成难溶的草酸盐沉淀，将沉淀经过滤洗涤分离后溶解，用高锰酸钾法测定 $C_2O_4^{2-}$ 含量，换算出 CaO 的含量，反应式如下：

$$Ca^{2+} + C_2O_4^{2-} = CaC_2O_4 \downarrow$$

$$CaC_2O_4 + H_2SO_4 = CaSO_4 + H_2C_2O_4$$

$$5H_2C_2O_4 + 2MnO_4^- + 6H^+ \longrightarrow 2Mn^{2+} + 10CO_2 \uparrow + 8H_2O$$

某些金属离子（Ba^{2+}、Sr^{2+}、Mg^{2+}、Pb^{2+}、Cd^{2+} 等）与 $C_2O_4^{2-}$ 能形成沉淀，对测定 Ca^{2+} 有干扰。

（三）仪器和药品试剂

0.01 mol/L $KMnO_4$、2.5% $(NH_4)_2C_2O_4$、10% $NH_3 \cdot H_2O$、浓盐酸、1 mol/L H_2SO_4、1∶1 HCl、0.2% 甲基橙、0.1 mol/L $AgNO_3$。

（四）实验内容

准确称取蛋壳粉两份（每份含钙约 0.025 g），分别放在 250 mL 烧杯中，加 1∶1 HCl 3 mL，加 H_2O 20 mL，加热溶解，若有不溶解蛋白质，可过滤之。滤液置于烧杯中，然后加入 5% 草酸胺溶液 50 mL，若出现沉淀，再滴加浓 HCl 使至溶解，然后加热至 70 ℃ ~80 ℃，加入 2 ~3 滴甲基橙，溶液呈红色，逐滴加入 10% 氨水，不断搅拌，直至变黄并有氨味逸出为止。将溶液放置陈化（或在水浴上加热 30 min 陈化），沉淀经过滤洗涤，直至无 Cl^- 离子。然

后，将带有沉淀的滤纸铺在先前用来进行沉淀的烧杯内壁上，用 1 mol/L H_2SO_4 50 mL把沉淀由滤纸洗入烧杯中，再用洗瓶吹洗 1～2 次。然后，稀释溶液至体积约为 100 mL，加热至 70 ℃～80 ℃，用 $KMnO_4$标准溶液滴定至溶液呈浅红色为终点，再把滤纸推入溶液中，在滴加 $KMnO_4$至浅红色在 30 s 内不消失为止。计算 CaO 的质量分数。

（五）实验记录与数据处理

按定量分析格式画表格，记录数据，计算 w(CaO)，相对偏差要求小于0.3%。

（六）思考与讨论

（1）用 $(NH_4)_2C_2O_4$ 沉淀 Ca^{2+}，为什么要先在酸性溶液中加入沉淀剂，然后在70 ℃～80 ℃时滴加氨水至甲基橙变黄，使 CaC_2O_4 沉淀?

（2）为什么沉淀要洗至无 Cl^-离子时为止?

（3）如果将带有 CaC_2O_4 沉淀的滤纸一起投入烧杯，以硫酸处理后再用 $KMnO_4$ 滴定，这样操作对结果有什么影响?

（4）试比较 3 种方法测定蛋壳中 CaO 含量的优缺点?

实验四十一　邻二氮菲分光光度法测定石灰石中的微量铁

一、实验目的

（1）学会吸收曲线及标准曲线的绘制，了解分光光度法的基本原理。

（2）掌握用邻二氮菲分光光度法测定微量铁的方法原理。

（3）学会 722 型分光光度计的正确使用，了解其工作原理。

（4）学会数据处理的基本方法。

（5）掌握比色皿的正确使用。

二、实验原理

根据朗伯－比耳定律：$A=\varepsilon bc$，当入射光波长 λ 及光程 b 一定时，在一定浓度范围内，有色物质的吸光度 A 与该物质的浓度 c 成正比。只要绘出以吸光度 A 为纵坐标，浓度 c 为横坐标的标准曲线，测出试液的吸光度，就可以由标准曲线查得对应的浓度值，即未知样的含量。同时，还可应用相关的回归分析软件，将数据输入计算机，得到相应的分析结果。

用分光光度法测定试样中的微量铁，可选用显色剂邻二氮菲（又称邻菲罗啉），邻二氮菲分光光度法是化工产品中测定微量铁的通用方法，在 pH 值为 2 ~ 9 的溶液中，邻二氮菲和二价铁离子结合生成红色配合物：

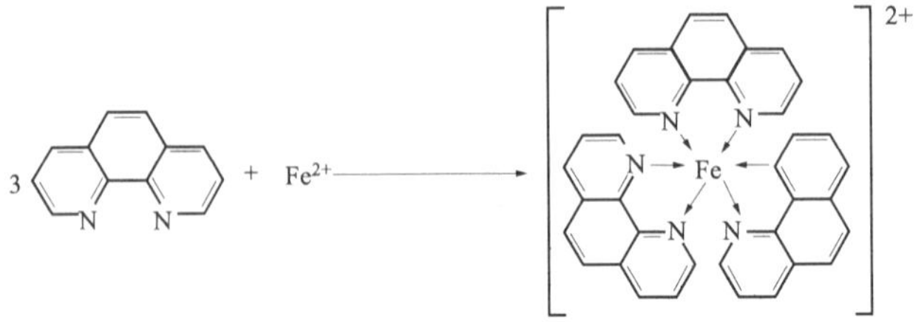

此配合物的 $\lg K_{稳}=21.3$，摩尔吸光系数 $\varepsilon_{510}=1.1\times10^{4}$ L/（mol · cm），而 Fe^{3+} 能与邻二氮菲生成 3∶1 配合物，呈淡蓝色，$\lg K_{稳}=14.1$。所以在加入显色剂之前，应用盐酸羟胺（$NH_2OH\cdot HCl$）将 Fe^{3+} 还原为 Fe^{2+}，其反应式如下：

$$2Fe^{3+}+2NH_2OH\cdot HCl\longrightarrow 2Fe^{2+}+N_2+H_2O+4H^{+}+2Cl^{-}$$

测定时酸度高，反应进行较慢；酸度太低，则离子易水解。本实验采用 HAc-NaAc 缓冲溶液控制溶液 pH≈5.0，使显色反应进行完全。

为判断待测溶液中铁元素含量，需首先绘制标准曲线，根据标准曲线中不同浓度铁离子引起的吸光度的变化，对应实测样品引起的吸光度，计算样品中铁离子浓度。

本方法的选择性很高，相当于含铁量 40 倍的 Sn^{2+}、Al^{3+}、Ca^{2+}、Mg^{2+}、Zn^{2+}、SiO_3^{2-}；20 倍的 Cr^{3+}、Mn^{2+}、VO_3^{-}、PO_4^{3-}；5 倍的 Co^{2+}、Ni^{2+}、Cu^{2+} 等离子不干扰测定。但 Bi^{3+}、Cd^{2+}、Hg^{2+}、Zn^{2+}、Ag^{+} 等离子与邻二氮菲作用生成沉淀干扰测定。

三、仪器和药品

1. 实验仪器

722 型分光光度计、酸度计、容量瓶（50 mL、100 mL、500 mL、1 000 mL）、吸量管（2 mL、5 mL、10 mL）、比色皿、洗耳球。

2. 试剂

硫酸铁铵（A. R.）、盐酸、盐酸羟胺（A. R.）、醋酸钠（A. R.）、醋酸（A. R.）、邻二氮菲（A. R.）。

四、实验内容

1. 标准溶液配制

（1）100 μg/mL 铁标准溶液配制。

准确称取0.863 4 g 铁盐 $NH_4Fe(SO_4)_2 \cdot 12H_2O$（A. R.），置于烧杯中，加入20 mL 6 mol/L HCl 溶液和少量水，溶解后，定量转移至1 000 mL 容量瓶中，加水稀释至刻度，充分摇匀，得100 μg/mL 储备液。

（2）10 μ g/mL 铁标准溶液配制。

用移液管吸取上述100 μg/mL 铁标准溶液10.00 mL，置于100 mL 容量瓶中，加入2.0 mL 6 mol/L HCl 溶液，用水稀释至刻度，充分摇匀。

（3）盐酸羟胺溶液（10%）：新鲜配制。

（4）邻二氮菲溶液（0.15%）：新鲜配制。

（5）HAc-NaAc 缓冲溶液（pH≈5.0）：称取136 g 醋酸钠，加水使之溶解，在其中加入120 mL 冰醋酸，加水稀释至500 mL。

（6）HCl 溶液（1∶1）。

2. 邻二氮菲 - Fe^{2+} 吸收曲线的绘制

用吸量管吸取铁标准溶液（10 μg/mL）6.0 mL，放入50 mL 容量瓶中，加入1 mL 10% 盐酸羟胺溶液、2 mL 0.15% 邻二氮菲溶液和5 mL HAc-NaAc 缓冲溶液，加水稀释至刻度，充分摇匀。放置10 min，选用1 cm 比色皿，以试剂空白（即在0.0 mL 铁标准溶液中加入相同试剂）为参比溶液，选择440～560 nm波长，每隔10 nm 测一次吸光度，其中在500～520 nm 之间，每隔5 nm 测定一次吸光度。以所得吸光度 A 为纵坐标，以相应波长 λ 为横坐标，在坐标纸上绘制 A 与 λ 的吸收曲线。从吸收曲线上选择测定 Fe 的适宜波长，一般选用最大吸收波长 λ_{max} 为测定波长。

3. 标准曲线（工作曲线）的绘制

用吸量管分别移取铁标准溶液（10 μg/mL）0.0 mL、1.0 mL、2.0 mL、4.0 mL、6.0 mL、8.0 mL、10.0 mL 分别放入7个50 mL 容量瓶中，分别依次加入1 mL 10% 盐酸羟胺溶液，稍摇动；加入2.0 mL 0.15% 邻二氮菲溶液及5 mL HAc-NaAc 缓冲溶液，加水稀释至刻度，充分摇匀。放置10 min，用1 cm比色皿，以试剂空白（即在0.0 mL 铁标准溶液中加入相同试剂）为参比溶液，选择 λ_{max} 为测定波长，测量各溶液的吸光度。在坐标纸上（亦可利用计算机软件绘图），以含铁量为横坐标，吸光度 A 为纵坐标，绘制标准曲线。

4. 试样中铁含量的测定

从实验教师处领取含铁未知液一份，放入 50 mL 容量瓶中，按以上方法显色，并测其吸光度。此步操作应与系列标准溶液显色、测定同时进行。

依据试液的 A 值，从标准曲线上即可查得其浓度，最后计算出原试液中含铁量（以 $\mu g \cdot mL^{-1}$ 表示）。并选择相应的回归分析软件，将所得的各次测定结果输入计算机，得出相应的分析结果。

五、数据处理

1. 邻二氮菲 – Fe^{2+} 吸收曲线的绘制

（1）数据记录。将不同波长吸光度数据填入表 3-51 中。

表 3-51　不同波长吸光度

波长 λ/nm	440	450	460	470	480	490	500	505	508	509	510	511	512
吸光度 A													
波长 λ/nm	513	514	515	520	530	540	550	560					
吸光度 A													

（2）作吸收曲线图，确定最大吸收波长 λ_{max} = ______nm。

2. 标准曲线的制作和铁含量的测定

（1）数据记录（0 号为参比溶液）。将在不同 Fe^{2+} 含量下的吸光度数据填入表 3-52 中。

表 3-52　不同 Fe^{2+} 含量下的吸光度

数值＼序号 量	1	2	3	4	5	6	7	8
10 $\mu g \cdot mL^{-1} Fe^{2+}$/mL	1	2	4	6	8	10	未知	未知
吸光度 A								

（2）作标准曲线图。

（3）计算未知溶液中 $c(Fe^{2+})$ ＝________μg/mL。

六、思考题

（1）用本法测出的铁含量是否为试样中 Fe^{2+} 含量？

（2）邻二氮杂菲分光光度法测定铁时，为何要加入盐酸羟胺溶液？

（3）吸收曲线与标准曲线有何区别？在实际应用中有何意义？

（4）制作标准曲线和试样测定时，加入试剂的顺序能否任意改变？为什么？

附　录

附录一　常用酸碱的密度和浓度

试剂名称	相对密度	质量分数	$c/$（$mol \cdot L^{-1}$）
盐酸	1.18～1.19	36%～38%	11.6～12.4
硝酸	1.39～1.40	65%～68%	14.4～15.2
硫酸	1.83～1.84	95%～98%	17.8～18.4
磷酸	1.69	85%	14.6
高氯酸	1.67～1.68	70%～72%	11.7～12.0
氢氟酸	1.13～1.14	40%	22.5
氢溴酸	1.49	47%	8.6
冰醋酸	1.05	99.8%（优级纯） 99.0%（分析纯）	17.4
醋酸	1.05	37%	6.0
氨水	0.88～0.90	25%～28%	13.3～14.8
三乙醇胺	1.12	-	7.5

附录二　常用缓冲溶液的配制

缓冲溶液组成	pK_a	缓冲溶液的 pH	缓冲溶液配制方法
氨基乙酸－HCl	2.35（pK_{a1}）	2.3	取150 g氨基乙酸溶于500 mL水中，加80 mL浓HCl，用水稀释至1 L
磷酸－柠檬酸盐		2.5	取113 g $Na_2HPO_4 \cdot 12H_2O$溶于200 mL水后，加387 g柠檬酸，溶解、过滤后稀释至1 L
一氯乙酸－NaOH	2.86	2.8	取200 g一氯乙酸，溶于200 mL水中，加40 g NaOH，溶解后稀释至1 L

续表

缓冲溶液组成	pK_a	缓冲溶液的 pH	缓冲溶液配制方法
邻苯二甲酸氢钾 - HCl	2.95 (pK_{a1})	2.9	取 500 g 邻苯二甲酸氢钾，溶于 500 mL 水中，加 80 g 浓 HCl，溶解后稀释至 1 L
甲酸 - NaOH	3.76	3.7	取 95 g 甲酸和 40 g NaOH，溶于 500 mL 水中，溶解后稀释至 1 L
NH_4Ac-HAc		4.5	取 27 g NH_4Ac 溶于 200 mL 水中，加 59 mL 冰醋酸，稀释至 1 L
NaAc-HAc	4.74	4.7	取 83 g 无水 NaAc 溶于水中，加 60 mL 冰醋酸，稀释至 1 L
NaAc-HAc	4.74	5.0	取 160 g 无水 NaAc 溶于水中，加 60 mL 冰醋酸，稀释至 1 L
NH_4Ac-HAc		5.0	取 250 g NH_4Ac 溶于水中，加 25 mL 冰醋酸，稀释至 1 L
六次甲基四胺 - HCl	5.15	5.4	取 400 g 六次甲基四胺溶于 200 mL 水中，加 100 mL 浓 HCl，用水稀释至 1 L
NH_4Ac-HAc		6.0	取 600 g NH_4Ac 溶于水中，加 20 mL 冰醋酸，稀释至 1 L
NaAc - 磷酸盐		8.0	取 50 g 无水 NaAc 和 50 g $Na_2HPO_4 \cdot 12H_2O$，溶于水，稀释至 1 L
Tris-HCl [三羟甲基氨甲烷 $CNH_2(HOCH_3)_3$]	8.21	8.2	取 25 g Tris 试剂溶于水中，加 8 mL 浓 HCl，稀释至 1 L
NH_3-NH_4Cl	9.26	9.2	取 54 g NH_4Cl 溶于水中，加 63 mL 浓氨水，稀释至 1 L
NH_3-NH_4Cl	9.26	9.5	取 54 g NH_4Cl 溶于水中，加 126 mL 浓氨水，稀释至 1 L
NH_3-NH_4Cl	9.26	10.0	取 54 g NH_4Cl 溶于水中，加 350 mL 浓氨水，稀释至 1 L

附录三 常用指示剂

1. 酸碱指示剂

名称	变色范围（pH）	颜色变化	溶液配制方法
甲基紫	0.13～0.50（第一次变色）	黄～绿	0.5 g/L水溶液
	1.0～1.5（第二次变色）	绿～蓝	
	2.0～3.0（第三次变色）	蓝～紫	
百里酚蓝	1.2～2.8（第一次变色）	红～黄	1 g/L乙醇溶液
甲酚红	0.12～1.8（第一次变色）	红～黄	1 g/L乙醇溶液
甲基黄	2.9～4.0	红～黄	1 g/L乙醇溶液
甲基橙	3.1～4.4	红～黄	1 g/L水溶液
溴酚蓝	3.0～4.6	黄～紫	0.4 g/L乙醇溶液
刚果红	3.0～5.2	蓝紫～红	1 g/L水溶液
溴甲酚绿	3.8～5.4	黄～蓝	1 g/L乙醇溶液
甲基红	4.4～6.2	红～黄	1 g/L乙醇溶液
溴酚红	5.0～6.8	黄～红	1 g/L乙醇溶液
溴甲酚紫	5.2～6.8	黄～紫	1 g/L乙醇溶液
溴百里酚蓝	6.0～7.6	黄～蓝	1 g/L乙醇［50%（体积分数）］溶液
中性红	6.8～8.0	红～亮黄	1 g/L乙醇溶液
酚红	6.4～8.2	黄～红	1 g/L乙醇溶液
甲酚红	7.0～8.8（第二次变色）	黄～紫红	1 g/L乙醇溶液
百里酚蓝	8.0～9.6（第二次变色）	黄～蓝	1 g/L乙醇溶液
酚酞	8.2～10.0	无～红	10 g/L乙醇溶液
百里酚酞	9.4～10.6	无～蓝	1 g/L乙醇溶液

2. 酸碱混合指示剂

名称	变色点	颜色		配制方法	备注
		酸色	碱色		
甲基橙-靛蓝（二磺酸）	4.1	紫	绿	1份1 g/L甲基橙水溶液 1份2.5 g/L靛蓝（二磺酸）水溶液	
溴百里酚绿-甲基橙	4.3	黄	蓝绿	1份1 g/L溴百里酚绿钠盐水溶液 1份2 g/L甲基橙水溶液	pH=3.5 黄 pH=4.05 绿黄 pH=4.3 浅绿
溴甲酚绿-甲基红	5.1	酒红	绿	3份1 g/L溴甲酚绿乙醇溶液 1份2 g/L甲基红乙醇溶液	
甲基红-亚甲基蓝	5.4	红紫	绿	2份1 g/L甲基红乙醇溶液 1份1 g/L亚甲基蓝乙醇溶液	pH=5.2 红紫 pH=5.4 暗蓝 pH=5.6 绿
溴甲酚绿-氯酚红	6.1	黄绿	蓝紫	1份1 g/L溴甲酚绿钠盐水溶液 1份1 g/L氯酚红钠盐水溶液	pH=5.8 蓝 pH=6.2 蓝紫
溴甲酚紫-溴百里酚蓝	6.7	黄	蓝紫	1份1 g/L溴甲酚紫钠盐水溶液 1份1 g/L溴百里酚蓝钠盐水溶液	
中性红-亚甲基蓝	7.0	紫蓝	绿	1份1 g/L中性红乙醇溶液 1份1 g/L亚甲基蓝乙醇溶液	pH=7.0 蓝紫
溴百里酚蓝-酚红	7.5	黄	紫	1份1 g/L溴百里酚蓝钠盐水溶液 1份1 g/L酚红钠盐水溶液	pH=7.2 暗绿 pH=7.4 淡紫 pH=7.6 深紫
甲酚红-百里酚蓝	8.3	黄	紫	1份1 g/L甲酚红钠盐水溶液 3份1 g/L百里酚蓝钠盐水溶液	pH=8.2 玫瑰 pH=8.4 紫
百里酚蓝-酚酞	9.0	黄	紫	1份1 g/L百里酚蓝乙醇溶液 3份1 g/L酚酞乙醇溶液	
酚酞-百里酚酞	9.9	无	紫	1份1 g/L酚酞乙醇溶液 1份1 g/L百里酚酞乙醇溶液	pH=9.6 玫瑰 pH=10 紫

3. 金属离子指示剂

名称	颜色		配制方法
	化合物	游离态	
铬黑 T（EBT）	红	蓝	（1）称取 0.50 g 铬黑 T 和 2.0 g 盐酸羟胺，溶于乙醇，用乙醇稀释至 100 mL。使用前制备。 （2）将 1.0 g 铬黑 T 与 100.0 g NaCl 研细，混匀
二甲酚橙	红	黄	2 g/L 水溶液（去离子水）
钙指示剂	酒红	蓝	0.50 g 钙指示剂与 100.0 g NaCl 研细，混匀
紫脲酸铵	黄	紫	1.0 g 紫脲酸铵与 100.0 g NaCl 研细，混匀
K-B 指示剂	红	蓝	0.50 g 酸性铬蓝 K 加 1.25 g 萘酚绿，再加 25.0 g K_2SO_4研细，混匀
磺基水杨酸	红	无	10 g/L 水溶液
PAN	红	黄	2 g/L 乙醇溶液
Cu-PAN（CuY + PAN）	Cu-PAN 红	Cu-PAN 浅绿	0.05 mol/L Cu^{2+}溶液 10 mL，加 pH = 5 ~ 6 的 HAc 缓冲溶液 5 mL、1 滴 PAN 指示剂，加热至 60 ℃左右，用 EDTA 滴至绿色，得到约 0.025 mol/L 的 CuY 溶液。使用时取 2 ~ 3 mL于试液中，再加数滴 PAN 溶液

4. 氧化还原指示剂

名称	变色点	颜色		配制方法
	V	氧化态	还原态	
二苯胺	0.76	紫	无	1 g 二苯胺在搅拌下溶于 100 mL 浓硫酸中
二苯胺磺酸钠	0.85	紫	无	5 g/L 水溶液
邻菲罗啉 - Fe（Ⅱ）	1.06	淡蓝	红	0.5 g $FeSO_4 \cdot 7H_2O$ 溶于 100 mL 水中，加 2 滴硫酸，再加 0.5 g 邻菲罗啉

续表

名称	变色点	颜色		配制方法
	V	氧化态	还原态	
邻苯氨基苯甲酸	1.08	紫红	无	0.2 g 邻苯氨基苯甲酸，加热溶解在 100 mL 0.2% Na_2CO_3 溶液中，必要时过滤
硝基邻二氮菲-Fe（Ⅱ）	1.25	淡蓝	紫红	1.7 g 硝基邻二氮菲溶于 100 mL 0.025 mol/L Fe^{2+} 溶液中
淀粉				1 g 可溶性淀粉加少许水调成糊状，在搅拌下注入 100 mL 沸水中，微沸2 min，放置，取上层清液使用（若要保持稳定，可在研磨淀粉时加 1 mg HgI_2）

5. 沉淀滴定法指示剂

名 称	颜色变化		配制方法
铬酸钾	黄	砖红	将 5 g K_2CrO_4 溶于水，稀释至 100 mL
硫酸铁铵	无	血红	将 40 g $NH_4Fe(SO_4)_2 \cdot 12H_2O$ 溶于水，加几滴硫酸，用水稀释至 100 mL
荧光黄	绿色荧光	玫瑰红	将 0.5 g 荧光黄溶于乙醇，用乙醇稀释至 100 mL
二氯荧光黄	绿色荧光	玫瑰红	将 0.1 g 二氯荧光黄溶于乙醇，用乙醇稀释至 100 mL
曙红	黄	玫瑰红	将 0.5 g 曙红钠盐溶于水，稀释至 100 mL

附录四 常用基准物质及干燥条件

基准物质		干燥后组成	干燥条件/℃	标定对象
名 称	分 式			
碳酸氢钠	$NaHCO_3$	Na_2CO_3	270～300	酸
碳酸钠	$Na_2CO_3 \cdot 10H_2O$	Na_2CO_3	270～300	酸

续表

基准物质		干燥后组成	干燥条件/ ℃	标定对象
名称	分式			
硼砂	$Na_2B_4O_7 \cdot 10H_2O$	$Na_2B_4O_7 \cdot 10H_2O$	放在含 NaCl 和蔗糖饱和液的干燥器中	酸
碳酸氢钾	$KHCO_3$	K_2CO_3	270 ~ 300	酸
草酸	$H_2C_2O_4 \cdot 2H_2O$	$H_2C_2O_4 \cdot 2H_2O$	室温空气干燥	碱或 $KMnO_4$
邻苯二甲酸氢钾	$KHC_8H_4O_4$	$KHC_8H_4O_4$	110 ~ 120	碱
重铬酸钾	$K_2Cr_2O_7$	$K_2Cr_2O_7$	140 ~ 150	还原剂
溴酸钾	$KBrO_3$	$KBrO_3$	130	还原剂
碘酸钾	KIO_3	KIO_3	130	还原剂
铜	Cu	Cu	室温空气干燥中保存	还原剂
三氧化二砷	As_2O_3	As_2O_3	室温空气干燥中保存	还原剂
草酸钠	$Na_2C_2O_4$	$Na_2C_2O_4$	130	氧化剂
碳酸钙	$CaCO_3$	$CaCO_3$	110	EDTA
锌	Zn	Zn	室温空气干燥中保存	EDTA
氧化锌	ZnO	ZnO	900 ~ 1 000	EDTA
氯化钠	NaCl	NaCl	500 ~ 600	$AgNO_3$
氯化钾	KCl	KCl	500 ~ 600	$AgNO_3$
硝酸银	$AgNO_3$	$AgNO_3$	280 ~ 290	氯化物
氨基磺酸	$HOSO_2NH_2$	$HOSO_2NH_2$	在真空 H_2SO_4 干燥中保存 48 h	碱

附录五　化合物的摩尔质量

化合物	摩尔质量 /（g·mol^{-1}）	化合物	摩尔质量 /（g·mol^{-1}）
$AgBr$	187.77	KH_2PO_4	136.09
$AgCl$	143.32	KNO_3	101.10
AgI	234.77	KOH	56.11
$AgSCN$	165.95	K_2PtCl_6	485.99
Ag_2CrO_4	331.73	$KHSO_4$	136.16
$AgNO_3$	169.87	K_2SO_4	174.25
$AlCl_3$	133.34	$K_2S_2O_7$	254.31
Al_2O_3	101.96	$KHC_8H_4O_4$（邻苯二甲酸氢钾）	204.22
As_2O_3	197.84	$K_3C_6H_5O_7$（柠檬酸钾）	306.40
As_2O_5	229.84	$MgNH_4PO_4 \cdot 6H_2O$	245.41
$BaCO_3$	197.34	MgO	40.30
$BaCl_2 \cdot 2H_2O$	244.27	$Mg_2P_2O_7$	222.55
$BaCrO_4$	253.32	$MgSO_4 \cdot 7H_2O$	246.47
$BaSO_4$	233.39	MnO_2	86.94
$Bi(NO_3)_3 \cdot 5H_2O$	485.07	$MnSO_4$	151.00
Bi_2O_3	465.96	NH_3	17.03
$CaCO_3$	100.09	$NH_4C_2H_3O_2$（乙酸铵）	77.08
$CaC_2O_4 \cdot H_2O$	146.11	NH_4SCN	76.12
$CaCl_2$	110.99	$(NH_4)_2C_2O_4 \cdot H_2O$	142.11
CaO	56.08	NH_4Cl	53.49
$CaSO_4$	136.14	NH_4F	37.04
$CaSO_4 \cdot 2H_2O$	172.17	$NH_4Fe(SO_4)_2 \cdot 12H_2O$	482.18
$Cd(NO_3)_2 \cdot 4H_2O$	308.48	$(NH_4)_2Fe(SO_4)_2 \cdot 6H_2O$	392.13
CdO	128.41	NH_4HF_2	57.05
$CdSO_4$	208.47	NH_4NO_3	80.04

续表

化合物	摩尔质量/$(g \cdot mol^{-1})$	化合物	摩尔质量/$(g \cdot mol^{-1})$
CH_2O（甲醛）	60.03	$NH_2OH \cdot HCl$（盐酸羟胺）	69.49
CH_3COOH	60.05	$Na_4B_4O_7 \cdot 10H_2O$	381.37
$C_{14}H_{14}N_3O_3SNa$（甲基橙）	327.33	Na_2BiO_3	279.97
$C_6H_5NO_3$（硝基酚）	139.11	$NaC_2H_3O_2$（乙酸钠）	82.03
$CoCl_2 \cdot 6H_2O$	237.93	$NaC_2H_3O_2 \cdot 3H_2O$	136.08
CuI	190.45	$Na_2C_2O_4$	134.00
$Cu(NO_3)_2 \cdot 3H_2O$	241.60	Na_2CO_3	105.99
CuO	79.55	NaF	41.99
$CuSCN$	121.62	$NaHCO_3$	84.01
$CuSO_4 \cdot 5H_2O$	249.68	$Na_2H_2C_{10}H_{12}O_3N_2$（EDTA 二钠）	336.21
$FeCl_3 \cdot 6H_2O$	270.80	$Na_2H_2C_{10}H_{12}O_3N_2 \cdot 2H_2O$	372.24
$Fe(NO_3)_3 \cdot 9H_2O$	404.00	Na_2HPO_4	141.96
FeO	71.85	$Na_2HPO_4 \cdot 12H_2O$	258.14
Fe_2O_3	159.69	Na_2SO_4	120.06
Fe_3O_4	231.54	Na_2SO_4	142.04
$FeSO_4 \cdot 7H_2O$	278.01	Na_2SO_3	126.04
Hg_2Cl_2	472.09	Na_2O	61.98
$HgSO_4$	296.65	$NaOH$	39.997
$HgCl_2$	271.50	$NaNO_2$	69.00
$HCOOH$	46.03	$Na_2S_2O_3 \cdot 5H_2O$	248.17
H_2CO_3	62.03	$NiCl_2 \cdot 6H_2O$	237.96
$H_2C_2O_4 \cdot 2H_2O$（草酸）	90.04	$NiSO_4 \cdot 7H_2O$	280.85
HCl	36.16	PbO	223.20
HNO_3	63.01	PbO_2	239.20
H_2O_2	34.01	$PbCrO_4$	323.20

续表

化合物	摩尔质量/（g·mol^{-1}）	化合物	摩尔质量/（g·mol^{-1}）
H_3PO_4	98.00	$PbCl_2$	278.11
H_2S	34.08	$Pb(NO_3)_2$	331.21
H_2SO_3	82.07	PbS	239.26
H_2SO_4	98.08	$PbSO_4$	303.26
$HClO_4$	100.46	SO_2	64.06
$KAl(SO_4)_2 \cdot 12H_2O$	474.38	SO_3	80.06
KBr	119.00	SiF_4	104.08
$KBrO_3$	167.00	SiO_2	60.08
KCN	65.12	$SnCl_2 \cdot 2H_2O$	225.63
KSCN	97.18	$SnCl_4$	260.50
K_2CO_3	138.21	SnO	134.69
KCl	74.55	SnO_2	150.69
$KClO_2$	122.55	$SrCO_3$	146.63
$KClO_4$	138.55	$Sr(NO_3)_2$	211.63
K_2CrO_4	194.19	$SrSO_4$	183.68
$K_2Cr_2O_7$	294.18	$TiCl_3$	154.24
$K_3Fe(CN)_6$	329.25	TiO_2	79.88
$K_4Fe(CN)_6$	368.35	$Zn(NO_3)_2 \cdot 4H_2O$	261.46
$KHC_4H_4O_6$（酒石酸氢钾）	188.18	$Zn(NO_3)_2 \cdot 6H_2O$	297.49
KI	166.00	ZnO	81.38
KIO_3	214.00	$ZnSO_4$	161.45
$KMnO_4$	158.03	$ZnSO_4 \cdot 7H_2O$	287.56

附录六　常用元素的原子量

元素	符号	原子量	元素	符号	原子量	元素	符号	原子量
银	Ag	107.868 2	铪	Hf	178.49	铷	Rb	85.467 8
铝	Al	26.981 54	汞	Hg	200.59	铼	Re	186.207
氩	Ar	39.948	钬	Ho	164.930 4	铑	Rh	102.905 5
砷	As	74.921 6	碘	I	126.904 5	钌	Ru	101.07
金	Au	196.965 5	铟	In	114.82	硫	S	32.06
硼	B	10.81	铱	Ir	192.22	锑	Sb	121.75
钡	Ba	137.33	钾	K	39.098 3	钪	Sc	44.955 9
铍	Be	9.012 18	氪	Kr	83.80	硒	Se	78.96
铋	Bi	208.980 4	镧	La	138.905 5	硅	Si	28.085 5
溴	Br	79.904	锂	Li	6.941	钐	Sm	150.36
碳	C	12.011	镥	Lu	174.967	锡	Su	118.69
钙	Ca	40.08	镁	Mg	24.305	锶	Sr	87.62
镉	Cd	112.41	锰	Mn	54.938 0	钽	Ta	180.947 9
铈	Ce	140.12	钼	Mo	95.94	铽	Tb	158.925 4
氯	Cl	35.453	氮	N	14.006 7	碲	Te	127.60
钴	Co	58.933 2	钠	Na	22.989 77	钍	Th	232.038 1
铬	Cr	51.995	铌	Nb	92.906 4	钛	Ti	47.88
铯	Cs	132.905 4	钕	Nd	144.24	铊	Tl	204.383
铜	Cu	63.543	氖	Ne	29.179	铥	Tm	168.934 2
镝	Dy	162.50	镍	Ni	58.69	铀	U	238.028 9
铒	Er	167.26	镎	Np	237.048 2	钒	V	50.941 5
铕	Eu	151.96	氧	O	15.999 4	钨	W	183.85
氟	F	18.998 403	锇	Os	190.2	氙	Xe	131.29
铁	Fe	55.847	磷	P	30.973 76	钇	Y	88.905 9
镓	Ga	69.72	铅	Pb	207.2	镱	Yb	173.04

续表

元素	符号	原子量	元素	符号	原子量	元素	符号	原子量
钆	Gd	157.25	钯	Pd	106.42	锌	Zn	65.38
锗	Ge	72.59	镨	Pr	140.907 7	锆	Zr	91.22
氢	H	1.007 94	铂	Pt	195.08			
氦	He	4.002 60	镭	Ra	226.025 4			

参考文献

[1] 高职高专化学教材编写组．无机及分析化学［M］．北京：高等教育出版社，2004.

[2] 王载兴．无机化学实验［M］．北京：高等教育出版社，1995.

[3] 钟国涛．无机及分析化学省级精品课程的建设与实践［J］．中国现代教育装备，2010（12）.

[4] 刘冬莲，高申．无机与分析化学［M］．北京：化学工业出版社，2009.

[5] 高职高专化学教材编写组. 分析化学［M］．第3版. 北京：高等教育出版社，2008.

[6] 钟国涛，朱云云. 无机及分析化学［M］．北京：科学出版社，2006.

[7] 董敬芳．无机化学（上、下册）［M］．第3版. 北京：北京工业出版社，1999.

[8] 大连理工大学无机化学教研室．无机化学实验［M］．第5版. 北京：高等教育出版社，2006.

[9] 胡伟光，张文英. 定量分析化学实验［M］．北京：化学工业出版社，2008.

[10] 山东大学、山东师范大学等校合编. 基础化学实验（Ⅰ）——无机及分析化学实验［M］．北京：化学工业出版社，2003.

[11] 高职高专化学教材编写组．无机化学［M］．第3版．北京：高等教育出版社，2008.

[12] 辛述元，等．无机及分析化学实验［M］．北京：化学工业出版社，2005.

[13] 北京师范大学无机化学教研室，等. 无机化学实验［M］．第3版. 北京：高等教育出版社，2001.

[14] 高职高专化学教材编写组．分析化学实验［M］．第3版．北京：高等教育出版社，2008.

[15] 北京化工大学. 化学分析［M］．第3版. 北京：化学工业出版社，1998.

[16] 初玉霞．化学实验技术［M］．北京：高等教育出版社，2006.
[17] 大连理工大学无机化学教研室．无机化学［M］．第5版．北京：高等教育出版社，2006.

五、实验记录与数据处理

（1）重铬酸钾浓度的计算（见实验二十七硫酸亚铁铵中亚铁含量的测定）。

（2）铁含量的计算：

$$w(Fe^{2+}) = \frac{c\left(\frac{1}{6}K_2Cr_2O_7\right) \times V(K_2Cr_2O_7) \times 10^{-3} \times M(Fe^{2+})}{m} \times 100\%$$

数据记录格式如表3-40。

表3-40　试样中铁的含量

项目＼次数	1	2	3
铁试样质量 m/g			
$c\left(\frac{1}{6}K_2Cr_2O_7\right)$/（mol·L^{-1}）			
初读数 $V_1(K_2Cr_2O_7)$ /mL			
终读数 $V_2(K_2Cr_2O_7)$ /mL			
$V(K_2Cr_2O_7)$ /mL			
w(Fe) /%			
w(Fe)（平均值）/%			
相对偏差			
平均相对偏差			

六、思考题

（1）溶样后，容器底部的残渣为何物？

（2）$SnCl_2$的作用何在？有哪些反应条件，为什么？

（3）实验中加入钨酸钠的目的是什么？

（4）为什么要加硫磷混酸？